长江下游航道疏浚砂综合利用

陈秀瑛　古　浩　孙　萍
陈晴晴　徐亚哲　马桂珍　编著

U0379907

东南大学出版社
SOUTHEAST UNIVERSITY PRESS
·南京·

图书在版编目(CIP)数据

长江下游航道疏浚砂综合利用/陈秀瑛等编著.—
南京:东南大学出版社,2021.12
ISBN 978-7-5641-9854-1

Ⅰ.①长… Ⅱ.①陈… Ⅲ.①长江-下游-河道整治
-疏浚-砂-废物综合利用-研究 Ⅳ.①X736

中国版本图书馆 CIP 数据核字(2021)第 248235 号

责任编辑:魏晓平 责任校对:韩小亮 封面设计:顾晓阳 责任印制:周荣虎

长江下游航道疏浚砂综合利用

编 著:陈秀瑛 古 浩 孙 萍 陈晴晴 徐亚哲 马桂珍
出版发行:东南大学出版社
社 址:南京四牌楼 2 号 邮编:210096 电话:025-83793330
网 址:http://www.seupress.com
电子邮件:press@seupress.com
经 销:全国各地新华书店
印 刷:江苏凤凰数码印务有限公司
开 本:787mm×1092mm 1/16
印 张:17.25
字 数:480 千字
版 次:2021 年 12 月第 1 版
印 次:2021 年 12 月第 1 次印刷
书 号:ISBN 978-7-5641-9854-1
定 价:78.00 元

本社图书若有印装质量问题,请直接与营销部调换。电话(传真):025-83791830

序　言

随着一带一路、长江经济带、长三角区域一体化发展等的实施,长江下游城市经济发展迅速,砂石骨料的需求量持续上涨。而对应的砂石市场供应不足,建筑用砂石料价格大幅度上涨,影响砂石市场价格稳定和重点建设工程的顺利实施,各地政府正积极研究解决砂石供应的应对之策,长江航道疏浚砂的上岸有效利用就是其中的对策之一。

长江疏浚工程是维护航道、实现可持续发展的重要工程,对预防洪涝灾害、加强城市建设、发展区域经济等方面有着重大意义。长期以来,长江航道疏浚砂一直被认为是废弃物,处理方式主要为在航道部门指定区域抛弃,或抛到更深航道里或抛弃于岸滩上。这不仅给水生态环境造成了破坏,且造成了国家砂石资源的流失。疏浚砂的上岸利用,不仅可减小航道回淤,提高疏浚效率,减轻疏浚维护的负担和压力,从源头上弱化疏浚对长江水体环境的影响,保护长江水生态环境,还可在一定程度上减少对河砂资源的开采,增加大量的土地资源,提供工农业和生活用地,为国民经济的可持续发展作出贡献,实现人与自然的和谐发展。

随着 2019 年 5 月长江南京以下 12.5 m 深水航道全线贯通,航道水深从 10.5 m 提升至 12.5 m,长江下游航道的维护要求进一步提高,每年长江下游航道维护疏浚量大,其中长江江苏段航道每年维护疏浚量约 2 340 万 t。由于长江下游航道维护性疏浚点分散、航道通航密度大,同时沿江各市疏浚砂需求量大、需求项目分散,以往长江中上游及长江口的疏浚砂综合利用模式难以照搬。因此,有必要对长江下游航道疏浚砂综合利用的关键技术进行深入的研究与总结,将长江下游航道疏浚砂"变废为宝"并有效利用。

本书针对长江下游水道演变、航道通航、重点浅水道及航道疏浚砂分布进行了系统分析,在长江中上游航道疏浚砂利用方案基础上,结合长江下游航道的特点,对长江下游航道疏浚砂综合利用水域实施方案、陆域实施方案、监管方案、疏浚砂综合利用通航、环保及相关风险控制等全周期流程综合利用方案进行分析介绍;并针对水上转运区、分散式上岸形式、采运管理"五联单"模式等三种关键实施技术,选取长江下游航道沿线的镇江、泰州、苏州实践案例进行了详细的分析。

南京水利科学研究院的徐华、闻云呈、王承强等为本书的出版提供了很多支持！本书撰写过程中参考了国内外许多参考文献，并得到不少国内同行的帮助。在此对提供帮助的专家、学者们一并表示由衷的感谢！

同时衷心感谢东南大学出版社和本书的编辑老师！

长江航道疏浚砂综合利用是落实科学发展观，实现生态优先、绿色发展的需要，有利于长江生态环境保护、促进航道安全畅通，并可有效缓解当地砂石供需矛盾、促进地方经济社会发展。希望本书出版能有助于促进航道疏浚砂综合利用技术水平的提高，有助于推动我国长江航道水生态环境的提升！由于作者水平有限，书中错误在所难免，望读者不吝批评指正！

目 录

第一章 绪 论

1.1 研究背景及相关工作开展

1.1.1 研究背景

近年来,国内基建投资、房地产投资逐渐回暖,城镇化继续推进,基础设施投资加大,国内市场对砂石料的需求不断增大。相关统计数据显示,2019 年国内市场砂石料的消费量为 188.47 亿 t,部分地区砂石料供不应求,甚至有些重点工程砂石供应紧张。2020 年我国砂石料的消费量在 175 亿 t 左右。

随着一带一路、长江经济带、长三角区域一体化发展等的实施,长江下游城市经济发展迅速,各地基建如火如荼地发展,砂石骨料的需求量持续上涨。中国的河道采砂管理一直以采砂规划作为支撑,规定了开采总量、开采范围与开采期,然而采砂规划中给定的开采量远远低于实际需求的数据。同时,过去我国存在很多非法采砂的现象,过度采砂造成河湖被破坏,严重违反环保的宗旨,随着全国环保执法力度的加大,各地区要求停止、管控采砂。至此,砂石市场供应不足,全国各地砂石荒此起彼伏,建筑用砂石料价格大幅度上涨,影响砂石市场价格稳定和重点建设工程的顺利实施,各地政府正积极研究解决砂石供应的应对之策。

长江疏浚工程是指在一定范围内对河道水域下的泥、砂、石等物体进行清理的工程,是维护航道、实现可持续发展的重要工程,对预防洪涝灾害、加强城市建设、发展区域经济等方面有着重大意义。长期以来,长江航道疏浚砂一直被认为是废弃物,其处理方式主要为在航道部门指定区域抛弃,或抛到更深航道里或抛弃于岸滩上。由于水流的作用,疏浚砂会被带至下游航道中,造成下游的淤积,同时疏浚砂溢流扩散亦会增加航道的回淤积量,不仅造成了水生态环境的破坏,且造成了国家砂石资源的流失。疏浚砂的上岸利用,不仅可减小航道回淤,提高疏浚效率,减轻疏浚维护的负担和压力,从源头上弱化疏浚对长江水体环境的影响,保护长江水生态环境,还可在一定程度上减少对河砂资源的开采,增加大量的土地资源,提供工农业和生活用地,为国民经济的可持续发展作出贡献,实现人与自然的和谐发展。

长江南京以下 12.5 m 深水航道工程位于"一带一路"的交汇处,是长江主航道中通航条件最好、船舶通过量最大、经济效益最为显著的航段,以长江通航里程七分之一的长度,承担了长江全线 70% 的货物运量,年运量 16 亿 t 以上。深水航道工程建设范围为长江干线南京至太仓河段,河段全长约 283 km,工程按照"整体规划、分期实施、自下而上、先通后畅"的建设思路分期组织实施。2019 年 5 月长江南京以下 12.5 m 深水航道全线贯通后,航道水深从 10.5 m 提升至 12.5 m(其中江阴以下起算基面为当地理论最低潮面,江阴以上起算基面为长江干线航道航行基准面);优良河段通航宽度为1 500 m,受限河段单向航道通航宽度为230~260 m;转弯半径为1 500~3 000 m。满足5万吨级集装箱船(实载吃水11.5 m)双向通航、5万吨级其他海轮减载双向通航,兼顾10万吨级散货船减载通航(江阴长江大桥以下兼顾10~20万吨级散货船减载通航)。因此,长江下游航道的维护要求进一步提高,每年长江下游航道维护疏浚量大,其中长江江苏段航道每年维护疏浚量约2 340万t。

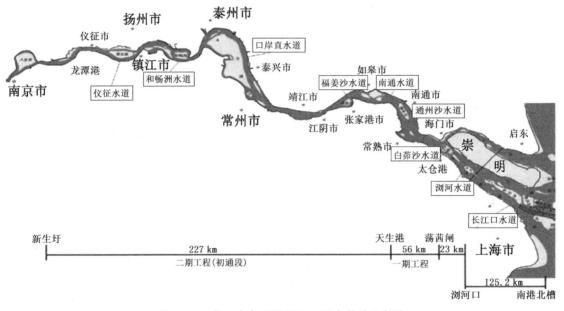

图1.1-1　长江南京以下12.5 m深水航道示意图

　　长江下游航道维护性疏浚点分散,航道通航密度大,同时沿江各市疏浚砂需求量大,需求项目分散,长江下游航道疏浚砂的综合利用,将维护性疏浚砂"变废为宝"并有效利用,意义重大。

1.1.2　工作开展情况

　　为贯彻落实习近平生态文明思想,践行生态优先、绿色发展理念,缓解局部地区砂石供需矛盾,强化长江河道采砂管理,服务长江经济带发展战略及长江黄金水道建设,促进长江生态保护和沿岸经济发展,2017年始,长江水利委员会联合长江航务管理局共同推动开展长江航道疏浚砂综合利用试点工作。

　　2017年10月,长江水利委员会、长江航务管理局等在湖北省荆州市召开了长江荆州段航道疏浚砂综合利用(试点)协调会。自2018年2月签订备忘录以来,试点工作的开展在一定程度上缓解了荆州砂石供需矛盾,也提高了航道疏浚效率。

　　2018年10月,长江水利委员会河道采砂管理局会同长江航务管理局在九江市召开长江九江航道维护性疏浚砂综合利用试点工作协调会议,会议确定江西省九江市为继湖北省荆州市之后第二个开展试点的城市。

　　2019年3月,水利部、交通运输部颁布《水利部　交通运输部　长江河道采砂管理合作机制

2019 年度工作要点》,其中第七条"严格疏浚砂综合利用管理":长江水利委员会、长江航务管理局继续做好荆州太平口水道及九江水道维护疏浚砂综合利用等试点项目的指导、协调、监督检查,总结疏浚砂综合利用的经验,在有条件的情况下逐步推广。长江水利委员会、长江航务管理局联合起草疏浚砂综合利用规范性文件。

2019 年 7 月,江苏省镇江市长江航道疏浚砂综合利用试点获得江苏省水利厅批复,成为长江下游第一个、长江沿线第三个开展疏浚砂综合利用试点的城市。

2020 年 3 月,十五部委联合印发《关于促进砂石行业健康有序发展的指导意见》,其中第七条提出要加大河道航道疏浚砂利用,要及时总结推广河道航道疏浚砂综合利用试点经验,推进河砂开采与河道治理相结合,建立疏浚砂综合利用机制,促进疏浚砂利用。

2020 年 8 月,江苏省水利厅函复泰州市人民政府,同意泰州市开展长江航道疏浚砂综合利用(试点)。

2020 年 12 月,苏州市长江航道疏浚砂综合利用项目立项启动。

1.2　疏浚砂综合利用研究现状

1.2.1　疏浚砂有效利用的内涵

疏浚物主要分为清洁疏浚物、沾污疏浚物、污染疏浚物三类。其中清洁疏浚物是一种宝贵资源,主要可用于以下三个方面:(1)改善环境,主要应用于建立公园、湿地恢复、休闲区景观以及多用途场地开发;(2)工程利用,维护中利用疏浚物资源或土木工程建设,主要包括造地、海滩养护以及置换回填等;(3)农业应用,在疏浚物隔离储存区进行水产养殖,将疏浚物用于制造建筑材料或园艺、林业等。

疏浚砂的利用是将无用的疏浚砂转换为一种有利用价值资源的过程,不再对疏浚砂进行抛弃处理,而是根据疏浚砂特点及土地资源利用实际需求,采用科学、合理的方式对其多样的利用价值充分挖掘。主要包括以下两方面:

(1)疏浚砂有效利用是指实现疏浚土可再生利用的处理方式,主要体现于对资源的保护、对环境有益;

(2)疏浚砂有效利用区别于疏浚砂外抛弃置或填埋等处理方式。

1.2.2　国外疏浚砂有效利用综合情况

1.2.2.1　国外疏浚砂综合利用开展情况

在欧美、日本等发达国家,疏浚土是一种可利用资源的理念早已深入人心,一般优先考虑疏浚土的有益利用,引导、支持和鼓励利用疏浚土,而不是轻易地抛弃。国外主要发达国家大都拥有与疏浚土利用相关的成熟配套的政策法规、技术标准和管理机构等,疏浚土利用率普遍较高,比如美国达 80%,英国达 65%,日本高达 95%,荷兰也达到 90%以上;而且疏浚土利用的途径和方式多样化,利用目的更侧重于生态环境修复和保护,也用于吹填造陆,如美国波普拉岛(Poplar island)吹填修复工程、日本东京羽田国际机场吹填以及德国汉堡港区吹填工程等。

　　国外主要发达国家疏浚砂有效处理的现状为美国、日本、英国等已经开展卓有成效的工作,具备一套包括管理、设计、科研、施工等环节的较为成熟的实施体系。疏浚砂较高的利用率,利用的目的和方式多样化,拥有比较完整的政策法规、管理机构和技术标准,注重利用方面的技术研究使疏浚砂是一种可利用的资源理念深入人心,有关部门也引导、支持、鼓励利用疏浚砂。

表 1.2-1　国外疏浚砂有效利用综合情况表

指标	美国	日本	英国
疏浚砂来源和土质类别	主要来自沿海港口航道疏浚,以黏性土为主	主要来自港口航道疏浚,以黏性土和砂质土为主	主要来自沿海港口航道疏浚,以黏性土为主
疏浚砂利用率	利用率约80%	利用率约95%	利用率约65%
疏浚砂利用途径和方式	吹填造陆、改良土壤、海滩养护和防护、湿地恢复、水产养殖、栖息地营造以及建筑用材等	泥沙处理厂回收、港口回填、生态湿地和人工海滩养护等	防洪和海岸防护、海岸带泥沙环境维护、栖息地保护等
技术与标准	《疏浚与疏浚物处置工程师手册》等技术指南	环保疏浚、疏浚土回填和脱水等技术研究;《疏浚土有益利用和海洋处置技术指南》《海岸环境再生管理手册》等	《疏浚物有益利用指南》等
政策法规	《美国未来十年行动纲领》	《1972 伦敦公约/1996 议定书》、关于防止海洋污染及海上灾害的法律	《1972 伦敦公约/1996 议定书》《2007 年海洋工程环境影响评估法》
体制机制	成立国家疏浚小组、地方疏浚小组等协调管理机构;设有专门机构和实验室进行研究	由国土交通省统一管理疏浚物的处置	有 SERAD、MFA 等管理机构;有 HR Wallingford 和 Cefas 等机构进行研究和评估
公众意识	环保意识较强	环保意识较强	环保意识较强

1.2.2.2　国外典型疏浚土综合利用案例

1. 美国疏浚土利用情况

疏浚土来源:主要来自沿海港口航道疏浚,以黏性土为主。

产生量和利用率:年均航道疏浚量约 2 亿 m^3,利用率为 80%。

利用途径和方式:吹填造陆、改良土壤、海滩养护和防护、湿地恢复、水产养殖、栖息地营造以及建筑用材等。

政策法规:《美国未来十年行动纲领》

体制机制:成立国家疏浚小组、地方疏浚小组等协调管理机构;设有专门的机构和实验室进行研究。

相关案例:波普拉岛生态修复工程、杰提岛(Jetty island)海滩维护及生态保护工程、旧金山港区湿地恢复和老港池回填。

2. 日本疏浚土利用情况

疏浚土来源：主要来自港口航道疏浚，以黏性土和砂质土为主。

产生量和利用率：年均航道疏浚量约 1 800 万 m³，利用率为 95%。

利用途径和方式：泥沙厂回收、港口回填、生态湿地和人工海滩养护等。

政策法规：《1972 伦敦公约/1996 议定书》，关于防污染的一系列法律。

体制机制：由国土交通省统一管理疏浚物的处置。

相关案例：东京湾及三河湾铺沙工程、海老及百岛人工潮滩工程、东京羽田国际机场吹填工程等。

1.2.2.3　国外疏浚砂综合利用研究现状

弗兰德(P.L.Friend)等采用综合方法对系统中的沉积物进行调查，研究了英格兰西南部疏浚系统中的泥沙输移路径。约瑟夫·扎尼·盖拉尼(Joseph Z.Gailani)等研究了萨凡纳河入口航道疏浚物近岸放置的数值模拟，建立了水动力和泥沙输移数值模型。约瑟夫·扎尼·盖拉尼等研究利用水动力、波浪和泥沙输移模型评估近岸疏浚物状态，根据模型选择海岸线稳定的疏浚物近岸放置点。A.比尔吉利(A.Bilgili)等研究了新罕布什尔州大湾河口粗泥沙推移质输运模型，分别采用欧拉参数法及拉格朗日粒子跟踪法模拟泥沙路径和累积量。S.马明(S.Marmin)等研究了塞纳湾港口疏浚沉积物管理方法，该管理方法综合考虑了经济、物流、自然、人为约束等因素。彼得·W.科图拉克(Peter W.Kotulak)等研究了梅森维尔(Masonville)海运码头的港口开发、疏浚物管理及环境恢复。

国外学者对疏浚砂的研究主要针对泥沙输移、疏浚物近岸放置点开展，同时对港口开发疏浚物管理及环境保护有一定的研究，对于疏浚砂从疏浚工艺、接驳工艺、上岸工艺到监管方案的全流程研究甚少。

1.2.3　国内疏浚砂有效利用综合情况

1.2.3.1　国内疏浚砂综合利用开展情况

长期以来，国内沿海地区疏浚土利用仍处于探索阶段，利用率较低。进入 21 世纪，沿海地区(上海、天津、曹妃甸、广州、深圳、防城港)的吹填造陆、围海造地有了迅猛发展，综合效益令人瞩目。

长江航道疏浚弃土的利用开始于 1950 年代。当时对疏浚泥沙的利用是将其堆积在下游边滩上淤高形成沙滩，引水入槽，提高航道水深，这一时期属非防污染意识的疏浚泥土利用阶段。

长江航道疏浚弃土的较大规模利用开始于 1980 年代中期。这时的疏浚泥土利用方式有两种：一种是基建性航道开挖，通过开挖达到陆上回填，如很多堤防加固建设工程都是通过绞吸船或耙吸船的吹填来实现的；另一种方式是维护性疏浚，利用疏浚泥土来吹填造地或基建用地，这类疏浚泥土利用多见于长江两岸港口基建性工程中。可以说在这一时期，长江航道才真正算得上是有了疏浚弃土综合利用的意识，但是由于各项工作源自施工任务要求，长江航道是被动应对而不是主动作为，所以这一阶段仍只能算启蒙阶段。

我国对于"疏浚砂是一种资源、疏浚砂可综合利用"的观点已基本达成共识,但目前国内尚无相关技术规范、标准可循,管理协调机构及激励机制等尚不完善,需要建立明确健全的法规制度、高层次统一管理的协调机构以及相应激励机制,进而使得长江航道疏浚砂的有效综合利用得到广泛开展。

目前对于疏浚砂的利用主要是吹填、重点工程基础回填及城市建设工程等工程利用方面,未来可加强更多方面、多元化的综合利用研究,如建立公园、湿地恢复、打造休闲区景观以及多用途场地开发,在疏浚砂储存区进行水产养殖,将疏浚砂用于制造材料、园艺和林业等。

表 1.2-2   国内疏浚砂有效利用综合情况表

指标	沿海地区	内河(长江干线)	湖泊
疏浚砂来源和土质类别	主要来自港口航道疏浚,以黏性土和淤泥为主	主要来自内河港口航道疏浚,以黏土和砂土为主	底泥疏浚,以淤泥土为主
疏浚砂利用率	平均利用率达 40%,在部分大型港口建设中达 70%	利用率较低	利用率较低
疏浚砂利用途径和方式	主要用于吹填造陆,沿海地区的大型港口、航道建设项目	几乎没有利用,基本被抛弃,极少部分用作建筑材料	基本不利用,主要被直接掩埋;部分用于生态修复
技术与标准方面	目前国内尚无相关技术规范、标准可循		
政策法规方面	我国 1985 年加入《伦敦公约》,并于 2006 年 10 月成为议定书缔约国;但目前国家有关法规、各部委和地方政府有关规章制度都没有"疏浚砂的综合利用"规范指南		
体制机制方面	尚无高层次的、统一的管理协调机构,也无相应的激励机制等		
公众意识	对于"疏浚砂是一种资源,疏浚砂可综合利用"的观点基本能达成共识,但环保意识有待提高		

1.2.3.2 长江航道疏浚砂利用情况

长江河道采砂管理事关长江治理、开发和保护大局以及长江通航环境的改善和黄金水道效益的发挥。河床砂石是河道稳定、水沙平衡的物质基础,每年可供开采的床沙质是有限的,若无限制地、掠夺式地开采江砂将会破坏长江的河势以及长江河床的冲淤平衡。根据水利部、交通运输部联合制定《水利部 交通运输部关于进一步加强长江河道采砂管理工作的通知》(水建管〔2012〕426 号)的文件精神,长江采砂管理实行地方人民政府行政首长负责制,逐级落实由政府负责,水利部门牵头,交通港航、海事、航道、公安等相关部门配合的责任制体系。

长江航道局维护四川宜宾至江苏浏河口 2 628.8 km 的长江干线航道(不包括由长江三峡航道局负责养护的宜昌至庙河中水门 59 km 长江干线航道),同时还维护着海轮航道、缓流航道、副航道、小轮航道、专用航道、支流河口航道等,维护总里程达 4 753.4 km。其中宜宾、泸州、重庆、宜昌等中上游 4 个辖区航道的河床底质为砂卵石,武汉、南京等 2 个辖区的河床底质为沙(泥)。为保航道通航尺度,长江航道在航道内疏浚维护施工,每年疏浚土方量约为 3 000 万 m³。因为政策许可和出口方向的限制,疏浚土都被就近抛弃在航槽外。

近年来,长江的采砂船数量呈上升趋势,部分采砂船除在作业时对长江水流造成污染外,还有一个重大隐患即破坏航道。对长江河床开挖后导致长江岸线崩塌使水流改变,造成河床变形、滩槽异位,形成了非规则性的冲刷和回淤,增大了航道浅滩的碍航程度以及长江航道的维护量和重复性污染,造成国家的经济损失。部分非法采砂船在禁采区和禁采期偷采乱采现象较为严重,采砂秩序的混乱进一步影响了防洪和通航安全。

与此同时,因经济发展需要,大部分地方政府对长江航道疏浚砂产生了浓厚的兴趣,希望疏浚砂能在上岸后得到综合利用。2017 年始,长江水利委员会联合长江航务管理局,共同推动开展长江航道疏浚砂综合利用试点工作。之后,湖北省荆州市、江西省九江市、江苏省镇江市、江苏省泰州市、江苏省苏州市陆续启动了长江航道疏浚砂综合利用试点工作和项目。

1.2.3.3　国内典型疏浚砂综合利用案例

1. 沿海疏浚砂利用情况

沿海疏浚砂主要采用耙吸船+运砂船+自卸汽车海陆联合工艺方案,耙吸船在疏浚区疏浚后满载航行至储砂坑,然后通过运砂船将砂转运至码头或卸砂点,自卸汽车通过陆上运砂通道进入施工区,施工工艺流程如图 1.2-1 所示。

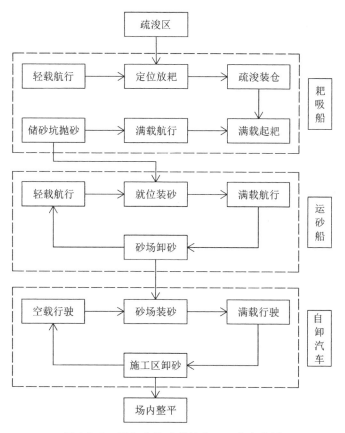

图 1.2-1　沿海疏浚砂利用施工工艺流程图

1) 自航耙吸船施工原理

耙吸船是一种可以独立实现泥土挖掘、装载、运输、抛卸或排送的疏浚工具,具有抗风浪能力强、干扰小等优点。其主要设备有推进系统、挖掘系统、水动力抽吸系统、装载系统、排放系统。

耙吸船疏浚时将耙头下放至海床面与砂层面接触。通过船上的推进装置使挖泥船在航行中拖曳耙头前移,通过高压冲水与耙头自身的重量对水下泥砂进行扰动,并最终形成泥水混合物。与耙头相连的是耙管,耙管的另一端连接在舱内的离心式泥泵吸口处,可边挖掘边开启离心式泥泵。离心式泥泵运转产生抽吸力,将耙头掘松的泥水混合物吸入耙头,再经过耙管抵达泥泵,从泥泵的排出端排送至装舱泥管,然后排入自有的泥舱之内。泥舱之中设有消能沉淀装置,可以快速使比重大(粗颗粒)的砂沉淀。在泥舱面设有无级溢流装置,简称溢流筒。通过控制溢流筒的升降可以使比重小或低浓度的砂或其他疏浚物排出舷外,实现洗砂功能。整个过程连贯进行,当舱内砂的装载达到挖泥船的满载吃水后,停止挖砂、起耙。

2)运砂船施工原理

运砂船是一种可以实现运输和皮带输送的运输工具,但抗风浪能力小、装载量小。其主要设备有推进和皮带输送系统。

装砂时储砂坑就位,通过吸砂王的抽砂装置排送至船舱,船舱底面设有溢流装置使比重小或低浓度的砂或其他疏浚物排出舷外。砂料通过推进系统运输至临时卸砂点,经船上皮带输送系统运送至砂场。

3)自卸汽车施工原理

自卸汽车是一种通过液压系统或者机械举升而自行卸载货物的车辆,通过将自身的车厢倾斜从而倾倒货物。自卸汽车有几大主要装置,第一个是汽车底盘,第二个是液压举升结构,第三个是取力装置,三个装置在自卸汽车完成其整套自卸活动中是必不可少的(图1.2-2)。

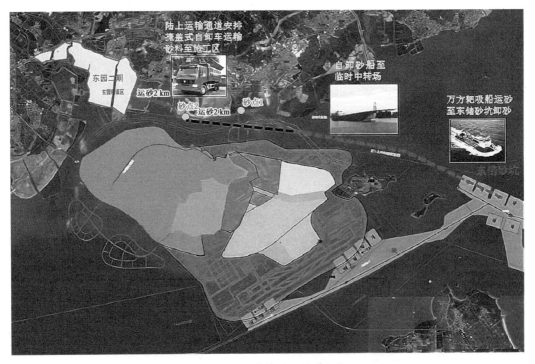

图1.2-2 沿海某项目供砂方案

2. 长江口疏浚砂利用情况

长江口疏浚砂利用的施工工艺主要有两种:一种是耙吸船疏浚后直接航行至吹填区艏吹上岸;一种是耙吸船+吹泥站+绞吸船接管吹泥,耙吸船挖泥航行至吹泥站,抛泥至吹泥站储砂坑,再由绞吸船接管吹泥上滩。在此对第二种方案进行介绍(图 1.2-3～图 1.2-5)。

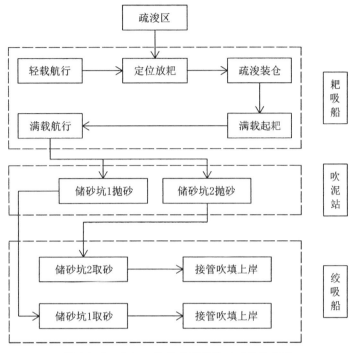

图 1.2-3 长江口疏浚砂利用施工工艺流程图

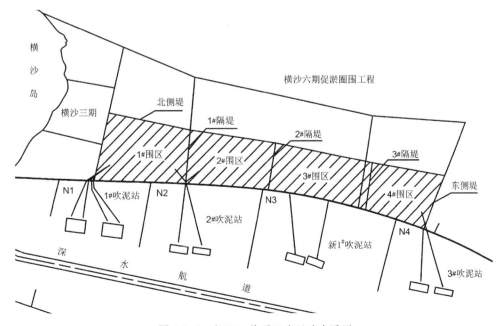

图 1.2-4 长江口某项目吹泥站布置图

图 1.2-5 长江口某项目吹填现场

3. 湖北荆州疏浚砂利用情况

湖北荆州疏浚砂利用采用艕靠装驳工艺,绞吸式挖泥船边抛管向下喷送泥砂至深舱船或自卸砂船等储备浮力较大的船型,泥驳将泥砂装舱运送至指定地点。主要施工工艺流程如图 1.2-6、图 1.2-7 所示。

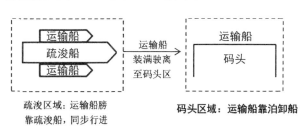

图 1.2-6 湖北荆州疏浚砂利用工艺示意图

（1）施工时间:为最大限度发挥长江黄金水道的效益,须控制好施工时间,尽量减少施工队航行的影响。运输至盐卡码头后吹送至指定堆场。选在白天施工,尽可能降低对航道和环境的影响。

（2）停泊点:舷外装驳时需要将深舱货船挂靠于疏浚船舷边。疏浚船与深舱货船所占用水域较大而通航水域航槽较窄,空闲船舶不能挂靠在疏浚船旁,选择闲置水域等泊,等前面船舶装载完并沥干水分驶离后第二艘船才进档作业。一艘船装满需 1 h 左右,在上述时间段内可以

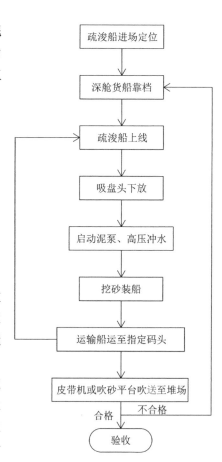

图 1.2-7 疏浚砂运输、吹送工艺流程图

充分保证两艘船舶装满载并沥干水分离场。

（3）运输船装载时采用堆砌式排水法,考虑到施工水域通航条件复杂,装载现场由船长组织瞭望。如吃水深度允许,则采用堆砌式排水法,即砂浆中的泥砂沉淀到底,表面的水自然排出船舱,装满载后等水分自然沥干后开航至码头;如瞭望并通过测深仪发现航道水深不够,深舱货船不能装满载,则保留安全吃水,防止搁浅碍航,及时通知疏浚船停机并开启抽水泵,待船舶表面自由液面抽干后再开航至码头。

（4）由于采用舷外装驳时需要将深舱货船挂靠于疏浚船舷边,疏浚船与深舱货船所占用水域较大,大部分时间还要占用航道,给施工与通航带来了一定的矛盾。因此,为了确保疏浚施工安全,疏浚施工前必须做好安全准备工作。施工前由海事部门发布航行通告,施工中严格遵照安全操作章程,采取正确的避让措施,确保施工安全(图1.2-8)。

图 1.2-8　荆州疏浚砂综合利用施工现场

4. 江西九江疏浚砂利用情况

江西九江疏浚砂综合利用采用挖、运、吹施工工艺,利用带有舱吹功能及船方计量系统的自航耙吸式挖泥船挖泥,然后运泥至舱吹站,舱吹至纳泥区(图1.2-9)。

1）舱吹站布置

舱吹站布置原则为确保不影响安全施工,且满足水深条件。舱吹站平面尺度还需满足船舶的进出、调头以及展布要求。

2）纳泥区布置

纳泥区临时围堰施工拟采用挖掘机就近取土,沿外边线堆筑,围堰合龙后在围堰内侧铺设防渗土工膜。临时围堰采用梯形结构,堰顶宽约1.5 m,高度1.5 m,内坡1:1,外坡1:1.5。离吹泥管口较近区段,围堰内侧迎水面用防渗土工膜做防冲刷处理,以提高围堰防冲刷性和稳定性。其结构如图1.2-10所示。

3）施工上线

施工前,按照水深测图沿浅区范围布设施工计划线;耙吸船接近施工计划线起挖点后,降低航速,利用施工定位软件,按计划上线施工。

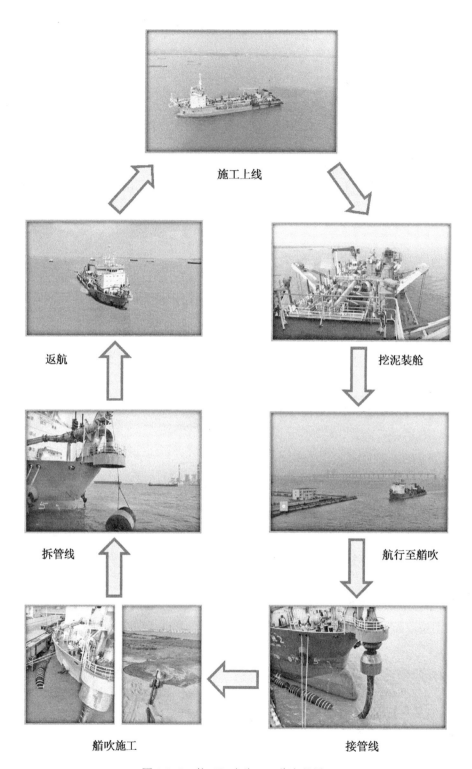

图 1.2-9 挖、运、吹施工工艺流程图

图 1.2-10　纳泥区围堰

4）挖泥装舱

根据航道水深测图，按照"先挖浅段，逐次加深"的原则，采用"进退挖泥法"施工。装载计量系统尽可能使泥舱的装载量达到最佳。考虑到涨、落潮流速影响，为便于上线操作和施工安全，原则上采用逆流施工法（图 1.2-11）。

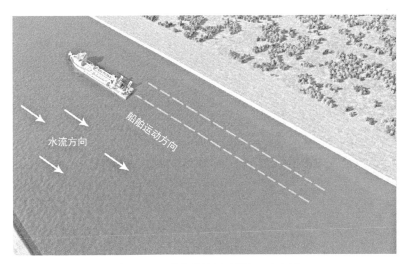

图 1.2-11　"进退挖泥法"施工示意图

5）重载航行

耙吸船装舱量达到最佳后，起耙停止挖泥施工，沿着既定航路航行至艏吹站。耙吸船须严格按照"内河避碰规则""船舶定线制规定"等有关要求航行。

6）接管

艏吹接头为快速接头，由公、母两个接头组成，母接头固定在船头，与水上浮管相连接的是公接头（图 1.2-12）。

图 1.2-12 快速接头及接头绞车图

7）艏吹

（1）准备工作。首先检查各种吹填设备是否良好、安全、可用，各类人员配备到位，检查疏浚系统，提前做好艏吹准备工作。

（2）艏吹作业。管线连接好后，开启闸阀，启动泥泵开始吹填。根据艏吹距离的不同，艏吹方式可以分为单泵低速挡、单泵高速挡、双泵低速挡和双泵高速挡，双泵高速挡吹距最远，达2 km 以上。

图 1.2-13 耙吸式挖泥船锚泊艏吹

8）拆管

艏吹结束后，需要按操作规程拆除管线，具体步骤如下：

（1）将泥泵及排泥管线冲洗干净后，停止泥泵，并确保喷射系统没有压力。

（2）操纵遥控手柄略吊起起吊钢丝使抱箍处于不受力状态。

（3）按锁销"出"按钮直至两根锁紧销子完全拔出，再按"松开"按钮直至抱箍完全打开。

（4）操纵遥控手柄"松下"按钮，缓慢松下雄头、浮体及浮管直至卷筒钢丝于水面，由工作艇负责脱开卷筒钢丝和连接钢丝的连接，并把连接钢丝固定在工作平台上。

（5）操纵遥控手柄收起卷筒钢丝至原况。

9）轻载航行

拆管结束后，耙吸船起锚后沿着既定航路航行至施工区，再次上线施工。航行中要严格按照"内河避碰规则""船舶定线制规定"等有关要求航行（表1.2-3）。

表1.2-3 国内同类技术对比表

实施地区	疏浚砂综合利用工艺	工艺适用性
沿海地区	疏浚船在疏浚区域装满驶离至储砂坑，疏浚船抛砂后由运输船进行装砂，运输船装满后驶离至陆域进行卸驳上岸	适合在外海布置储砂坑
长江口	疏浚船在疏浚区域装满驶离至吹填区附近吹泥站，疏浚船抛砂后由绞吸船进行接管吹填	适合在吹填区附近布置吹泥站及贮泥坑
湖北荆州	耙吸船膀靠装驳工艺，需运输船与耙吸船同时施工，运输船装满后驶离至码头区进行靠泊卸船	运输船与耙吸船同时施工，占用较多水域面积，对航道通航影响较大
江西九江	疏浚船在疏浚区域装满后驶离至吹填区进行接管吹填	需与定点工程对接

1.2.3.4 国内疏浚砂综合利用研究现状

"中国专利CN201821749864.3"公开了一种疏浚土转运上岸及初步固化系统。在该系统中，储泥平台用于抽取水下土方，用施工平台上的破碎机和振动筛对潮湿的土方进行破碎和去杂。施工平台上还设有运输座，拉动运输小车将疏浚土运送至指定点。"中国专利CN202011103714.7"公开了一种环保疏浚砂装驳船，这种装驳船可实现环保作业，对疏浚砂进行净化处理，其处理后的疏浚砂的含泥量小于3%，装驳疏浚砂含水率小于15%，提高了深舱驳的装载效率。丁继勇等研究了长江河道疏浚砂石权属、交易与利用管理模式，提出长江河道疏浚砂石宜采用"采砂作业＋砂石出让"的交易方式，构建长江河道疏浚砂石利用管理模式。陈雯扬等研究了航道疏浚施工工艺优化组合路径。

目前国内学者的研究主要集中于优化航道疏浚施工工艺、提高港口和航道工程建设中的施工效率、长江河道疏浚砂石交易方式等方面，对于疏浚砂从疏浚工艺、接驳工艺、上岸工艺、监管方案全周期流程综合利用方案的研究甚少。

1.3 疏浚砂综合利用研究主要内容

本书从对长江下游航道通航、重点浅水道、整治工程、来水来沙情况入手，对疏浚砂可利用量、疏浚施工、接驳、水上运输、上岸、通航、环保、监管等深入分析，开展长江下游疏浚砂综合利用全周期流程相关的研究工作。本书主要内容包括：

1）长江下游水道演变、重点浅水道、疏浚砂分布分析

在承担长江下游 12.5 m 深水航道工程维护性疏浚设计的基础上，开展长江下游航道、水道演变分析、重点浅水道分析、疏浚砂分布分析研究。

2）长江下游航道疏浚砂综合利用水域实施方案

针对长江下游航道疏浚施工主要采用耙吸式挖泥船作业的特点，开展疏浚施工实施方案、接驳实施方案、水上转运实施方案研究。

3）长江下游航道疏浚砂综合利用陆域实施方案

在江苏沿江各市开展疏浚砂综合利用需求调研，分析沿江各市疏浚砂综合利用需求点与维护性疏浚点之间的关系，研究最优配比方案，开展长江下游航道疏浚砂上岸方式、中转堆场设置研究。

4）长江下游航道疏浚砂综合利用监管实施方案

对疏浚砂的综合利用的监管涉及多个部门，目前对于疏浚砂综合利用没有成熟的监管办法。为防止盗采砂及监控弃土运输过程、禁止疏浚弃土参与经营，开展涵盖疏浚砂接驳、转运、上岸及利用全过程的长江下游航道疏浚砂综合利用监管方案研究。

5）疏浚砂综合利用通航、环保及相关风险控制研究

针对长江下游航道通航、环保要求高的特点，开展疏浚砂综合利用过程中通航分析、环境安全保障措施及相关风险控制措施研究。

6）成果应用

根据凝练的研究成果，编制长江下游航道疏浚砂综合利用实施方案并应用于工程实践中。在镇江、泰州两地开展试点工程并全程参与项目，追踪研究成果的应用及实际实施遇到的问题，不断修改完善综合利用实施方案。

第二章　长江下游水道演变及航道疏浚砂分布研究

2.1　概述

2.1.1　背景

长江干线南京至浏河口航段属长江南京航道局维护管辖范围,上起长江干线南京八卦洲尾(下游航道里程 330 km),下迄浏河口(下游航道里程 25.4 km),全长 304.6 km。本河段流域流经我国经济发达的江苏省,沿江分布有南京港、镇江港、江阴港、南通港等大型港区,沟通了南京、无锡、南通、上海等重要工业城市,是贯通我国东西水上交通要道,为长江干线黄金水道中含金量较高的一段。

江阴以下至南通天生港河段属于长江河口段,潮汐现象显著。由于江面逐渐展宽,江心洲滩群多变,深泓改道频繁,主要洲滩有福姜沙、如皋沙群等,河床演变受径流和潮流的共同作用,潮流影响较大。江阴至南京河段河道宽窄相间,窄深河段受山丘矶头控制,河道窄深、河槽稳定;宽浅河段则江宽流缓而多洲滩,相应形成两支或多支汊道,河床演变主要受径流控制,潮流影响较小。该段水域相对开阔,船舶运输较为繁忙,除少数浅险水道碍航外,大部分江段通航条件较好。历史上,本河段河道中有众多沙体和潜洲,历经沧海桑田的变化,几度分合或并岸,航道条件较差。近几十年来,由于护岸、围垦造地、节点控制工程、航道整治工程等多种因素作用,河势格局已基本稳定,总体航槽水深条件较好,但局部河段滩槽形态在不同来水来沙条件下仍变化剧烈,河道分汊段进、出口及过渡段常存在浅滩碍航。部分浅滩段的航道条件在自然条件下还有进一步恶化趋势,必要时需通过疏浚保障航道畅通。

长江南京以下 12.5 m 深水航道一期工程于 2012 年 8 月开工,2015 年 12 月竣工验收,2016 年 1 月开始正式运行,由长江航道局负责维护性疏浚。长江南京以下 12.5 m 深水航道二期工程于 2015 年 6 月开工,2016 年 7 月 12.5 m 深水航道初通至南京,2018 年 4 月交工验收,2019 年 5 月竣工。之后,南京以下 12.5 m 深水航道全面由长江航道局负责维护性疏浚。疏浚工作要以江阴为界,江阴以下为理论基准潮面下的 12.5 m,江阴以上为航行基面下的 12.5 m,在此基础上进行 12.5 m 疏浚维护工作。

2.1.2　水道总体情况

2.1.2.1　水道概况

长江江苏段(南京至太仓)全长约 283 km,自上而下分为南京河段(龙潭水道)、镇扬河段

（和畅洲水道、焦山水道、仪征水道）、扬中河段（江阴水道、泰兴水道、口岸直水道）、澄通河段（通州沙水道、南通水道、浏海沙水道、福姜沙水道）和长江南支河段（白茆沙水道），如图2.1-1所示。河段总体上以分汊河型为主，河道平面形态呈宽窄相间的藕节状。江阴以下至太仓河段属于长江河口段潮汐现象显著。江心洲滩发育，主要洲滩有福姜沙、通州沙、白茆沙等。江阴至南京河段河道宽窄相间，窄深河段受山丘矶头控制，河槽稳定；宽浅河段则江宽流缓而多洲滩，形成两支或多支汊道。在长江南京以下12.5 m深水航道整治工程中重点对仪征、和畅洲、口岸直、福姜沙、通州沙和白茆沙等6个水道实施了整治。

图 2.1-1　长江南京至南通河段示意图

南京河段（龙潭水道）上起慈湖河口、下止三江口，主泓长约85.1 km。慈湖河口至下三山为新济洲汊道段，下三山至三江口自上而下有七坝、下关、西坝和三江口四个束窄段，相邻两束窄段间水域开阔，出现分汊河道。

镇扬河段（和畅洲水道、焦山水道、仪征水道）上起三江口，下迄五峰山，河段全长约为73.7 km，自上而下按河道平面形态分为仪征水道、世业洲汊道、六圩弯道、和畅洲汊道和大港水道五段。长江主流出仪征水道后，由左向右过渡到世业洲右汊，沿右岸下行至龙门口附近与左汊支流汇合后，又向左过渡进入六圩弯道，贴左侧进入和畅洲左汊，沿和畅洲北缘至和畅洲东北角，靠左岸孟家港下行，与右汊水流汇合后进入大港水道。

扬中河段（江阴水道、泰兴水道、口岸直水道）上起五峰山，下至鹅鼻嘴，干流长87.7 km，平面形态属弯曲分汊型。进口五峰山河道宽约1.3 km，最窄处约1.1 km。太平洲河道长约31 km，最大宽度约10 km，太平洲将水流分为左右汊，左汊由两个弯道组成，呈反"S"形，其中嘶马弯道为上弯道，小决港以下为下弯道。天生港以下江阴水道为单一水道，长约24 km，河道顺直微弯。扬中河段首尾有五峰山和鹅鼻嘴两个节点，中间有禄安洲、界河口、天生港凸嘴导流岸壁扼守，平面形态呈藕节状。

澄通河段（通州沙水道、南通水道、浏海沙水道、福姜沙水道）是天然及人工节点控制的藕节状、弯曲多分汊河型,长约 88.2 km,包括福姜沙水道、通州沙水道等。福姜沙河段为二级分汊河段,过江阴鹅鼻嘴的主流被福姜沙分为左右两汊,为一级分汊,右汊福南水道为支汊。左汊下段又被双涧沙分为福北水道和福中水道,为二级分汊,福中水道水流在护漕港和福南水道汇合,进入浏海沙水道,福北水道部分水流经双涧沙进入浏海沙水道,主流进入如皋中汊。出浏海沙水道和如皋中汊的水流在九龙港一带汇合,此处江面宽约 1.8 km。其后长江主流紧贴南岸,经九龙港至十二圩港,脱离南岸过渡到南通姚港至任港一带,贴左岸顺通州沙东水道下泄。通州沙河段进出口江面宽相对较窄,中间放宽,为暗沙型多分汊河道。通州沙东水道为主汊,出口段被自左而右的新开沙、狼山沙分为新开沙夹槽、狼山沙东西水道。在进口九龙港、中部龙爪岩和出口徐六泾节点的控导作用下,长江主流走通州沙东水道和狼山沙东水道的格局不会改变。通州沙河段大河势得到了基本控制,但新开沙和狼山沙仍处于缓慢演变中。

长江南支河段(白茆沙水道)以七丫口为界分为南支上段及南支下段,上段被白茆沙分为南、北水道,白茆沙为水下暗沙。其中南水道为主汊,分流比约占 69%,南、北水道水流在七丫口附近汇合后进入长江南支下段,多汊分流后进入南、北港入海。南支下段顺直,河段内有扁担沙、新浏河沙、中央沙等,为长江河口不稳定的河段,主槽在浏河口附近分为两股水流分别进入南、北港。新浏河沙、中央沙与南岸之间为新宝山水道,是通往南港的主要水道。扁担沙与中央沙之间的通道为新桥通道,是通往北港的主要水道,扁担沙与崇明岛之间为新桥水道。

2.1.2.2　水文、泥沙条件

1)来水来沙特征

长江江苏段无常年水文站,大通站是长江干流下游最后一个径流控制站,大通以下区间径流量相对较小,大通站实测资料基本可代表长江下游流域的来水来沙特征。

(1)径流量。大通站(2003—2018 年)多年平均径流量约为 8 568 亿 m³,小于 1950—2002 年平均值 9 052 亿 m³,年际波动大,无明显的趋势变化规律。长江径流年内分配不均匀,来水主要集中在洪季(5—10 月),枯季(11 月—次年 4 月)较小,三峡蓄水后枯季径流量在全年所占比重略有增加,洪季径流量比重略有减小(表 2.1-1)。

2010 年三峡蓄水 175 m 以来,出现 2011 年、2013 年、2018 年三个典型小水年,全年最大流量小于 50 000 m³/s,年径流量最大年份为 2016 年,其流量大于 50 000 m³/s 的天数达到 64 d。2018 年来水量为近 5 年最低,2019 年 1—6 月来水量有所恢复,高于多年平均值。2019 年 7 月进入主汛期后,洪峰呈现陡涨陡降的状态,从 7 月中旬最大流量 68 400 m³/s,基本与 2016 年丰水年洪峰流量持平,一直陡降至 9 月中旬的最小流量 19 400 m³/s,低于 2018 年枯水年的汛后最低值(表 2.1-2、表 2.1-3、图 2.1-2、图 2.1-3)。

表 2.1-1　2003—2018 年大通站实测年径流量与多年平均值对比　　　　(单位:亿 m³)

年份	多年平均 (1950— 2002 年)	2003 年	2004 年	2005 年	2006 年	2007 年	2008 年	2009 年	2010 年
年径流量		9 248	7 884	9 011	6 886	7 708	8 291	7 821	10 220
年份		2011 年	2012 年	2013 年	2014 年	2015 年	2016 年	2017 年	2018 年
年径流量	9 052	6 668	10 030	7 878	8 919	9 049	10 365	9 231	7 873

表 2.1-2　大通站流量大于某量级的时间(天)统计表

项目	2011 年	2012 年	2013 年	2014 年	2015 年	2016 年	2017 年	2018 年	2019 年*
大于 40 000 m³/s	20	113	26	97	62	132	46	31	88
大于 50 000 m³/s	0	43	0	15	32	64	28	0	42

* 2019 年数据截止至 9 月 30 日。

表 2.1-3　2016 年 1 月—2019 年 9 月大通站径流量与多年平均值对比

时间	2003—2015 年平均值/亿 m³	2016 年/亿 m³	2017 年/亿 m³	2018 年/亿 m³	2019 年/亿 m³
1 月	347	550	440	376	536
2 月	332	496	320	367	461
3 月	514	558	562	478	805
4 月	587	901	827	515	686
5 月	831	1 261	782	754	923
6 月	1 039	1 289	954	876	1 209
7 月	1 201	1 752	1 584	1 117	1 555
8 月	1 073	1 369	1 031	1 026	1 167
9 月	923	690	804	698	514
10 月	694	492	935	629	
11 月	504	555	613	552	
12 月	405	452	379	485	
合计	8 450	10 365	9 231	7 873	

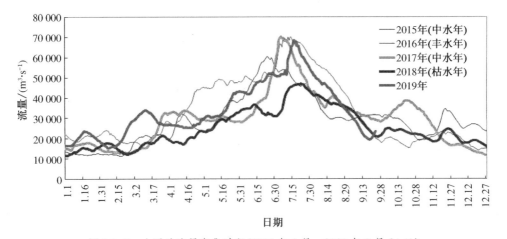

图 2.1-2　大通站流量变化过程(2015 年 1 月—2019 年 9 月 24 日)

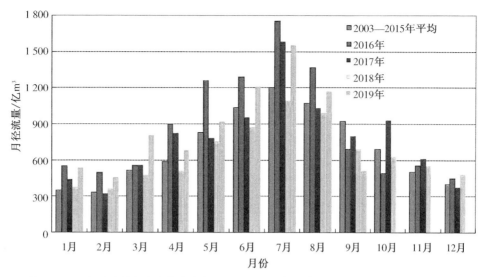

图 2.1-3　大通站月径流量年内变化(2003—2015 年平均、2016 年 1 月—2019 年 9 月)

　　长江进入主汛期,在洪峰来临之前上游来水量暴涨,2019 年 7 月平均流量高于近年来最大平均流量,但在汛后退水期间来流量锐减,从 7 月高于最大平均流量急退至 9 月平均流量低于近年来的最小平均值(图 2.1-4、表 2.1-4)。

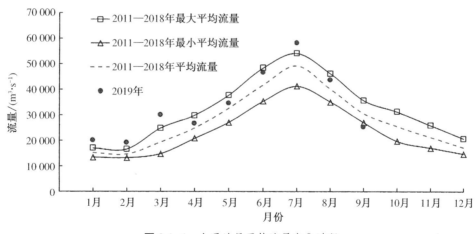

图 2.1-4　大通站月平均流量变化过程

表 2.1-4　大通站月平均流量统计表　　　　　　　　　　　　(单位：m³/s)

时间	2011 年	2012 年	2013 年	2014 年	2015 年	2016 年	2017 年	2018 年	2019 年
1 月	15 281	13 645	17 823	11 829	12 377	20 548	16 429	14 032	20 019
2 月	13 879	15 611	15 400	11 271	12 329	20 507	13 218	15 175	19 046
3 月	14 432	25 303	17 916	17 200	20 761	20 819	20 968	17 845	30 068
4 月	15 833	23 020	25 427	21 193	26 610	34 743	31 890	19 857	26 460

时间	2011 年	2012 年	2013 年	2014 年	2015 年	2016 年	2017 年	2018 年	2019 年
5 月	16 500	41 958	33 803	33 390	31 026	47 074	29 200	28 155	34 445
6 月	33 450	48 517	41 277	39 073	51 243	49 743	36 843	33 780	46 634
7 月	36 948	50 516	41 748	48 797	49 790	65 410	59 148	41 700	58 048
8 月	30 068	53 165	33 674	42 519	32 942	51 129	38 510	38 306	43 565
9 月	23 637	38 513	25 400	41 533	30 620	26 610	30 993	26 943	25 104
10 月	20 465	27 971	21 326	30 465	27 084	18 365	34 919	23 500	—
11 月	19 140	21 897	12 947	23 393	26 187	21 397	23 657	21 293	—
12 月	13 748	19 519	12 265	17 468	25 787	16 881	14 152	18 097	—

(2) 输沙量。1950—2018 年大通站实测资料显示,长江干线输沙量呈减小的趋势。其中三峡蓄水前的 1950—2002 年平均年输沙量为 4.27 亿 t,三峡蓄水后的 2003—2018 年平均年输沙量为 1.34 亿 t。2011 年为特枯水年,输沙量为 0.71 亿 t,是 1950 年以来最小值;2018 年输沙量为 0.83 亿 t,同为小沙年份。长江干线输沙量与来水量有明显的正相关性,自 2016 年"大水大沙年"以来上游来水量逐年减小,输沙量也呈减小趋势,2019 年 1—4 月来水量较大,输沙量应大于同期平均值(表 2.1-5、图 2.1-5)。

长江干线输沙量洪枯季差别明显,三峡蓄水后洪季(5—10 月)输沙量占全年的 81% 左右,枯季(11 月—次年 4 月)只占 19% 左右;7 月份输沙量最大,1—2 月份最小。大通站悬沙中值粒径有细化的趋势,其中 1950—2000 年的平均中值粒径为 0.017 mm,2001—2015 年的平均中值粒径降为 0.01 mm 左右。

表 2.1-5　2003 年以来大通站年输沙量　　　　　　　　　　(单位:亿 t)

年份	年输沙量	年份	年输沙量
2003 年	2.06	2011 年	0.71
2004 年	1.47	2012 年	1.62
2005 年	2.16	2013 年	1.17
2006 年	0.85	2014 年	1.2
2007 年	1.38	2015 年	1.16
2008 年	1.30	2016 年	1.52
2009 年	1.11	2017 年	1.04
2010 年	1.85	2018 年	0.83
多年平均(1950—2002 年)		4.27	
年平均值(2003—2018 年)		1.34	

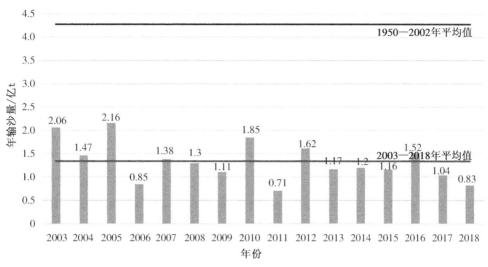

图 2.1-5　大通站 2003—2018 年输沙量分布图

2) 潮位特征

长江口为中等强度潮汐河口,属于非正规半日潮且日潮不等。每年春分至秋分为夜大潮,秋分至次年春分为日大潮。自河口向上,潮波变形明显,涨落潮历时不对称,潮差沿程递减,落潮历时沿程递增,涨潮历时沿程递减。河段南京、镇江、三江营、江阴、天生港、徐六泾和杨林站的潮位特征值如表 2.1-6 所示。

表 2.1-6　各站潮位特征值统计表

特征值	南京	镇江	三江营	江阴	天生港	徐六泾	杨林
最高潮位/m	8.31	6.70	6.14	5.28	5.16	4.78	4.76
最低潮位/m	−0.37	−0.65	−1.11	−1.14	−1.50	−1.61	−1.21
平均高潮位/m	—	3.43	—	2.10	1.94	1.69	1.98
平均低潮位/m	—	2.76	—	0.50	0.05	0.79	0.88
平均潮差/m	0.51	0.96	1.19	1.69	1.82	−0.38	−0.21
最大潮差/m	1.56	2.32	2.92	3.39	4.01	4.01	4.90
最小潮差/m	0	0	0	0	0	2.07	2.19
平均落潮历时/h	—	9.17	—	8.92	8.27	8.13	8.17
平均涨潮历时/h	—	3.25	—	3.50	4.15	4.28	4.27

3) 泥沙条件

仪征水道含沙量为 0.011～0.051 kg/m³,平均含沙量为 0.028 kg/m³,平均悬沙中值粒径为 0.008 mm;河床组成大多为细沙或粉沙,深槽部位也有中粗沙和砾石,床沙平均中值粒径约为 0.18 mm。

和畅洲水道和畅洲左、右汊实测河床表面泥沙中值粒径有所不同,六圩至和畅洲左汊床沙中值粒径为 0.155~0.18 mm,右汊相对稍细。世业洲尾~大港河段悬移质平均中值粒径为 0.006~0.009 mm,床沙平均中值粒径为 0.064~0.204 mm。

口岸直水道枯水期含沙量在 0.005~0.20 kg/m³ 之间,中水期含沙量在 0.01~0.60 kg/m³ 之间,洪水期含沙量在 0.05~1.0 kg/m³ 之间,悬移质颗粒中值粒径为 0.008 mm 左右,最大为 0.013 mm,最小为 0.006 mm,0.007~0.009 mm 悬移质颗粒占 95% 以上。河床质多为中细沙,组成相对较为均匀,主槽粒径较粗,滩面粒径较细,最大粒径为 6.7 mm,最小粒径为 0.004 mm,中值粒径为 0.017~0.241 mm。

福姜沙水道枯季大潮涨潮平均含沙量在 0.043~0.226 kg/m³ 之间,落潮平均含沙量在 0.045~0.117 kg/m³ 之间;洪季大潮涨潮平均含沙量在 0.039~0.233 kg/m³ 之间,落潮平均含沙量在 0.061~0.207 kg/m³ 之间。悬移质中值粒径在 0.006~0.017 mm 之间。河段底质类型主要以细沙为主,主槽底质中值粒径在 0.15~0.25 mm 之间,边滩底质中值粒径在 0.01~0.15 mm 左右。

4) 砂质特性分析

长江南京航道工程局于 2019 年 8 月份对福姜沙水道疏浚区进行了采样以及砂样的检测分析,砂样细度模数分析实验依据《水工混凝土试验规程》(SL 352—2006)所描述试验方法,采用筛分法进行。砂样含泥量分析实验依据《建筑用砂》(GB/T 14684—2011)所述,采用淘洗法进行。检测结果如下:砂样的粒径分布曲线如图 2.1-6 所示;砂样细度模数为 0.7,属于特细砂;砂样的含泥量为 3.0%;砂样的松散堆积密度为 1 230 kg/m³;采用 Nikon ECLIPSE E200MV POL 偏光显微镜进行砂样颗粒形貌分析,砂样整体呈现透明或半透明形态,颗粒独立,颗粒间无黏结,颗粒晶体透明,边缘平直光滑。由于表面的润滑,颗粒摩擦力小,团聚力很小,塑性较差。

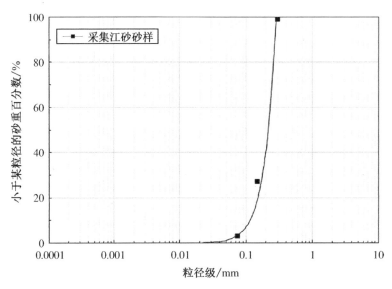

图 2.1-6 砂样的粒径分布曲线

2.1.2.3　地质条件及河床边界条件

1) 地质条件

河段大地构造单元属于淮阳地盾与江南古陆之间的扬子准地台狭长地带,处于宁镇弧形褶皱带的范围内。次级构造有乔家门—四明山断裂、横山断裂、谏壁断裂等,还有南京—镇江一带的南北向大断裂,对河道的发育有一定的影响,该段河谷地貌是不对称的喇叭形。

2) 河道边界

自1970年代,长江南京以下河道实施了一系列的护岸工程,并通过人工圈围措施加快沙洲并岸,逐渐控制长江主流的走向,以稳定河道边界条件,实现总体河势基本稳定。长江南京以下主流经多年航道、水利等的系统治理,逐步形成节点控导下成藕节状的分汊河型,河道边界及汊道逐渐稳定;徐六泾以下总体呈"三级分汊、四口入河"的格局,南支在加强节点控制、洲滩稳定及围垦、沿岸守护等治理工程下河势逐步稳定,北支沿程在不断围垦下河道缩窄,逐步形成以人工控制的边界河道。

3) 堤防工程

江苏省地处长江下游,采取"固堤防、守节点、稳河势、止崩坍"的防洪策略,形成了较为完善的堤防挡洪和河势控制工程体系,基本可以防御"1954年型"洪水。长江河势得到初步控制,总体较为稳定,为沿江开发奠定了基础。

江苏省现有江堤总长1 510 km,其中主江堤849 km、港堤339 km、洲堤322 km;北岸主江堤长458.7 km,南岸主江堤长390.5 km。主江堤中,南京主城区段60.5 km为1级堤防,其余均为2级堤防;港堤为2级堤;太平洲洲堤为2级堤防,其余洲堤为3级及3级以下堤防。沿线大中型建筑物防洪(潮)标准为100年一遇设计、200—300年一遇校核,小型建筑物按《长江流域综合规划(2012—2030年)》防洪水位设计、100年一遇校核标准执行。

2.1.2.4　河道整治工程

1) 南京河段

自1970年代初对下关、浦口江岸加强防护的同时,对七坝、梅子洲、大胜关、燕子矶、新生圩、西坝等节点先后实施了护岸工程,龙潭水道下弯道实施了间隔抛石护岸工程。进入1980年代后,对八卦洲头及其左右缘、燕子矶、天河口、新生圩、龙潭弯道、三江口和兴隆洲头等处进行了新护和加固。1998年大水后,南京河段开展了系统的二期河道整治工程,工程于2003—2006年实施,到目前已经完成并发挥作用。

2) 镇扬河段

仪征水道金斗至泗源沟已进行护岸,防止岸坡崩退。

世业洲左缘,1996年对新河口附近进行护岸,1998年进行守护,世业洲左汊段已建护岸2 149 m。世业洲右汊进口段曾多次进行护岸及加固,1989—1993年七摆渡口进行了护岸,润扬大桥附近1995—1998年实施了护岸及加固工程。世业洲左右汊汇流后主流顶冲右岸龙门口至镇扬引航道段,一期整治工程护岸5 491 m,1998年又进行加固护岸2 900 m,并在引航道口下游新建护岸1 080 m。

六圩弯道凹岸经多次守护,平面形态基本稳定。一期工程实施后对和畅洲头及左右缘进行多次护岸及加固。左汊发展成为主汊后,和畅洲北侧成为主流顶冲段,1995—1998年进行多次护岸及加固。此外,对孟家港沿岸险工段进行了多次护岸加固。为抑制和畅洲左汊的发展,水利部门于2002年6月—2004年9月实施了和畅洲左汊口门控制工程。

3)扬中河段

扬中河段是长江中下游14个重点治理河段之一。1970年代后,随着诸多河势控制工程、多期节点应急护岸整治工程的实施,基本上控制了河势动荡不稳的局面。

河道治理工程主要有落成洲守护工程、鳗鱼沙守护工程及天星洲整治工程等。落成洲守护工程主体工程于2012年7月完成,鳗鱼沙心滩守护工程于2012年6月交工验收,天星洲整治工程于2017年底基本完工。

建设实施的护岸工程主要有嘶马弯道护岸工程、顺直段护岸工程、禄安洲护岸工程。另外,还在一些崩岸段和受冲部位布置了防汛抢险护岸工程,如,江阴水道西界河口(护岸长度达1 100 m)、太平洲夹江弯道和炮子洲等地,上述护岸工程的建设和实施,为抑制江岸的崩退、稳定河势和防洪起到有效的作用,也有利于了两岸深水岸线的开发和利用。

4)澄通河段

澄通河段治理工程大致分为以下五个阶段:①1970年代重点部位河势控制工程,主要实施了福姜沙汊道、老海坝等护岸工程。②节点控制应急工程(1991—1997年),新建平顺护岸长度5 046 m,加固护岸长度3 858 m,干砌块石护坎2 340 m。③整治工程(1998—2004年),主要对靖江市灯杆港—安宁港、长江农场段,如皋市又来沙、长青沙和北汊沿线,南通市市区桃园、开发区三角圩等段,张家港市段山—十二圩港和双山小北五圩段,常熟市徐六泾野猫口段进行了护岸工程。④整治工程(2008—2012年),主要包括南通市新通海沙圈围工程、常熟市福山水道南岸边滩和常熟边滩整治工程、张家港市通州沙西水道综合整治工程、长江下游福姜沙水道航道治理双涧沙守护工程。⑤2012—2019年,张家港市老海坝节点综合整治工程、铁黄沙整治工程、长江干流江苏段崩岸应急治理工程。

2.1.2.5　航道整治工程

长江南京以下12.5 m深水航道工程重点对仪征、和畅洲、口岸直、福姜沙、通州沙和白茆沙水道进行了治理。

1)仪征水道深水航道工程

仪征水道航道整治方案主要包括:①世业洲洲头潜堤,长1 175 m;②洲头潜堤北侧2条丁坝,长度分别为191 m、320 m;③洲头潜堤南侧2条丁坝,长度分别为365 m、560 m;④左汊2道护底带,长度分别为454 m、508 m;⑤世业洲右缘3条丁坝,长度分别为550 m、618 m、625 m;⑥仪征左岸十二圩附近护岸加固4 407 m,右岸大道河—家港护岸加固4 338 m;⑦世业洲头部左右缘护岸加固5 015 m(图2.1-7)。

2)和畅洲水道深水航道工程

和畅洲水道航道整治设计方案包含4个部分,分别为左汊上中段两道变坡潜坝(含护底)工程、右汊进口切滩工程、右汊中下段碍航浅滩疏浚工程及护岸工程。其中:新建两道潜坝分别距离已建口门潜坝2 100 m和3 100 m,长1 817 m和1 919 m,上游潜坝河床最深点−35 m左右,坝高约17 m;切滩工程面积78 090 m²,底高程−13.35 m;右汊疏浚工程按250 m航宽基建,范围根据施工前测图调整,底高程−13.35 m;护岸工程全长10 458 m(图2.1-8)。

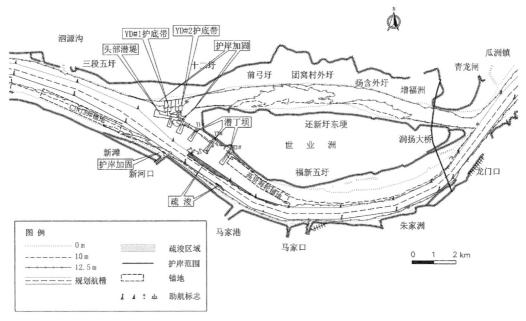

图 2.1-7 仪征水道深水航道工程布置

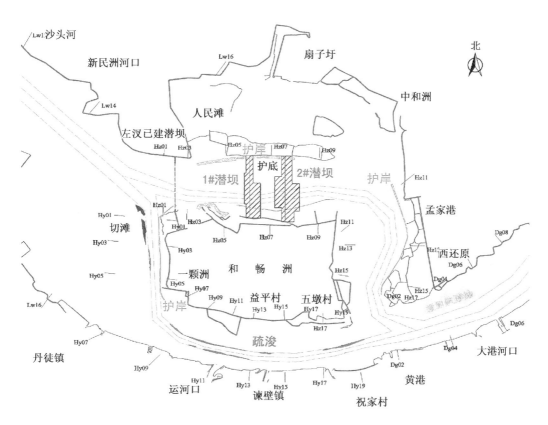

图 2.1-8 和畅洲水道深水航道工程初步设计方案平面布置示意图

3）口岸直水道深水航道工程

为稳定有利的滩槽格局,促使河床冲淤变化向有利方向发展,长江航道局于 2010—2012 年组织实施了落成洲守护工程和鳗鱼沙心滩头部守护工程,工程平面布置如图 2.1-9 所示。其中,落成洲守护工程由"梭头＋一纵三横"四条护滩带组成,落成洲头部及其左、右缘进行护岸和左岸三江营附近进行护岸加固。鳗鱼沙心滩守护工程布置在心滩的中上段,守护工程由软体排加抛石组成,平面上为"梭头"加"梭柄形",后段"梭柄"呈对称鱼骨状,由 1 道纵向"顺骨"和 1 道横向"鱼刺"组成,守护工程纵向总长 2 250 m;守护工程两侧进行护岸加固。

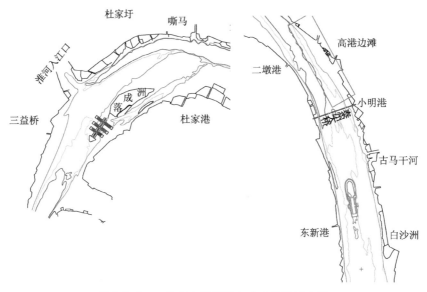

图 2.1-9 口岸直水道洲滩守护工程平面布置

深水航道二期工程中,口岸直水道在已实施的落成洲守护工程上加建整治潜堤,沿着落成洲头部布置纵向潜堤,纵向潜堤左侧布置 5 道丁坝,并且在落成洲右汊进口布置 2 道丁坝;在落成洲左汊左岸、右汊右岸新建护岸工程约 4.85 km。鳗鱼沙段工程是在心滩头部守护工程基础上下延守护范围,整治工程有一道纵向潜堤,潜堤长 10.6 km,潜堤两侧各布置 11 道护滩带,如图 2.1-10 所示。

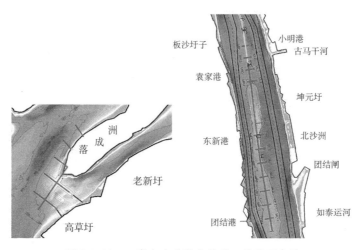

图 2.1-10 口岸直水道深水航道工程平面布置

4）福姜沙水道深水航道工程

福姜沙河段双涧沙变化影响到福中、福北、如皋中汊汊道稳定及进口滩槽稳定,双涧沙守护工程于 2010 年底开工,2012 年 5 月完工,如图 2.1-11 所示。双涧沙守护工程由三部分组成：头部潜堤、北顺堤和南顺堤。

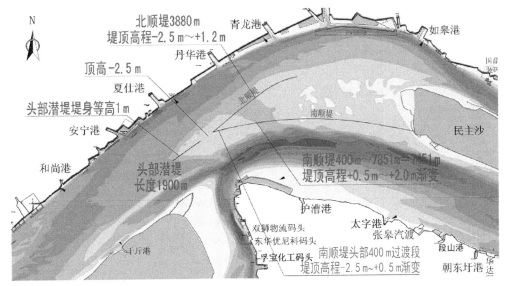

图 2.1-11　双涧沙守护工程布置

深水航道二期工程布置主要包括双涧潜堤及两侧丁坝、双涧沙右缘丁坝以及福姜沙左缘丁坝,如图 2.1-12 所示。

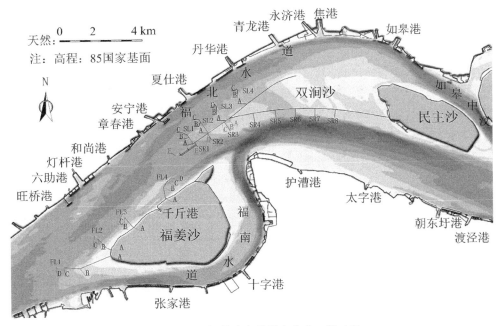

图 2.1-12　福姜沙水道深水航道二期工程

5）通州沙和白茆沙水道深水航道工程

通州沙、白茆沙水道深水航道一期工程方案布置示意如图 2.1-13 所示，守护通州沙下段和狼山沙左缘以及白茆沙头部，通过齿坝工程适当束窄河宽，实现"固滩、稳槽、导流、增深"的工程整治目标。

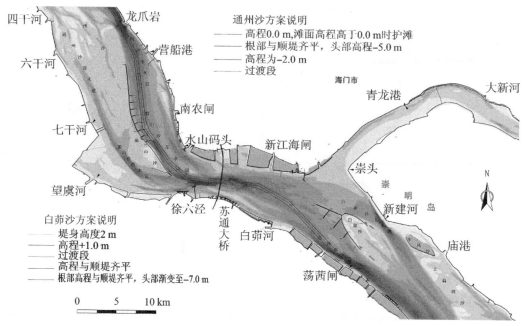

图 2.1-13 通州沙、白茆沙水道深水航道一期工程方案布置示意图

2.1.3 重点浅水道情况

南京以下重点水道概况如下。

1）仪征水道

仪征水道位于江苏省境内，上起三江口，下至瓜州，全长约 31 km，为微弯分汊河型。江中世业洲将水道分为左右两汊，右汊为主汊，河道弯曲；左汊为支汊，呈顺直型。仪征水道为典型的微弯分汊河道，浅区演变遵循"洪淤枯冲"的变化特点。世业洲洲头低滩冲刷下切，左汊呈持续发展态势，右汊进口及中上段"冲滩淤槽"，趋于宽浅。

2）和畅洲水道

和畅洲水道上起瓜洲，下至大港青龙山，全长约 26 km，江中有和畅洲将水道分为左右两汊。近年来左汊有所发展，主航道所在的右汊航道尺度有所降低。和畅洲右汊内主要碍航浅区包括右汊进口征润洲尾滩段、运河口附近右汊凸岸边滩段、出口附近祝家村孩溪边滩段。

3）口岸直水道

口岸直水道位于扬中河段左汊（主汊），上起五峰山，下至褚港，全长约 40 km。近年来，左岸三益桥边滩持续淤积外延，压缩航槽左边界造成航道宽度不足，鳗鱼沙心滩中下段航道内局部水深、宽度不足。

　　4）福姜沙河段

　　福姜沙河段上起江阴鹅鼻嘴,下至护漕港,全长约 40 km。江中存在福姜沙和双涧沙两个江心洲将水道分为三汊,从左到右依次为福北水道、福中水道、福南水道。

　　福南水道存在 3 处碍航浅区,分别位于进口段、中间弯曲段和出口处。近年来,水道进口段束窄,河槽淤积;中部弯顶段河槽弯曲导致上游下泄的泥沙主要淤积在河槽中部,水道下口涨落潮流路不一致使泥沙淤积、航宽缩窄。

　　福中水道上起福姜沙头部,下至护槽港,长约 12 km。福中水道水深直接受制于双涧沙沙头的变迁,二期工程的实施遏制了双涧沙沙头后退,稳定了福中水道进口位置,归顺了福中进口段主流。然而,由于近年来福中水道进口段普遍冲刷,冲刷泥沙下移,在出口段护漕港处淤积,致使边滩淤涨,侵入航槽形成碍航浅区。

　　福北水道位于福姜沙左汊,上起安宁港,下至如皋港,长约 12 km。福北水道进口段的深槽多次发生南北更替,深槽条件不稳定。近年来,进口段存在越滩分流现象,福北水道稳定性仍将受到影响。福北水道中下段易受进口段淤积底沙逐步下泄和弯道环流输沙等影响,形成碍航浅区。

　　5）南通水道

　　南通水道上起十二圩,下迄龙爪岩,全长约 18 km,上邻浏海沙水道,下接通州沙水道。南通水道河段内涨落潮主流流路不一致,易在西界港附近出浅。若通州沙头部左缘低滩得不到有效控制,南通水道的碍航情况将长期存在。

　　6）通州沙水道

　　通州沙水道位于南京以下约 260 km,上起龙爪岩,下至徐六泾,全长 22 km。随着长江南京以下 12.5 m 深水航道一期工程的实施完成,通州沙、狼山沙左缘已基本稳定,但由于通州沙水道左侧新开沙—裤子港沙沙体没有控制,航道左边界不稳定,该段河床和航道条件仍存在不稳定因素。

　　7）浏河水道

　　浏河水道位于南支主槽中部的七丫口至浏河口段,全长 11.6 km。该水道涨落潮流路基本一致,主槽左右分别为东风沙和太仓边滩,河道形势比较稳定。近年来,扁担沙下沙体南侧主槽始终存在着一条不断下移南偏的淤积带,该淤积带的存在将可能影响到局部深槽水深。太仓港海轮锚地—太危锚地之间的淤积带受落潮主流南压的影响,存在向下侵入 12.5 m 航槽的可能。

2.2　仪征水道演变及航道疏浚砂分布

2.2.1　水道现状

　　仪征水道位于江苏省境内,上起三江口,下至瓜州,全长约 31 km,为微弯分汊河型(图2.2-1、图 2.2-2)。仪征水道上接龙潭水道,下连六圩弯道,与和畅洲水道相邻,属长江下游感潮河段。上段龙潭水道的两端分别有西坝和三江口节点控制,平面形态向南凹进,深槽紧靠右岸,主流紧贴凹岸下行,至弯道末端经三江口挑流过渡到左岸的陡山进入仪征水道。仪征水道以十二圩为界,上段顺直微弯,下段为微弯分汊段,江中世业洲(世业洲呈半椭圆形,长约12.8 km,最宽约 3.5 km,目前世业洲尾建有润扬长江公路大桥)将水道分为左右两汊,右汊为主汊,河道弯曲;左汊为支汊,呈顺直型。下游六圩弯道自瓜洲渡口至沙头河口,长约 19 km,为两端窄、中部宽的弯道。仪征水道左侧为江苏省扬州市,右侧为镇江市。本段两岸码头工程众多,其中世业洲右汊南岸有镇江港高资港区、龙门港区等,世业洲左汊内有码头和造船厂也较多。

图 2.2-1 仪征水道地理位置示意图

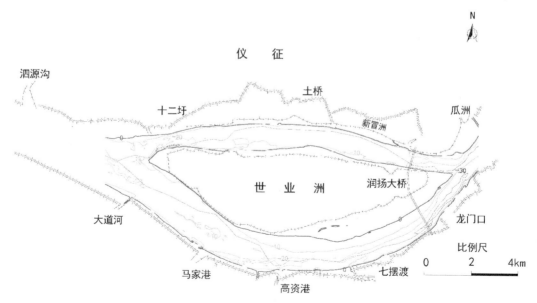

图 2.2-2 仪征水道 2019 年 8 月河势图

仪征水道近百年来受进口三江口、陡山一对节点控制,河道稳定少变,长江深泓过三江口节点后向左岸过渡,在大河口下游受礁板矶挑流,急转向东,傍土质坚实的左岸下泄。由于来流量的不同以及上游水流动力轴线的变化,使得三江口至陡山间过渡段深泓在一定范围内左右摆动,深泓弯顶略有上提下挫。世业洲汊道自泗源沟至瓜州渡口,长 24.7 km。右汊即高资弯道是主汊,长 16 km,为曲率比较小的弯曲河道,平均河宽约 1 450 m;左汊为支汊,长 13 m,呈顺直型,平均河宽约 880 m。

长江主流出仪征弯道后,由左向右过渡至世业洲右汊,主流沿高资弯道右岸下行至龙门口附近与左汊支流汇合后,又向左过渡至六圩弯道。世业洲汊道 1970 年代前一直处于相对稳定状态,1970 年代后左汊进入缓慢发展的阶段,进入 1990 年代以来,左汊发展的速度加快,曾在 2016 年 11 月达到最大值 42.4%。

2.2.2　水道演变

2.2.2.1　近期河床演变分析

1. 1950 年代至深水航道工程开工前夕

仪征水道为典型的微弯分汊河道,演变主要体现在汊道的冲淤发展及分流比变化,与之对应河道岸线变化、洲滩消长、主流摆动在汊道调整过程中发挥着重要作用,同时其自身的变化又受到汊道调整的影响。总体而言,仪征水道近期演变主要体现在以下二个方面。

1) 汊道分流格局变化

(1) 1950 年代至 2013 年。世业洲汊道左汊分流比处于持续发展周期,在此期间不同阶段分流比增长幅度随水沙条件变化等因素有一定波动,其中大洪水年份增幅较大。

1959—1974 年,世业洲汊道的主汊与支汊分流比稳定在 4:1 左右。1975 年后,受三江口凸咀的崩退、洲头分流点大幅度下移的影响,左汊迅速发展,1975—1984 年,左汊分流比增加到 21.5%。1985—1998 年上游河势趋于相对稳定,左汊分流比继续增加,平均分流比为24.2%。1998 年、1999 年为连续的大洪水年份,受到大水取直的影响,左汊进流条件较好,汊道冲刷发展,两次大洪水过后左汊分流比累积增大 5.7%。1999 年以后,左汊分流比增加明显,2003—2006 年,左汊分流比维持在 33.1%左右,2007—2009 年左汊分流比在 36.2%左右,2010 年 3 月左汊分流比为 36.3%,2012 年 11 月左汊分流比增加至 38.8%,2013 年 7 月达到40.2%,至 2017 年 2 月左汊分流比为 39.6%。总体而言,目前世业洲左汊分流比持续增加趋势明显(表 2.2-1)。

表 2.2-1　世业洲汊道分流分沙比变化

测时	流量/(m³·s⁻¹)	分流比/%		分沙比/%	
		左汊	右汊	左汊	右汊
1959 年 8 月	35 040	18.1	81.9	19.1	80.9
1960 年 9 月	48 100	22.6	77.4	22.4	77.6
1961 年 7 月	40 150	18.8	81.2	20.6	79.4

测时	流量/(m³·s⁻¹)	分流比/%		分沙比/%	
		左汊	右汊	左汊	右汊
1962 年 9 月	50 260	19.0	81.0	16.4	83.6
1963 年 1 月	41 010	18.5	81.5	15.2	84.8
1971 年 9 月	32 400	19.5	80.5	21.1	78.9
1972 年 8 月	27 940	20.6	79.4	26.5	73.5
1973 年 9 月	36 000	18.9	81.1	17.1	82.9
1974 年 11 月	30 860	18.8	81.2	17.5	82.5
1975 年 11 月	34 840	18.8	81.2	12.9	87.1
1976 年 11 月	21 390	20.5	79.5	19.3	80.7
1977 年 11 月	26 700	23.6	76.4	21.2	78.8
1978 年 12 月	14 390	21.5	78.5	22.4	77.6
1979 年 6 月	33 480	22.3	77.7	18.3	81.7
1980 年 7 月	44 000	23.2	76.8	22.4	77.6
1981 年 11 月	27 750	20.0	80.0	—	—
1990 年	—	22.2	77.8		
1992 年 8 月	25 400	25.1	74.9		
1997 年 6 月	27 000	26.4	73.6	—	—
1998 年	—	24.9	75.1		
1999 年 1 月	35 400	32.1	67.9		
2002 年 11 月	28 100	33.2	66.8	—	—
2003 年 6 月	42 300	33.5	66.5	—	—
2004 年 5 月	35 100	33.9	66.1	—	—
2005 年 11 月	—	37.0	63.0	—	—
2007 年 4 月	—	33.1	66.9	—	—
2007 年 7 月	27 919	36.2	63.8		
2008 年 5 月	28 000	37.1	62.9	—	—
2009 年 5 月	31 705	37.8	62.2	—	—
2010 年 3 月	18 830	36.3	63.7	28.5	71.5
2010 年 8 月	—	38.5	61.5	39.1	60.9
2011 年 1 月	16 900	35.7	64.3	33	67
2012 年 11 月	19 100	38.8	61.2	37.2	62.8
2013 年 7 月	42 800	40.2	59.8	37.6	62.4

（2）世业洲洲头低滩冲刷下切，左汊进口左侧边滩冲刷进流条件改善，左汊中下段河槽全线冲刷发展，汊道分流格局不稳定。

① 受泗源沟以下水流动力轴线左摆影响，泗源沟—十二圩一带岸线持续崩退，左汊进口左侧低滩冲刷显著，进流条件明显改善。泗源沟以下河段主流左偏，导致泗源沟河口至十二圩 0 m 等深线不同程度的后退（图 2.2-3）。泗源沟河口—泗源电厂约 2 km 范围属一般性的冲刷，崩退不严重；泗源电厂以下，自 1960 年代以来，冲刷后退显著，平均崩退 87 m，较强崩退段在分流区至左汊进口，最大崩坍位置在十二圩附近，为 170 m 左右。1999 年以后，上段崩退逐步减弱，崩退段向下移动，到达左汊口门以内的左岸。10 m 等深线变化与 0 m 等深线变化特点基本一致（图 2.2-4），泗源沟河口—泗源电厂左移幅度较小，泗源电厂以下至十二圩则大幅后退。1999 年以后左汊进口 10 m 等深线贯通，以后左汊进口左岸侧 10 m 等深线持续后退，2013 年相对 2002 年最大左移约 200 m。

② 水流顶冲世业洲洲头，分流区深槽下延，世业洲洲头低滩持续冲刷后退。由于上游泗源沟一带主流总体左偏，水流直接顶冲世业洲洲头，世业洲洲头低滩及洲头左右缘均呈现冲刷后退之势，洲头 0 m、10 m 等深线均有一定幅度的后退。0 m 等深线后退主要发生在 1994 年以前，累积冲退近 200 m，洲头左缘 0 m 等深线后退约 120 m，洲头右缘冲刷幅度较小约 70 m；1994—1997 年镇江市在世业洲洲头实施了应急守护工程后，0 m 等深线基本稳定。10 m 等深线变化则更为剧烈，1982—1994 年洲头右缘 10 m 等深线冲淤有所反复，变化趋势性不明显；更为 1999 年受连续大水作用，洲头 10 m 等深线大幅后退，2013 年相对 1994 年后退约 800 m。

从世业洲洲头滩脊变化看，世业洲洲头低滩部位冲刷下切明显。2010 年以前，世业洲洲头低滩滩面整体冲刷下切，下切幅度在 2～7 m，离岸越近下切幅度越大，这与世业洲洲头进行了抛石守护有一定的关系；2010 年以后，10 m 等深线以上滩面基本不变，10 m 等深线以下滩面仍有小幅下切，世业洲洲头以上深槽持续下延、左摆。

2）浅区段滩槽变化

（1）主流顶冲世业洲洲头，分流点总体下挫左移，世业洲右汊进口及中上段深泓左移，导致世业洲右缘低滩冲刷、深槽淤浅。

世业洲右汊进口段深泓受分流点上提下挫影响而左右摆动。分流点上提或居中，主流能够平顺过渡到右汊，深泓偏靠右岸；分流点下挫或左偏，主流顶冲世业洲洲头，深泓左摆。世业洲右汊口门段因受洲头分流点上提、下挫变化影响，深泓线年际间摆幅较大，1964—2013 年最大摆幅为 940 m。1990 年代中期以前，世业洲洲头低滩较为完整，左汊进口深槽尚未发展，分流点整体偏上居中，主流能够平顺过渡到右汊，深泓线偏靠右岸，冲刷右岸大道河附近的岸线，多年来形成险工段；1998 年、1999 年连续大洪水过后，世业洲左汊进口深槽冲刷发展，右缘边滩冲刷，分流点下挫左偏，部分水流顶冲洲头后沿洲头右缘下行，深泓及主流整体左偏，世业洲头右缘边滩受冲；至 1999 年世业洲洲头大幅冲刷后退，大道河口—马家港对岸 10 m 等深线向世业洲右缘一侧蚀退；至 2013 年 10 m 等深线退至紧靠世业洲右缘堤坝，10 m 等深线整体后退 400～700 m。

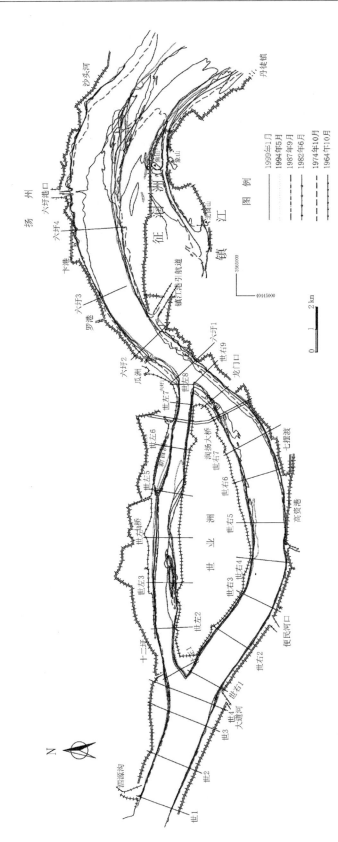

（a）1964 年 10 月—1999 年 1 月

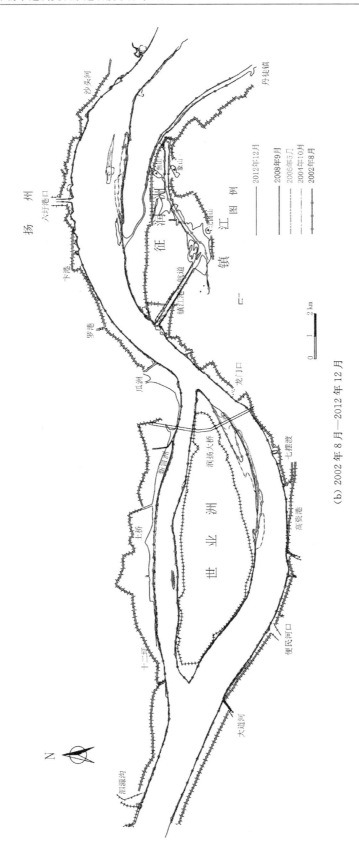

(b) 2002 年 8 月—2012 年 12 月

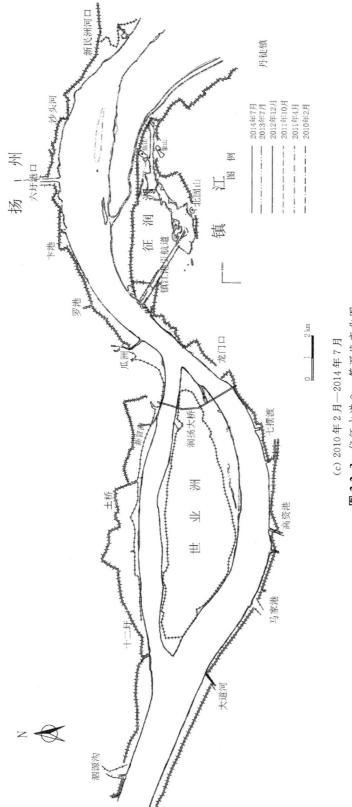

（c）2010 年 2 月—2014 年 7 月

图 2.2-3　仪征水道 0 m 等深线变化图

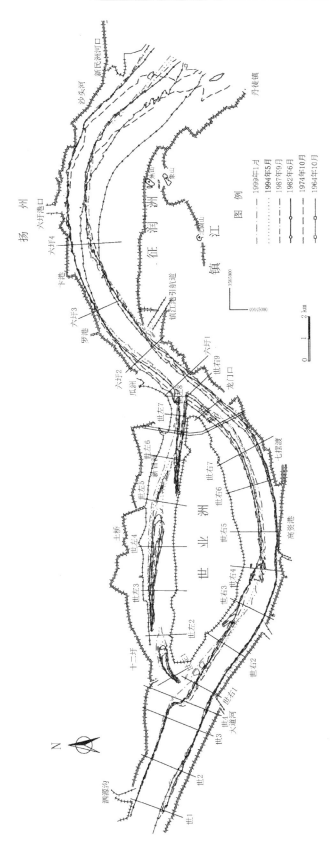

(a) 1964 年 10 月—1999 年 1 月

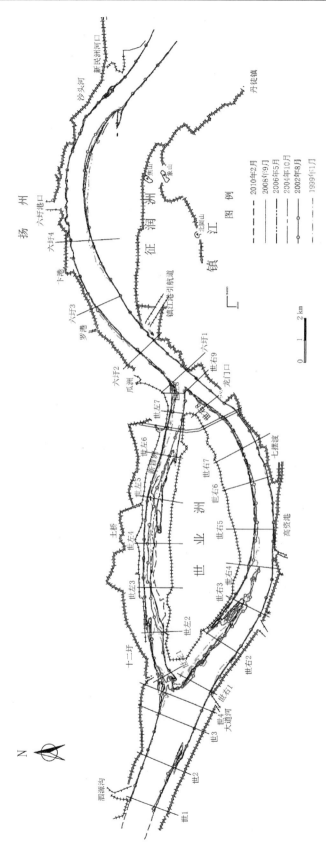

(b) 1999 年 1 月—2010 年 2 月

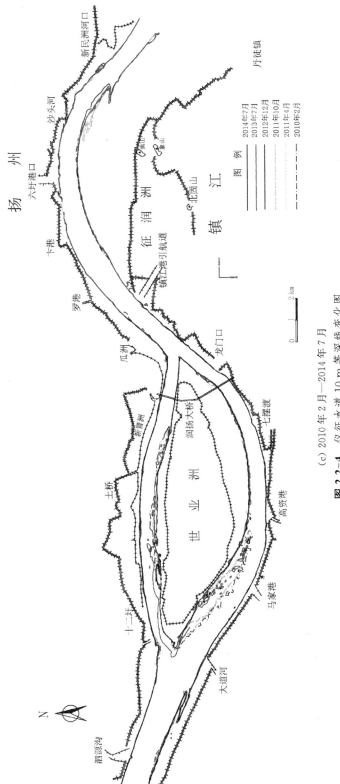

（c）2010 年 2 月—2014 年 7 月

图 2.2-4　仪征水道 10 m 等深线变化图

（2）2000 年以来,世业洲洲头右缘边滩冲刷,右汊进口深槽淤积,右汊进口及中上段"冲滩淤槽",趋于宽浅。

1997 年后,右汊进口以下至高资港附近的左岸世业洲右缘河床发生明显的冲刷,最大冲刷幅度达 8 m,冲刷自上而下发展,右侧深槽则淤积。2006 年与 2002 年相比,世业洲右缘河床 10 m 等深线以下河床有所冲刷,最大冲刷达 4 m。2010—2012 年,右汊进口河床有冲有淤,左侧河床冲刷 2～6 m,右侧河床淤积 1～3 m。

综合来看,世业洲右汊表现为"冲滩淤槽",航槽内淤积幅度为 2.0～4.0 m 之间,右汊中下段表现为世业洲右缘边滩淤长,深槽冲刷。其中 2010 年 3 月—2013 年 7 月冲淤幅度较大,达到 2～3 m 之间。

3）汊道冲淤发展变化

（1）世业洲左汊进口断面冲刷扩大,深槽发展并逐步下延;出口段深槽发展并向上延伸;中段河槽展宽下切,深槽逐步发展贯通,河槽容积显著增加。

世业洲左汊 10 m 深槽近 30 年来持续冲刷发展,其中 1980 年代,左汊 10 m 深槽断开为三段,左汊进口处与上游深槽断开约 900 m。1982—1999 年,随着左汊分流比增大,进口段 10 m 槽向下发展,中段 10 m 槽头部变化不大,尾部大幅向下延伸,尾部 10 m 槽变化不大;经历 1998 年、1999 年连续大洪水之后,左汊 10 m 深槽迅速发展贯通,至 2002 年左汊内 10 m 槽全线贯通,2004—2013 年左汊中段 10 m 槽展宽,进口和尾部变化不大。

从深泓变化来看,左汊深泓整体明显下切,其中左汊口门位置深槽处 2013 年相对 2004 年下切最大达 15 m,左汊口门以下至润扬大桥上段普遍冲深 2～7 m,润扬大桥以下深泓总体变化不大。从 0 m 等深线以下河槽容积看（表 2.2-2）,左汊河槽容积自 1994 年以来持续增加。其中 1994—1999 年增幅较小,1999 年以后增幅略有增加,2006—2013 年呈现快速增长的趋势,2013 年 7 月左汊河槽容积达到 1994 年的 2 倍。

表 2.2-2　世业洲左、右汊 0 m 等深线以下河槽容积变化

测时	左汊			右汊		
	容积/ 亿 m³	平均河宽/ m	平均水深/ m	容积/ 亿 m³	平均河宽/ m	平均水深/ m
1994 年 5 月	0.799	812	7.87	2.871	1 492	12.86
1997 年 3 月	0.851	813	8.37	2.905	1 482	13.08
1999 年 1 月	0.893	851	8.34	2.875	1 462	13.15
2003 年 5 月	1.058	875	9.58	2.736	1 339	13.49
2004 年 10 月	1.157	889	10.25	2.786	1 324	13.89
2006 年 5 月	1.202	888	10.67	2.850	1 336	14.14
2010 年 3 月	1.422	895	12.44	2.940	1 344	14.50
2011 年 1 月	1.436	889	12.57	2.801	1 412	13.55
2012 年 12 月	1.539	895	13.44	2.860	1 334	14.41
2013 年 7 月	1.625	903	13.56	2.813	1 330	14.21

（2）世业洲右汊相对稳定,深泓冲淤交替,河槽容积略有减小,主要变化体现在深槽位置的摆动。其中进口及中上段滩槽的冲淤调整、下段深槽随龙门口崩岸发生而摆动。

世业洲右汊深槽位置基本稳定,深槽变化主要表现在宽度的变化上。中上段 10 m 槽拓宽,大道河口—马家港对岸 10 m 等深线向世业洲右缘一侧蚀退;随着 10 m 槽向左拓宽,15 m 槽近年来逐渐趋于淤积,2008 年开始逐步断开,下深槽槽头向下游萎缩,至 2013 年断开达到 3.4 km。中下段 10 m、15 m、20 m 槽 1990 年代以前随着龙门口崩岸的发展大幅度右摆,龙门口一带岸线稳定后至今,深槽保持基本稳定。

从断面冲淤变化来看,右汊中上段不同阶段冲淤变化较大,近期河床断面由偏“V”形向“U”形转化,呈现“冲滩淤槽”的规律。1959—1997 年左侧 0 m 以下河床普遍淤积,1997 年后,左侧世业洲右缘河床发生明显的冲刷,最大冲刷幅度达 8 m,冲刷自上而下发展,右侧深槽则淤积。中下段河床在龙门口崩岸剧烈期间,世业洲右缘下边滩持续向江心淤长,润扬大桥以下淤积最大达 9 m,龙门口岸线稳定后,断面总体变化不大。

2.2.2.2　深水航道主体工程完工后近两年来河床演变分析

1. 河床冲淤变化

仪征水道深水航道工程于 2017 年 6 月交工,从 2017 年 5 月以来近两年的冲淤图来看(图 2.2-5),一是工程区域基本达到了守护目的,工程守护效果良好,其中世业洲头部守护工程区域和世业洲右缘丁坝区域普遍淤积,淤积幅度在 1～3 m,局部可达 5 m 以上;二是改善了浅区航道条件,其中右汊进口浅区沿世业洲右缘 Y1—Y3 丁坝前沿冲刷,幅度可达 1～3 m,航道条件得到有效改善;三是初步扭转了左汊的持续发展趋势,冲淤图上反映左汊总体以淤积为主,考虑到左汊进口段局部冲刷的影响,可认为左汊总体处于淤积萎缩的状态。

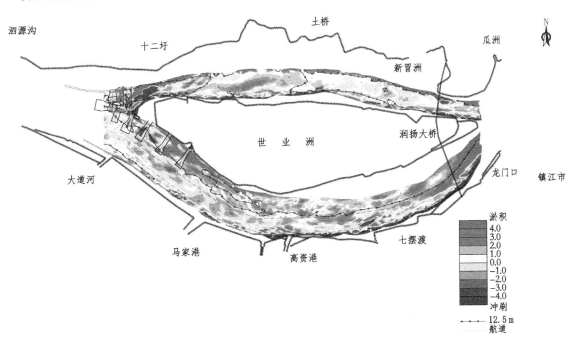

图 2.2-5　仪征水道 2017 年 5 月—2019 年 2 月冲淤变化图

　　2017 年 5 月—2018 年 5 月河床冲淤变化如图 2.2-6 所示。由图可见,交工头一年变化与近两年变化总体上较为一致,说明变化自交工以来即开始出现,其变化获益于整治工程的效果。

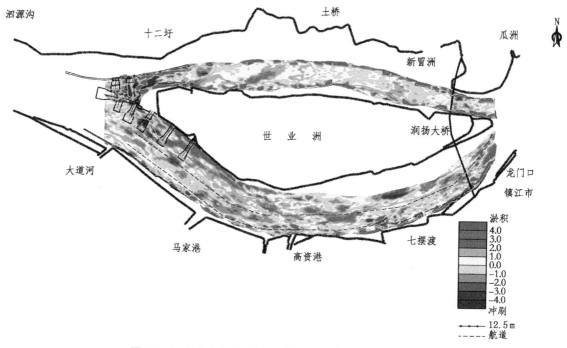

图 2.2-6　仪征水道 2017 年 5 月—2018 年 5 月冲淤变化图

　　从具体的冲淤分布来看,世业洲头部以上分汊段以淤积为主,淤积幅度在 1 m 左右;世业洲头部守护工程区普遍明显淤积,幅度在 1~3 m;右汊世业洲右缘 Y1—Y3 丁坝工程区总体淤积,丁坝上游侧淤积幅度在 3~5 m,Y3 下游掩护区发生 1~3 m 淤积,SR2♯、Y1♯丁坝下游侧有局部冲刷,幅度在 1—3 m。世业洲右缘 Y1—Y3 丁坝前沿航道发生普遍冲刷,冲刷幅度在 1~3 m;马家港—高资港一带右侧深槽淤积,幅度在 1~3 m;世业洲右缘下边滩头部低滩发生冲刷,幅度在 1~3 m,七摆渡以下河槽冲淤交替,总体淤积。左汊进口段护底工程北侧冲刷,YD2♯护底带下游局部冲刷近 10 m,右侧深槽有较大幅度回淤,淤积幅度在 5 m 以上;左汊中上段形成 1~3 m 淤积带。

　　从 2018 年 5 月—2019 年 2 月河道近一年冲淤变化情况看(图 2.2-7),冲淤分布与近两年变化较为一致,但变幅趋缓,说明河床处于新一轮的调整之中,以适应整治工程带来的影响。

　　从具体的冲淤分布来看,世业洲头部以上分汊段以淤积为主,淤积幅度在 1 m 左右;世业洲头部守护工程区继续淤积,幅度在 1 m 左右;右汊世业洲右缘 Y1—Y3 丁坝工程区总体淤积,幅度在 1 m 左右,坝下游局部有所冲刷,幅度在 1~3 m;世业洲右汊进口至世业洲右缘 Y1 丁坝前沿发生淤积,幅度在 1 m 左右,Y2—Y3 丁坝前沿航道发生普遍冲刷,冲刷幅度在 1 m 左右;马家港—高资港一带右侧深槽冲刷,幅度在 1~3 m;高资港以下河槽冲淤交替。左汊进口段护底工程北侧冲刷,YD2♯护底带下游局部冲刷近 10 m;左汊整体淤积,河心形成 1~3 m 淤积带。

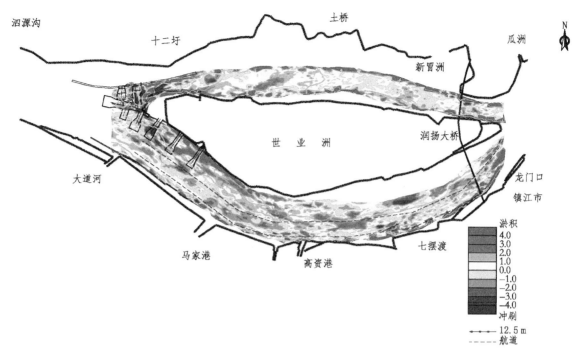

图 2.2-7　仪征水道 2018 年 5 月—2019 年 2 月冲淤变化图

从河槽容积的变化情况看,世业洲右汊表现为持续冲刷,其中冲刷主要发生在交工后第 1 年内,到了交工后第 2 年,冲刷趋势逐渐放缓(表 2.2-3、表 2.2-4)。世业洲左汊表现为先淤后冲,总体以淤积为主,考虑到左汊进口段局部冲刷的影响,可认为左汊总体处于淤积萎缩的状态。世业洲分汊段呈持续淤积态势,世业洲头部守护工程区域持续淤积稳定(图 2.2-8、图 2.2-9)。

表 2.2-3　仪征水道 0 m 航深下河槽容积变化　　　　　　　　　　　　（单位：万 m³）

位置	2017 年 5 月	2018 年 5 月		2019 年 2 月		
	容积	容积	第 1 年变化	容积	第 2 年变化	两年总变化
洲头分汊段	8 035	7 695	340	7 567	128	468
左汊	16 524	16 418	106	16 442	—24	82
右汊	28 729	29 150	—421	29 191	—41	—462

表 2.2-4　仪征水道 12.5 m 航深下河槽容积变化　　　　　　　　　　（单位：万 m³）

位置	2017 年 5 月	2018 年 5 月		2019 年 2 月		
	容积	容积	第 1 年变化	容积	第 2 年变化	两年总变化
洲头分汊段	1 943	1 697	246	1 594	103	349
左汊	3 002	3 032	—30	3 019	13	—17
右汊	7 083	7 111	—28	7 151	—40	—68

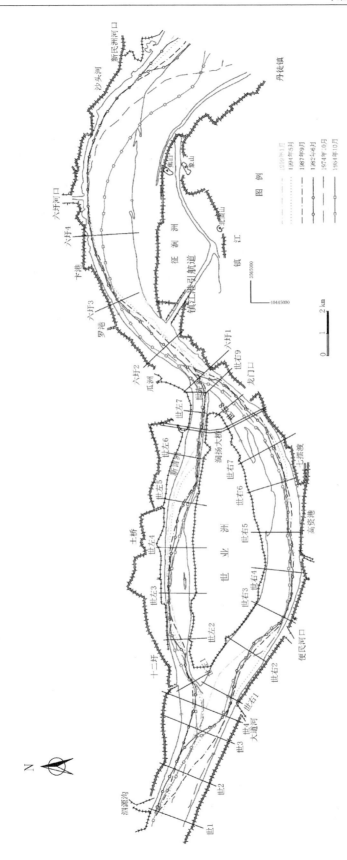

1964 年 10 月—1999 年 1 月

图 2.2-8 仪征水道 12.5 m 等深线变化图

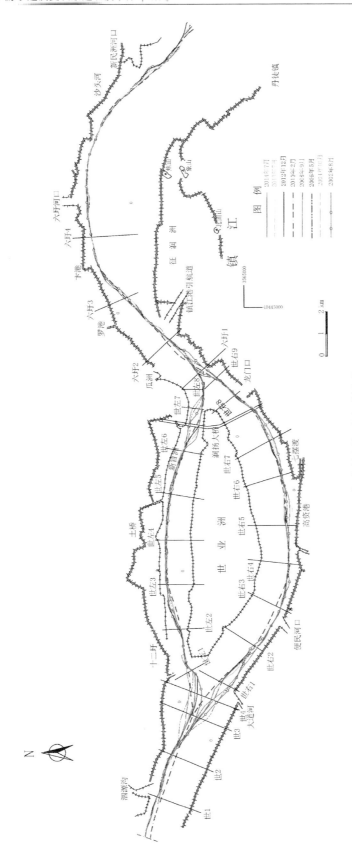

图 2.2-9　仪征水道世业洲右汊 12.5 m 等深线变化图

2002 年 8 月—2014 年 7 月

2. 滩槽格局变化

对工程区而言,2017 年 5 月—2018 年 5 月,世业洲头部工程守护范围内淤积,12.5 m 等深线范围保持稳定,局部略有淤积扩大。世业洲右缘丁坝区域淤积,12.5 m 等深线轮廓表现为淤积扩大。左汊进口护底带工程区域保持稳定,护底带下游及北侧表现为冲刷后退。2018 年 5 月—2019 年 2 月,世业洲头部工程守护范围持续淤积扩大,世业洲右缘丁坝区域持续淤积,轮廓持续扩大。左汊进口护底带工程区域保持稳定,护底带下游南侧深槽回淤,北侧有所冲刷后退。

对航槽情况而言,2017 年 5 月—2018 年 5 月,世业洲右缘丁坝区域淤积,12.5 m 等深线向外淤长,右汊进口大道河以下航槽发生普遍冲刷,不满足 12.5 m 心滩冲刷消失,仅余有零星浅包。2018 年 5 月—2019 年 2 月,世业洲右缘护滩带守护区域继续淤积,右汊进口大道河以下航槽继续冲刷,航槽内未有浅包。世业洲右缘丁坝区下游则发生淤积形成零星浅包,目前右汊上段 12.5 m 等深线最窄位置可达 600 m。

3. 航道水深条件变化

12.5 m 航道的浅区位于右汊上段,整治工程实施以前,随着世业洲右缘低滩进一步冲刷,右汊进口朝宽浅方向发展,致使江中育有水下心滩,形成两槽并存的格局。右汊主流由水道右侧移到左侧之后,左侧世业洲右缘一直呈冲刷发展的态势,右侧规划航槽淤浅,造成 12.5 m × 500 m 航道不畅通。自工程完工以来,世业洲右缘得到守护并淤积长大,束窄水流冲刷右汊中上段。

河心及水道右侧,河心不满足 12.5 m 心滩冲刷消失。至 2018 年 5 月 12.5 m 航道恢复贯通。2019 年 2 月航槽内未有浅包。从交工以来近两年变化情况来看,2017 年 5 月,世业洲右汊上段心滩居于河心,主流经右侧深槽下行。

2018 年 5 月,世业洲右汊中上段右侧冲刷发展,心滩冲刷消失,仅余零星浅包。2019 年 2 月,航槽内浅包冲刷消失,世业洲右缘丁坝区下游形成零星浅包,有个别浅包贴近航道边线。目前右侧深槽最小宽度可达 600 m,航道内最小水深 12.3 m(表 2.2-5)。

表 2.2-5　仪征水道拟建航道内水深不足 12.5 m 的浅段长度、最浅水深统计

时间	大道河口至高资港		
	浅段长度/m	浅段最小宽度/m	最浅水深/m
2014 年 7 月	5 110	322	10.6
2015 年 5 月	5 623	231	10.1
2015 年 8 月	5 915	157	9.6
2015 年 11 月	5 900	85	9.9
2016 年 2 月	4 500	172	10.1
2016 年 5 月	4 500	中断 60	9.3
2016 年 8 月	4 000	中断 1 100	9.1
2016 年 11 月	4 500	中断 1 100	8.9

时间	大道河口至高资港		
	浅段长度/m	浅段最小宽度/m	最浅水深/m
2017 年 2 月	4 500	中断 400	10.2
2017 年 5 月	4 000	230—伴有浅包	9.4
2017 年 8 月	—	250	11.7
2017 年 11 月	—	260—伴有浅包	11.7
2018 年 2 月	—	600	12.0
2018 年 5 月	—	600	12.6
2018 年 8 月	—	600	13.1
2018 年 11 月	—	600	12.0
2019 年 2 月	—	600	12.3

2.2.2.3 浅区演变特点及成因分析

仪征水道碍航浅区部位位于世业洲右汊进口及中上段,年内演变总体表现为"洪淤枯冲"的规律,这主要与分流区河道放宽、洪枯期主流流路变化有关。洪水期分流区主流趋直,主流顶冲世业洲洲头并依世业洲右缘下泄,冲刷世业洲右缘低滩的同时,右汊右侧航槽内泥沙淤长;汛后及枯水期分流区主流坐弯,顺世业洲洲头低滩平顺过渡进入右汊,右汊中上段主流偏右,主航槽冲刷洪。

大洪水年份,由于洪峰较大、持续时间长,主流右摆,世业洲右缘边滩大幅冲刷。中小水年份,浅区河段世业洲右缘边滩仍呈现"洪淤枯冲"的特点,但冲刷幅度较小。

深水航道工程实施以后,世业洲头部及右缘得到良好守护,右汊进口刷深,江中碍航心滩冲失消退,但仪征航道整治工程仅对世业洲头部和右缘上段进行了守护,中下段并未进行守护,因此右汊航道中上段(马家港—高资港)依然存在江中浅区,如发生不利水文年份,将大幅淤积导致航深不满足 12.5 m。在仪征水道右汊的中下段,水道弯曲,北岸为世业洲尾部右缘,属于弯道段凸岸缓流区。此处存在有边滩,目前还未有任何整治工程,处于自然演变的情况下。世业洲尾部右缘近年来"滩淤槽冲",边滩右缘淤积下延,由于此处 12.5 m 深槽较窄,边滩的淤积下延很容易侵入主航道,造成航宽不足。

2.2.3 航道疏浚砂分布

2.2.3.1 航道尺度及维护标准

1. 航道尺度

长江仪征水道右汊为长江主航道,自 1965 年开辟海轮进江航道以来,南京—浏河口段的航道维护尺度几经调整,维护标准不断提高,自 2019 年 5 月长江南京以下 12.5 m 深水航道工程竣工验收后,仪征水道的维护尺度为 12.5 m×500 m×1500 m(水深×航宽×弯曲半径,下文同),保证率 98%。

在航道内水深和航宽达不到维护标准时通过疏浚措施保障航道尺度,同时给航道维护留出应急反应时间与适当备淤深度和宽度。

2. 维护标准

1）设计水位

仪征水道位于长江下游干流感潮区内,其维护尺度为航行基面以下 12.5 m。本工程是通过疏浚工程以保障航道畅通为目的,因此,2020 年度仪征水道航道维护疏浚工程采用当地航行基准面为设计水位。

2）疏浚底高

依据现航行基面以下 12.5 m 的维护水深标准,仪征水道疏浚底高程设置为当地航行基准面以下 12.5 m。

2.2.3.2　航道疏浚范围

目前仪征航道维护疏浚工程仅对世业洲头部和右缘上段进行了守护,中下段并未进行守护,因此右汊航道中上段（马家港—高资港）仍为自然放宽段,依然存在江中浅区,泥沙易于此处淤积,造成航深不足。近年来在仪征水道右汊的中下段,世业洲尾部右缘"滩淤槽冲",边滩右缘淤积下延,部分年份侵入主航道造成航宽不足,有必要对仪征水道右汊中上段以及下段进行维护性疏浚,以保证仪征水道的畅通。

1. 疏浚平面

根据前文分析,仪征水道浅区主要有两处:一处位于♯116—♯118 航标段,主要是因为河道放宽、泥沙落淤,在河道中部出现浅包;另一处位于♯113—♯116 航标段,主要是因为世业洲右缘淤积,12.5 m 线侵入航道左边线。

因此,疏浚工程主要对♯116—♯118 航标段及♯113—♯116 航标段航道连线内航行基面以下水深不足 12.5 m 的区域进行疏浚。具体布置及坐标如表 2.2-6 及图 2.2-10 所示。

表 2.2-6　仪征水道疏浚区平面控制坐标（国家 2000 坐标系）

仪征右汊上段疏浚区平面控制点坐标					
点编号	X	Y	点编号	X	Y
A1	3 565 278	429 635	A6	3 562 932	433 450
A2	3 563 822	431 650	A7	3 563 209	431 920
A3	3 563 436	432 871	A8	3 564 091	430 165
A4	3 563 472	435 568	A9	3 564 872	429 343
A5	3 562 917	435 585			
仪征右汊下段疏浚区平面控制点坐标					
点编号	X	Y	点编号	X	Y
B1	3 563 472	435 568	B6	3 565 684	441 208
B2	3 563 775	437 739	B7	3 564 655	440 396
B3	3 564 547	439 518	B8	3 564 113	439 791
B4	3 565 444	440 358	B9	3 563 248	437 773
B5	3 566 003	440 804	B10	3 562 917	435 585

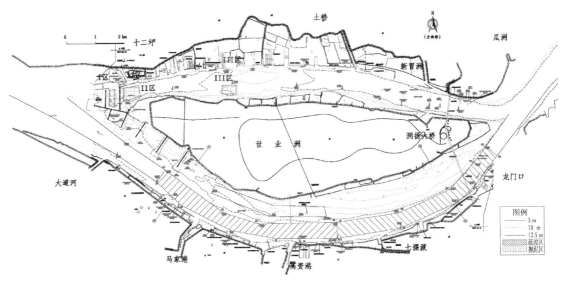

图 2.2-10 仪征水道疏浚平面布置图

2. 疏浚纵坡

由于航行基准面(理论最低潮面)沿程考虑了最枯水位时各位置的水面纵坡比降,因此疏浚工程疏浚纵坡沿用当地航行基准面(理论最低潮面),按照同一航行基准面(理论最低潮面)下深度进行开挖。

3. 断面设计

(1)设计挖槽深度为航行基准面下 12.5 m。

(2)根据本河段的河床地质组成,疏浚区域为近年新淤积的松散至稍密的粉细砂,开挖边坡取 1∶8。

(3)根据《疏浚与吹填工程设计规范》(JTS 181—5—2012),结合本工程实际情况,耙吸挖泥船开挖超宽取 5 m,超深取 0.5 m。

本工程的典型断面图如图 2.2-11 所示。

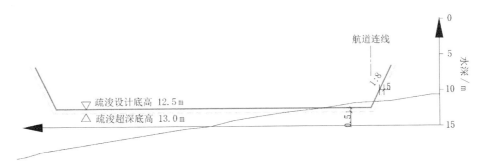

图 2.2-11 仪征水道疏浚典型断面图

2.2.3.3 航道疏浚量分析

从历年的维护情况可知,深水航道工程实施以前,采用维护水深方式时,维护时间多集中在枯季;深水航道工程实施以后,采用维护基面方式时,其维护时间和维护量主要集中于洪季。

从近两年的维护情况可知,2018 年维护总量为 105.1 万 m³,其中 2018 年 1—4 月为二期工程基建性疏浚期,因此 1 月、2 月疏浚量较大。截至 2019 年 11 月 25 日维护总量为 164.7 万 m³,3—5 月为洪水起涨季且来水量超过同期多年平均值,6—8 月为洪水期且来水量大于往年同期,因此仪征水道航道维护疏浚量相比往年同期大幅增加,6—9 月维护疏浚方量分别为71.6 万 m³、24.0 万 m³、16.6 万 m³ 和 8.9 万 m³,10 月、11 月来流量低于往年同期,维护量呈递减趋势,其中 11 月维护量统计至 11 月 25 日(表 2.2-7、图 2.2-12)。

表 2.2-7　仪征水道维护疏浚量统计表　　　　　　　　　　　　　　　　　　　(单位:万 m³)

时间	1 月	2 月	3 月	4 月	5 月	6 月	7 月	8 月	9 月	10 月	11 月	12 月
2018 年	25.1	41.6	0.0	3.5	1.1	1.3	2.3	11.2	7.9	7.1	3.2	0.8
2019 年	2.7	4.1	3.3	15.6	15.5	71.6	24.0	16.6	8.9	0.8	1.6	—

注:2019 年 11 月维护量统计至 11 月 25 日。

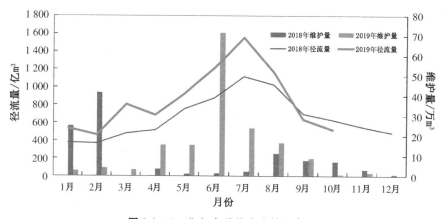

图 2.2-12　仪征水道月疏浚量分布图

考虑到江阴以上维护方式由维护水深改为维护基面、二期工程整治建筑物作用持续发挥的影响,结合近期水道演变、实测维护疏浚量以及航道回淤模型研究成果可预估,2020 年仪征水道维护性疏浚量(右汊双向通航,航宽 500 m)约 79 万 m³。

2.3　和畅洲水道演变及航道疏浚砂分布

2.3.1　水道现状

和畅洲水道上起瓜洲下至大港青龙山,全长约 26 km。水道以沙头河口为界,分为上下两段。

水道上段六圩弯道自瓜洲渡口至沙头河口,长约 15.1 km,进、出口河宽分别约为 1 480 m 和 1 300 m,弯顶附近达 2 350 m,为两端窄中部宽的弯道。长期以来,六圩弯道平面变形较大,经近期护岸工程实施后,河势趋于稳定,但河床形态仍在调整。在近几年大洪水作用下,中部的征润洲边滩有所冲刷。

　　水道下段和畅洲水道自沙头河口至大港青龙山,左汊长 10.9 km,右汊长 10.2 km。汊道分流区左右侧分别为人民滩和征润洲尾滩,洪水期江面宽阔,进出口段的河宽分别在 1 300 m 和 1 500 m。和畅洲洲体在平面上呈方形。和畅洲左汊的分流比近期增加趋势明显:分流比由 1995 年 5 月的 58.1%,增至 2012 年的 75.0%。

　　长江主流出六圩弯道后,进入和畅洲左汊,沿和畅洲北缘至和畅洲东北角又从右过渡至左岸孟家港下行,在大港附近与右汊道水流汇合,沿右岸下泄进入扬中河段。

　　和畅洲尾至五峰山为大港水道,多年来河道较为稳定,平均河宽为 1 500 m 左右,为曲率适度的弯曲河道。为改善南京以下河段的航道条件,长江南京以下 12.5 m 深水航道二期工程在和畅洲左汊上段,即左汊口门已建潜坝下游 2 100 m、3 100 m 处新建两道变坡潜坝;新建护岸工程总长 11 129 m(其中和畅洲左汊左岸护岸工程长 2 528 m,和畅洲左缘护岸工程长 1 912 m、和畅洲洲头及右缘护岸工程长 3 062 m、孟家港段护岸工程长 3 627 m);另外,须对征润州尾实施切滩工程,同时对航道浅区实施 250 m 宽度的基建疏浚。该工程 2015 年 6 月开工,2018 年 4 月交工,2019 年 5 月竣工(图 2.3-1)。

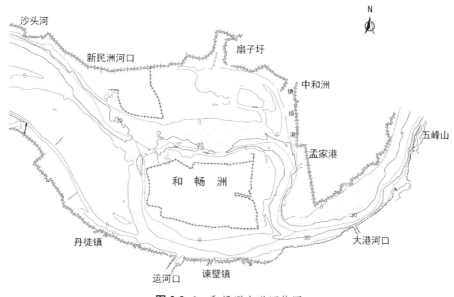

图 2.3-1　和畅洲水道河势图

2.3.2　水道演变

2.3.2.1　浅区演变分析

1. 河道冲淤变化分析

1) 六圩弯道

2017 年 5 月—2019 年 2 月(图 2.3-2),六圩弯道整体呈现左淤右冲,但幅度较小,约 1～2 m。

2018年5月—2019年2月(图2.3-3),六圩弯道整体呈现左淤右冲,但幅度较小,约1 m左右。

2) 和畅洲左汊

2017年5月—2019年2月,和畅洲左汊口门潜坝至♯1潜坝之间以淤积为主,幅度约1～2 m;♯1潜坝与♯2潜坝之间以冲刷为主,冲刷主要位于♯1潜坝下游侧中部偏左的位置,幅度约8 m。

♯2潜坝下游总体以冲刷为主,冲刷部位主要位于♯2潜坝下游左侧及孟家岗弯道段右侧,幅度约5～8 m。

2018年5月—2019年2月,和畅洲左汊总体上冲淤相间,幅度较小,冲刷主要位于口门潜坝右岸处,幅度约5 m。

3) 和畅洲右汊

2017年5月—2019年2月,和畅洲右汊河槽整体以冲刷为主,幅度约2～3 m,其中右汊进口段(一棵洲以上)左淤右冲,冲刷幅度约3～8 m,淤积幅度约1～5 m;一棵洲以下左侧冲刷,幅度约2～3 m,右侧冲淤相间,幅度不大。

2018年5月—2019年2月,和畅洲右汊总体上冲淤相间,幅度在1 m以内。

4) 大港水道

2017年5月—2019年2月,大港水道总体冲淤交替,大港镇以上以淤积为主,幅度约1～3 m,大港镇以下冲刷为主,幅度约1～2 m。

2018年5月—2019年2月,大港水道总体冲淤交替,幅度较小,在约1 m以内(表2.3-1～表2.3-3)。

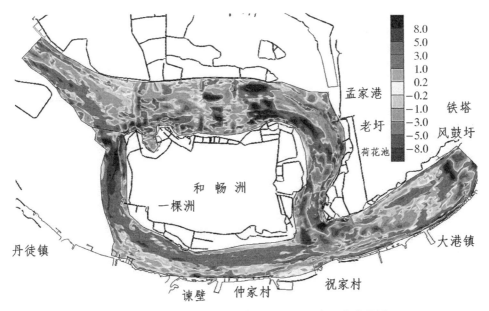

图2.3-2 和畅洲水道2017年5月—2019年2月冲淤图

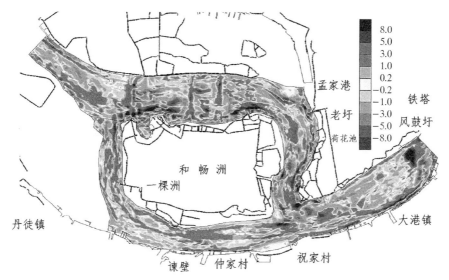

图 2.3-3　和畅洲水道 2018 年 5 月—2019 年 2 月冲淤图

表 2.3-1　和畅洲水道 0 m 航深下河槽容积变化　　　（单位：万 m³）

位置	2017 年 5 月	2018 年 5 月		2019 年 2 月	
	容积	容积	较 2017.5 变化	容积	较 2017.5 变化
六圩弯道	10 900	10 977	77	10 949	49
和畅洲左汊	26 292	26 446	154	26 680	388
和畅洲右汊	9 467	10 233	766	10 592	1 125
大港水道	16 999	16 884	−115	16 873	−126

表 2.3-2　和畅洲水道 12.5 m 航深下河槽容积变化　　　（单位：万 m³）

位置	2017 年 5 月	2018 年 5 月		2019 年 2 月	
	容积	容积	较 2017.5 变化	容积	较 2017.5 变化
六圩弯道	6 018	6 085	67	6 055	37
和畅洲左汊	13 831	14 063	232	14 247	416
和畅洲右汊	2 102	2 484	382	2 706	604
大港水道	9 021	8 718	−303	8 736	−285

表 2.3-3　和畅洲水道冲淤量统计　　　（单位：万 m³）

时间	六圩弯道	左汊	右汊	大港水道	合计
2017 年 5 月—2018 年 5 月	12	−378	521	259	414
2018 年 5 月—2019 年 2 月	37	416	604	−285	772
2017 年 5 月—2019 年 2 月	49	38	1125	−26	1 186

2. 航道条件变化分析

和畅洲右汊航道存在的主要问题为右汊中下段谏壁河口、仲家村—祝家村一带局部航宽不足,随着征润洲切滩、右汊疏浚工程实施以及右汊分流比大幅增加水流动力逐步增强,右汊航道条件得到明显改善。从 12.5 m 航槽总体变化情况来看,在左汊限流工程和疏浚工程的作用下,和 2017 年 5 月相比,2019 年 2 月 12.5 m 线在右汊进口、谏壁及仲家村—祝家村一带大幅展宽,其中右汊进口展宽约 150 m、谏壁附近展宽约 70 m、仲家村—祝家村一带展宽约 110 m,12.5 m 航槽有效宽度达到 260 m 以上(图 2.3-4、表 2.3-4)。

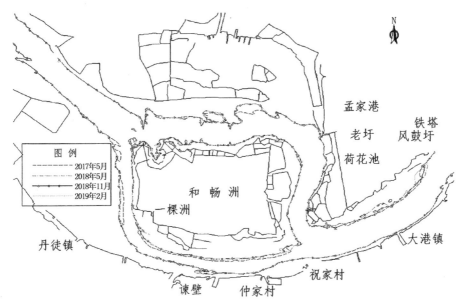

图 2.3-4 和畅洲水道 2017 年 5 月—2019 年 2 月 12.5 m 等深线变化图

表 2.3-4 和畅洲水道拟建航道内水深不足 **12.5 m** 的浅段长度、最浅水深统计

时间	谏壁一带			仲家村—祝家村		
	浅段长度/ m	浅段最小宽度/m	最浅水深/ m	浅段长度/ m	浅段最小宽度/m	最浅水深/ m
2017 年 2 月	1 705	198	12.1	849	198	12.3
2017 年 5 月	1 653	205	11.9	890	220	11.5
2017 年 8 月	1 006	192	10.7	880	211	11.9
2017 年 11 月	1 193	225	12.3	860	215	11.5
2018 年 2 月	1 324	238	12.3	610	228	11.8
2018 年 5 月	—	280	12.1	—	260	12.6
2018 年 8 月	50	285	12.4	200	290	12.0
2018 年 11 月	290	305	12.2	1180	310	11.3
2019 年 2 月	285	300	12.2	1 160	305	11.5

3. 碍航原因分析

和畅洲右汊内主要碍航浅区包括右汊进口征润洲尾滩段、运河口附近右汊凸岸边滩段、出口附近祝家村孩溪边滩段。右汊碍航浅区的形成与发展主要与右汊分流比相对较小、水动力条件较弱有关。

由于左、右汊水流动力条件强弱分明，左汊的发展和右汊的衰退直接导致了右汊内沿程河床抬高、过水断面面积的减小；同时，右汊水流挟沙力的减弱，致使右岸征润洲尾滩逐年向下淤积延伸以及右汊运河口对岸边滩淤积展宽和右汊出口段祝家村孩溪边滩的向左淤涨。河床的抬高和边滩的淤涨挤压，使得航道水深和航宽逐渐减少，从而无法满足深水航道的通航要求。

2.3.3 航道疏浚砂分布

2.3.3.1 航道尺度及维护标准

1. 航道尺度

和畅洲水道右汊为长江主航道，自 2019 年 5 月长江南京以下 12.5 m 深水航道工程竣工验收后，和畅洲水道的维护尺度为 12.5 m×250 m×1 500 m，保证率 95%。

在航道内水深和航宽达不到维护标准时通过疏浚措施保障航道尺度。

2. 维护标准

1) 设计水位

和畅洲水道位于长江下游干流感潮区内，其维护尺度为航行基面以下 12.5 m。本工程是通过疏浚工程以保障航道畅通为目的，因此，2020 年度和畅洲水道维护疏浚工程采用当地航行基准面为设计水位。

2) 疏浚底高

依据现航行基面以下 12.5 m 的维护水深标准，和畅洲水道疏浚底高程设置为当地航行基准面以下 12.5 m。

2.3.3.2 航道疏浚范围

由前文分析可知，和畅洲右汊内主要碍航浅区包括右汊进口征润洲尾滩段、运河口附近右汊凸岸边滩段、出口附近祝家村孩溪边滩段。右汊碍航浅区的形成与发展主要与右汊分流比相对较小、水动力条件较弱有关。虽然二期工程增加了右汊分流比约 8%，但考虑到基建性疏浚工程会有所回淤，同时随着左汊潜堤下游河床的冲刷，左汊控制工程的作用会有所弱化，所以右汊分流比有可能会有一定幅度的减小，右汊航道边缘会产生一定的回淤，因此有必要对和畅洲水道右汊进行维护性疏浚，以保证深水航道的畅通。

1. 疏浚平面

分析表明，和畅洲水道可能碍航的区域主要是右汊进口征润洲尾滩段、运河口附近右汊凸岸边滩段、出口附近祝家村孩溪边滩段，考虑到本水道浅区碍航原因为右岸征润洲尾滩逐年向下淤积延伸，以及右汊运河口对岸边滩淤积展宽和右汊出口段祝家村孩溪边滩的向左淤涨，河床的抬高和边滩的淤涨挤压，使得航道水深和航宽逐渐减少。

因此，主要对 ♯100—♯105 航标段航道内航行基面以下水深不足 12.5 m 的浅区进行疏浚。具体如图 2.3-5、表 2.3-5 所示。

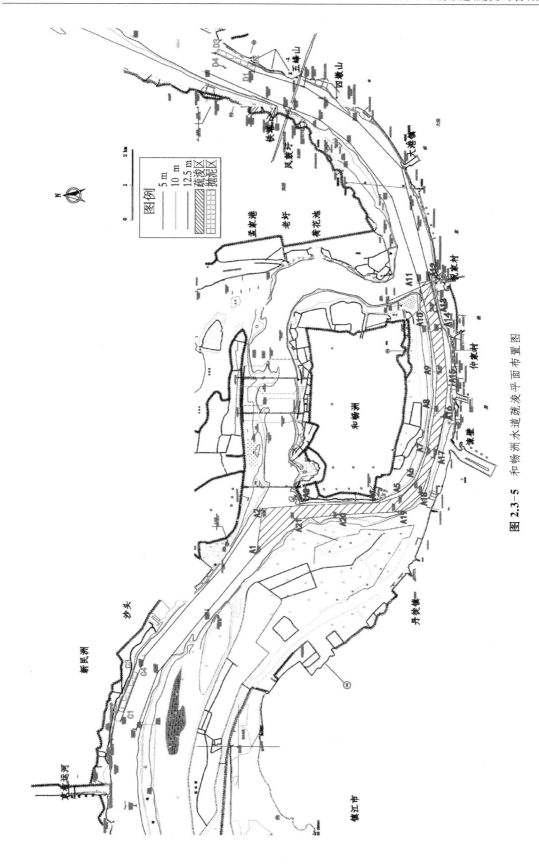

图 2.3-5　和畅洲水道疏浚平面布置图

表 2.3-5　和畅洲水道疏浚区平面控制坐标(国家 2000 坐标系)

控制点	X	Y	控制点	X	Y
A1	3 568 139.3	456 398.4	A12	3 563 114.3	464 153.0
A2	3 567 980.1	457 669.0	A13	3 562 899.3	463 267.0
A3	3 566 794.1	457 756.9	A14	3 562 768.3	462 796.0
A4	3 564 531.1	457 842.9	A15	3 562 595.3	461 194.1
A5	3 563 908.5	458 049.1	A16	3 562 696.3	460 283.9
A6	3 563 470.0	458 494.0	A17	3 562 959.3	459 130.9
A7	3 563 188.0	459 265.0	A18	3 563 334.3	458 123.9
A8	3 562 961.0	460 514.0	A19	3 563 992.3	457 581.9
A9	3 562 903.2	461 559.8	A20	3 565 694.3	457 495.9
A10	3 563 144.0	462 952.0	A21	3 566 961.3	457 373.9
A11	3 563 426.1	464 064.0			

2. 疏浚纵坡

由于航行基准面沿程考虑了最枯水位时各位置的水面纵坡比降,因此本疏浚工程疏浚纵坡沿用当地航行基准面,按照同一航行基准面下深度进行开挖。

3. 断面设计

(1) 设计挖槽深度为航行基准面下 12.5 m。

(2) 根据本河段的河床地质组成,疏浚区域为近年新淤积的松散至稍密的粉细砂,开挖边坡取 1∶8。

(3) 根据《疏浚与吹填工程设计规范》(JTS 181—5—2012),结合工程实际情况,耙吸挖泥船开挖超宽取 5 m,超深取 0.5 m。和畅洲水道疏浚工程的典型断面图如图 2.3-6 所示。

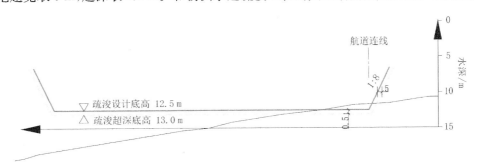

图 2.3-6　和畅洲水道疏浚典型断面图

2.3.3.3　航道疏浚量分析

2018 年,和畅洲水道实际航道维护量为 28 万 m³,在左汊两道潜坝的作用下,右汊分流比增加约 7%~8%,1—4 月为二期工程基建性疏浚期,因此疏浚量较大。根据和畅洲左汊第一道限流潜堤工程实践经验,潜堤工程初期限流效果好,后期坝下游河床冲刷调整,工程效果将会有所削弱,预测后期随着左汊坝下河床冲刷调整,右汊分流会有所回调,相应航道维护量将会增加(表 2.3-6、图 2.3-7)。

表 2.3-6   和畅洲水道维护疏浚量统计表   （单位：万 m³）

时间	1月	2月	3月	4月	5月	6月	7月	8月	9月	10月	11月	12月
2018年	1.0	2.7	15.1	8.3	0.0	0.4	0.0	0.5	0.0	0.0	0.0	0.0
2019年	0	0	0	0	0	0	0	0	0	0	0	—

注：2019年11月维护量统计至11月25日。

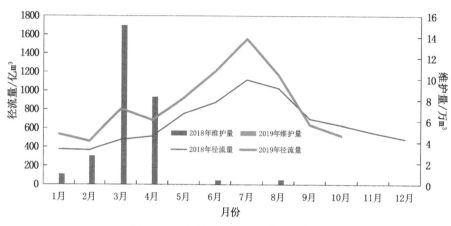

图 2.3-7   和畅洲水道月维护量分布图

　　根据深水航道工程设计阶段数模计算及物模试验研究前期科研、工程初步设计成果等，结合近期水道演变、实测维护疏浚量以及航道回淤模型研究成果分析，并考虑江阴以上维护方式由维护水深改为维护基面的变化影响，可预估 2020 年和畅洲水道维护性疏浚量（右汊单向通航，航宽250 m）约 10 万 m³。

2.4   口岸直水道演变及航道疏浚砂分布

2.4.1   水道现状

　　口岸直水道位于江苏省境内，上起五峰山，下至褚港，全长约 40 km，与下游泰兴水道、江阴水道组成反"S"形河道（图 2.4-1、图 2.4-2）。根据河道平面特性口岸直水道可以分为两段：上段（五峰山—高港）为中间宽两头窄的弯曲多分汊河型，长约 22 km，由落成洲将该段分为左右两汊，其中左汊为主汊，右汊为支汊，分流比分别约为80%和20%；下段（高港灯～褚港）为长顺直段，长约 18 km，平均河宽约为 2.2～2.5 km，江中鳗鱼沙心滩将河槽分为左、右两槽，心滩冲淤频繁，两槽相应冲淤交替发展，航槽不稳，目前左槽略占优。口岸直水道航线选择落成洲左汊至鳗鱼沙两槽（其中鳗鱼沙左槽为上水航道，右槽为下水航道），为稳定航道格局，为 12.5 m 深水航道建设奠定基础，分别于 2011—2015 年、2010—2014 年实施了上段落成洲守护工程、下段鳗鱼沙心滩头部守护工程，为改善航道条件，实现 12.5 m 深水航道上延至南京，2015—2017 年实施了 12.5 m 深水航道二期工程（2017 年 2 月交工）。

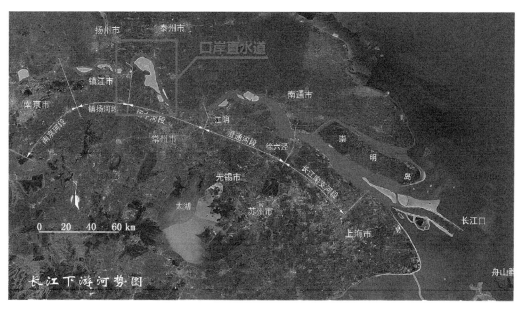

图 2.4-1　口岸直水道地理位置示意图

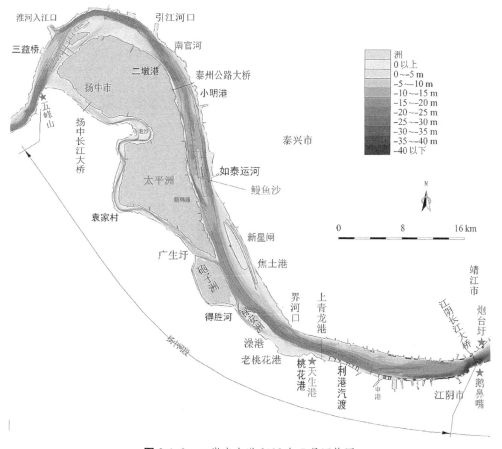

图 2.4-2　口岸直水道 2018 年 5 月河势图

2.4.2　水道演变

2.4.2.1　河床演变分析

1. 近期河势演变

（1）近二十年来扬中河段总体河势保持相对稳定，仍呈现洪水期"冲滩淤槽"的演变规律；年际呈现小水年河床冲淤变化小，大水年河床冲淤变化大的演变特征。

在上下游河道稳定的情况下，随着沿岸护岸工程的加强以及岸线开发利用，扬中河段总体河势保持相对稳定。扬中河段总体上仍呈现洪水期"冲滩淤槽"的演变规律，对于上段落成洲汊道段来说，进口段河道放宽，泥沙易于落淤，洪水期主流取直、流向右偏，使河床中泓附近及其右侧受到冲刷，左侧过渡段则产生淤积，汛后落水期水流向左回摆，冲刷过渡段，深泓又左移。对于下游鳗鱼沙长顺直段来说，在年内，水面比降随流量增大而加大，洪水期水流居中、动力增加，中部心滩受到剧烈冲刷，退水期水流逐渐偏向两槽，中部心滩出现淤积，因而心滩在年内总体上是具有洪冲枯淤的规律。在年际间，小水年份河床冲淤变化很小，大水年份河床冲淤变化较大。在大水年份中，由于洪峰流量较大、历时延长，落成洲汊道段左淤右冲的现象很明显，造成河床右侧冲刷，而河床左侧甚至中部大量淤积，鳗鱼沙心滩长顺直段，江中心滩受冲萎缩，两侧深槽淤积。

（2）在 12.5 m 深水航道二期工程实施前，落成洲汊道段河床自动调整作用不明显，扬中河段左汊进口段主流存在右摆趋势，左汊进口三益桥浅区由正常的过渡段浅滩逐渐演变成上下深槽交错型浅滩，落成洲右汊下段仍呈冲刷发展的态势；12.5 m 深水航道二期工程实施后，随着工程效果的发挥，扬中河段左汊进口段主流有所左摆，左汊进口三益桥浅区由上下深槽交错型浅滩逐渐演变成正常的过渡段浅滩，但左侧三益桥边滩仍有所淤积外延，压缩航道左侧，落成洲右汊近年来分流比有所减小。落成洲汊道段洪水期主流右偏使落成洲及其右侧受到冲刷，过渡段则产生淤积，汛后落水期主流又向左回摆，大水年河床左淤右冲的现象很明显，造成河床左侧甚至中部大量淤积。大水年后，河床自动调整，过渡段深泓又会向左回摆，但这种河床自动调整作用不明显（图 2.4-3、图 2.4-4）。

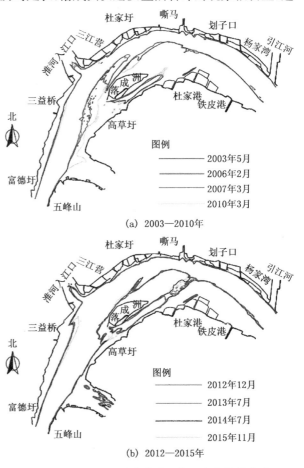

图 2.4-3　12.5 m 深水航道二期工程实施前落成洲汊道段 10 m 等深线变化

在 12.5 m 深水航道二
期工程实施前,主流存在右
摆趋势,落成洲河段浅区由
正常的过渡段浅滩逐渐演
变成上下深槽交错型浅滩。
左汉进口三益桥浅区由正
常的过渡段浅滩逐渐演变
成上下深槽交错型浅滩,虽
然落成洲头的护滩工程对
防止落成洲头部的冲刷及
限制落成洲右汉进口段的
冲刷起到了较好的效果,但
落成洲右汉下段在水量较
大的年份仍呈冲刷发展的
态势。2012 年落成洲右汉
下段出现数个 −10 m 深

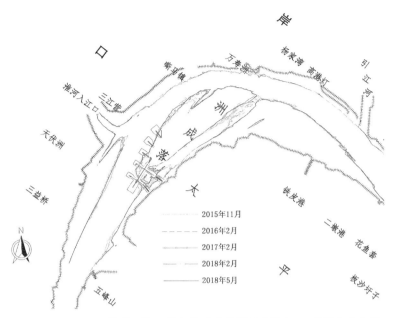

图 2.4-4 12.5 m 航道二期工程实施后落成洲汉道段 10 m 等深线变化图

点,2013 年 7 月右汉 10 m 槽尾部与左汉 10 m 深槽仅有约 580 m 未贯通,至 2014 年 7 月右汉
10 m 槽尾部冲刷下延,已与左汉 10 m 槽贯通。落成洲头部治理工程实施后,限制了落成洲右
汉分流比进一步增大,2012 年 12 月落成洲右汉分流比为 20.8%,2013 年 7 月落成洲右汉分流
比为 22.25%,2014 年 7 月落成洲右汉分流比为 23.2%,2015 年 9 月落成洲右汉分流比为
23.5%。

口岸直水道自 2015 年 6 月开始实施 12.5 m 深水航道二期工程,在已建落成洲守护工程
基础上建设鱼骨坝,并对落成洲右汉进口实施护底工程。工程后落成洲左汉深槽略有左摆,深
槽有所冲深,落成洲河段浅区由上下深槽交错型浅滩逐渐演变成正常的过渡段浅滩。虽然
12.5 m 深水航道二期工程对落成洲右汉进口段的冲刷有一定的限制作用,但近年来落成洲右
汉分流比有所减小,2016 年 2 月达 20.4%、2017 年 2 月为 13.9%、13.8%。

(3)从鳗鱼沙心滩形成及发展的历程看,心滩始终存在,并具有易变反复,不易消失的特
点。在三峡清水下泄沙量大幅减小、两岸护岸工程使河岸基本稳固、心滩淤积的沙源大幅度减
少的条件下,江中心滩滩面刷低,心滩萎缩。即使是小水年,鳗鱼沙沙体因沙少也难以壮大,河
段内滩槽不稳;12.5 m 深水航道二期工程实施后,鳗鱼沙心滩得到加高、加大,河段内滩槽格
局有所稳定。

在 12.5 m 深水航道二期工程实施前,由于河道顺直宽浅的自身特性,水流动力易频繁摆
动,因而在上游不同的来水、来沙条件下,河床易出现冲淤交替变化,且主要表现为鳗鱼沙心滩
的冲淤变化。从鳗鱼沙心滩形成及发展的历程看,心滩始终存在,并具有易变反复、不易消失
的特点。1990 年代后期遭遇连续大水年,河床冲淤变化剧烈,上段心滩冲刷萎缩并大幅度后
退,两则深槽淤积,出现滩槽易位现象(图 2.4-5、图 2.4-6)。

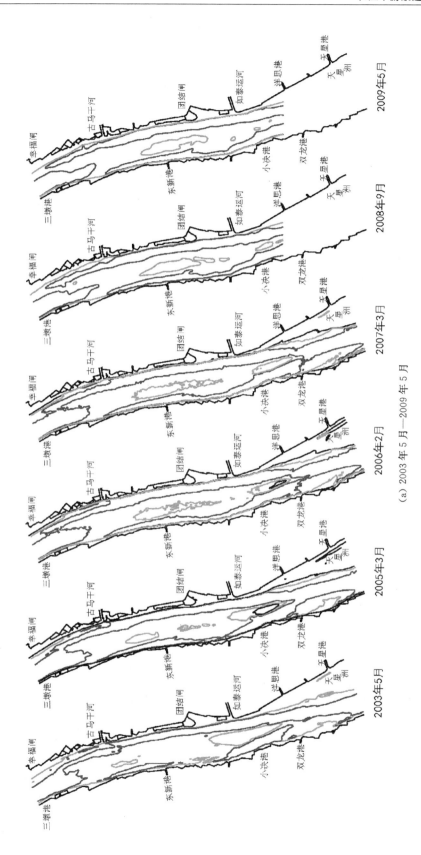

(a) 2003 年 5 月—2009 年 5 月

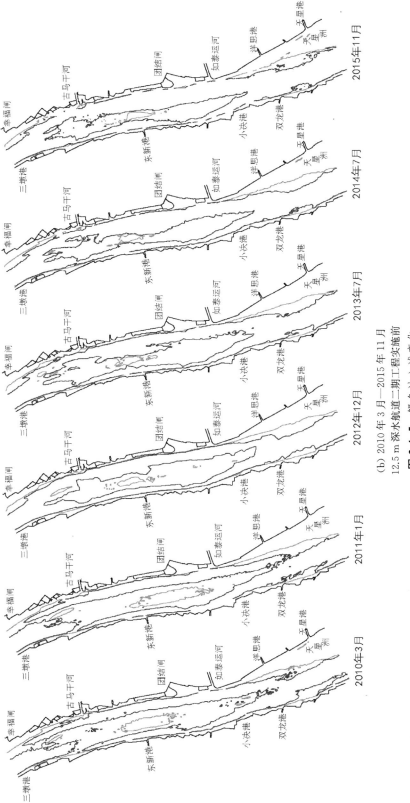

(b) 2010 年 3 月—2015 年 11 月

12.5 m 深水航道二期工程实施前

图 2.4-5　鳗鱼沙沙滩演变化

2000 年以后，河床自动调整，上段河道中部又开始逐渐淤积，心滩重新发育。2006 年，河道中出现上、下两个−10 m 以上心滩，左右两槽冲刷发展，尤其是左槽发展明显，已明显成为主槽。自 2007 年起，心滩萎缩。2008—2009 年，上、下两个心滩位置虽变化不大，但滩体范围明显缩小，2008 年−10 m 滩体范围仅为 2007 年的一半，2010 年下心滩已消失。根据以上分析可知，在三峡清水下泄沙量大幅减小、两岸护岸工程使河岸基本稳固、心滩淤积的沙源大幅度减少的条件下，江中鳗鱼沙心滩仍然存在，心滩滩面刷低，心滩萎缩。预计今后心滩继续发育成长的可能性不大，即使是在小水年，鳗鱼沙沙体因沙源减少也难以壮大。

鳗鱼沙心滩段于 2010—2014 年实施了鳗鱼沙心滩头部守护工程。该工程稳定了鳗鱼沙心滩头部，但对中下段鳗鱼沙滩体未实施守护，鳗鱼沙心滩在自然条件下仍难以壮大。

口岸直水道自 2015 年 6 月开始实施 12.5 m 深水航道二期工程，在已建鳗鱼沙心滩头部守护工程的基础上建设鱼骨坝，以此来加高、加大鳗鱼沙心滩。工程实施后，江心鳗鱼沙心滩

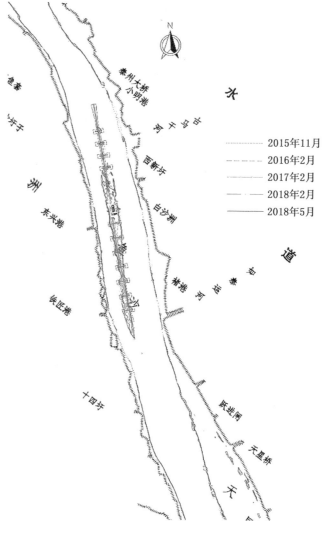

图 2.4-6　12.5 m 深水航道二期工程实施后鳗鱼沙心滩 10 m 等深线变化图

得到稳定，两侧深槽相应有所冲深，河段内滩槽格局有所稳定。

2. 航道条件变化分析

口岸直水道存在三益桥、鳗鱼沙两个浅滩段。三益桥浅滩位于落成洲左汊进口过渡段，由于该段河道平面形态逐渐展宽，过水面积骤然增大，出现落成洲分汊，加上淮河入江水流的影响，造成过渡段内水流分散，输沙能力下降，泥沙淤积形成浅区。特别是自 1990 年代以来，落成洲右汊发展降低了左汊的冲刷能力，左汊上下深槽交错形成过渡段浅滩，12.5 m 深槽不能贯通，10.5 m 等深线的有效宽度有时不足 200 m；鳗鱼沙心滩段位于口岸直水道下段的长顺直段内，江中鳗鱼沙心滩将河槽分为左、右两槽，心滩冲淤频繁，两槽相应冲淤交替发展，航槽不稳，12.5 m 深槽不能贯通，10.5 m 等深线也时有断开。

　　12.5 m 深水航道二期工程于 2015 年 6 月开工,随着工程的实施和工程效果的发挥,口岸直水道三益桥、鳗鱼沙两碍航浅段 12.5 m 槽槽宽逐渐增深,其中三益桥浅区段由上下深槽交错型浅滩逐渐演变成正常的过渡段浅滩。口岸直水道上段已实施的落成洲守护工程、12.5 m 深水航道工程均在落成洲上实施守护、丁坝、顺坝等工程,对右汊也实施了一定的限制工程。工程实施后,落成洲头部得到了一定的遏制,但受制于口岸直水道进口段主流线右移影响,2015 年 11 月后,落成洲左汊进口 12.5 m 航槽也存在右偏的趋势,12.5 m 槽呈右移趋势。在三益桥附近。2015 年 11 月—2018 年 5 月 12.5 m 等深线左边线右移 400 m,而右边线的右移幅度在 100 m 内,12.5 m 槽宽有所减小(图 2.4-6);此外落成洲中部低滩淤积外延,航槽左边界受挤压造成航宽缩窄。总体来看,航槽宽度一般在 500 m 以上,能满足落成洲左汊最小航宽 350 m 的要求,但 12.5 m 槽的右移可能会影响航道的布置。口岸水道下段已实施的鳗鱼沙心

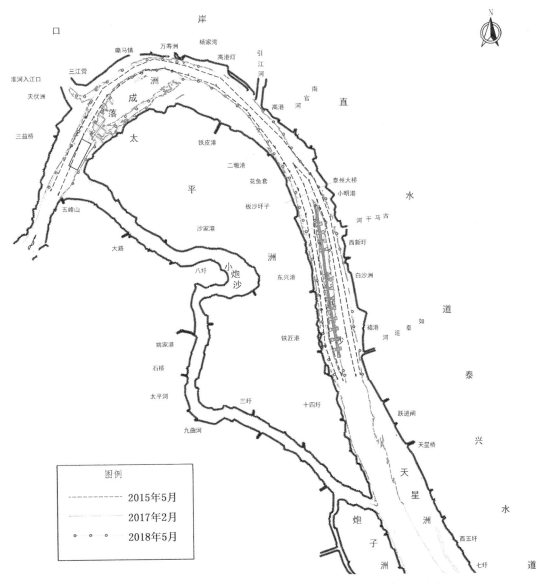

图 2.4-7　口岸直水道 2015 年 5 月—2018 年 5 月 12.5 m 等深线变化图

滩守护工程、12.5 m深水航道工程均位于鳗鱼沙心滩上,工程实施后,稳定、加高了江心心滩,有利于口岸直水道下段滩槽格局的稳定。由于长顺直河段内主流仍有一定的摆动,目前12.5 m航道条件总体较好,但在进口受高港边滩冲淤变化影响,局部年份航槽左边界受挤压造成航宽缩窄,左汊上段局部航道北侧水深不足12.5 m;泰州大桥桥墩下游出现西北—东南向淤积体,尾部进入鳗鱼沙左汊航道上段;右槽内水动力条件略弱,鳗鱼沙心滩中下段明显淤积外延,造成中下段航道内局部水深、宽度缩窄,若进一步发展,可能会出现碍航浅情。

2.4.2.2 浅区演变特点及成因分析

口岸直水道上段碍航水深不足的地段主要位于三益桥附近。落成洲右汊发展导致上游主流有所右摆,落成洲左汊分流减小,动力减弱,相应三益桥边滩向右淤长;受淮河入江口影响,边滩向右向下淤长,进入深水航道导致航道左侧水深不足;而落成洲左侧尾部则有淤积外延,进入深水航道导致落成洲汊道段中段右侧水深不足。

下段口岸直水道顺直段航道分汊,心滩左右槽单向通航,分汊位于泰州大桥上,受高港边滩淤长影响,上游主流摆动影响,位于心滩左槽的进口有时水深不足,高港边滩向右淤长;有时航道左侧局部水深不足,航道淤浅,一般位于左航道幸福闸至古马干河段。心滩右槽相对狭长,右航道团结港附近航道有时左侧局部水深不足。

分析上述现象产生的原因可知,口岸直水道上段三益桥浅区发生碍航与落成洲局部放宽后泥沙落淤存在一定的因果联系,水道下段鳗鱼沙与长顺直段主流的摆动有关。

2.4.3 航道疏浚砂分布

2.4.3.1 航道尺度及维护标准

1. 航道尺度

口岸直水道为长江主航道,自2019年5月南京以下12.5 m深水航道工程竣工验收后,口岸直水道的维护尺度为:落成洲段12.5 m×450 m×1 500 m;鳗鱼沙段左右汊单向通航,各汊道12.5 m×230 m×1 500 m,保证率95%。

2. 维护标准

1)设计水位

口岸直水道位于长江下游干流感潮区内,其维护尺度为航行基面以下12.5 m。本工程是通过疏浚工程以保障航道畅通为目的,因此,2020年度口岸直水道航道维护疏浚工程采用当地航行基准面为设计水位。

2)疏浚底高

依据现航行基面以下12.5 m的维护水深标准,口岸直水道疏浚底高程设置为当地航行基准面以下12.5 m。

2.4.3.2 航道疏浚范围

口岸直水道深水航道工程仅对江心落成洲头部及右汊实施了守护和加高,但左岸三益桥边滩近年来淤积外延,落成洲右汊仍小幅发展,受此影响该区域航槽左边缘受挤压而碍航;口岸直水道下段主要对长顺直段的江心潜洲进行了守护和加高,近几年航道条件良好,但是其为典型的长顺直河段,河段内主流仍有一定的摆动,在不利年份会造成局部航宽不足的情况。因此,有必要对口岸直水道右汊中上段以及下段进行维护性疏浚,以保证口岸直水道的畅通。

1. 疏浚平面

根据前文分析可知,口岸直水道浅区主要有 4 处:第一处位于落成洲汊道段♯90—♯94航标段,主要是因为边滩挤压及泥沙落淤,在航道内出现浅区;第二处位于鳗鱼沙左槽进口段♯87—T5航标段,主要是因为边滩挤压,12.5 m 等深线侵入航道内;第三处位于鳗鱼沙右槽进口泰下行♯2—♯83 航标段,主要是因为鳗鱼沙右缘挤压,12.5 m 等深线侵入航道左边线;第四处位于鳗鱼沙右槽出口♯82—♯80 航标段,主要是因为鳗鱼沙右缘挤压,12.5 m 等深线侵入航道左边线。

因此,对口岸直水道落成洲汊道段♯90—♯94 航标段航道连线内航基面以下水深不足 12.5 m 的区域进行疏浚;对口岸直水道鳗鱼沙心滩段进口♯87—T5 航标段、右槽进口泰下行♯2—♯83 和右槽中下段的♯82—♯80 航标段以及其他可能出现航道连线内航基面以下水深不足 12.5 m 的区域进行疏浚。具体如表 2.4-1、图 2.4-8 所示。

表 2.4-1　口岸直水道疏浚区平面控制坐标(国家 2000 坐标系)

疏浚区	控制点	X	Y	疏浚区	控制点	X	Y
落成洲疏浚区	A1	3 571 778	471 065	鳗鱼沙左槽疏浚区	B1	3 573 140	486 362
	A2	3 573 486	471 877		B2	3 570 348	488 617
	A3	3 575 181	472 917		B3	3 568 883	489 272
	A4	3 576 649	473 801		B4	3 567 659	489 757
	A5	3 577 793	475 067		B5	3 565 421	490 164
	A6	3 578 087	476 034		B6	3 565 480	489 818
	A7	3 578 617	477 437		B7	3 567 340	489 422
	A8	3 578 404	478 686		B8	3 568 745	488 859
	A9	3 578 061	479 961		B9	3 570 172	488 272
	A10	3 577 506	479 890		B10	3 571 356	487 174
	A11	3 577 981	478 225		B11	3 572 812	486 136
	A12	3 577 875	476 861	鳗鱼沙右槽疏浚区	C1	3 561 944	489 363
	A13	3 577 293	475 647		C2	3 559 218	489 661
	A14	3 576 154	474 093		C3	3 557 621	490 156
	A15	3 574 679	473 141		C4	3 556 383	490 564
	A16	3 573 505	472 417		C5	3 556 490	490 173
	A17	3 571 352	471 480		C6	3 558 814	489 314
					C7	3 562 186	488 996
				鳗鱼沙右槽进口疏浚区	D1	3 567 917	488 527
					D2	3 566 570	488 625
					D3	3 565 020	488 838
					D4	3 565 263	488 470
					D5	3 566 380	488 264
					D6	3 567 859	488 026

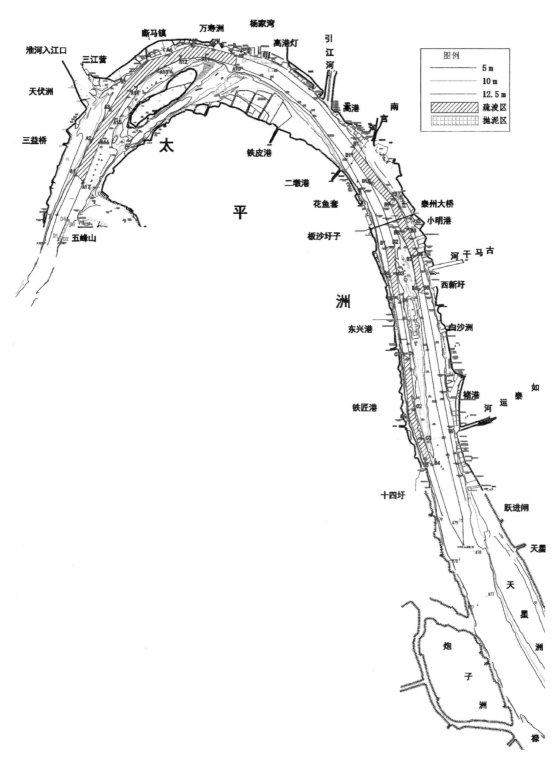

图 2.4-8 口岸直水道疏浚平面布置图

2. 疏浚纵坡

由于航行基准面沿程考虑了最枯水位时各位置的水面纵坡比降,因此本工程疏浚纵坡沿用当地航行基准面,按照同一航行基准面下深度进行开挖。

3. 断面设计

(1) 设计挖槽深度为航行基面下 12.5 m。

(2) 根据本河段的河床地质组成,疏浚区域为近年新淤积的松散至稍密的粉细砂,开挖边坡取 1∶8。

(3) 根据《疏浚与吹填工程设计规范》(JTS 181—5—2012),结合本工程实际情况,耙吸挖泥船开挖超宽取 5 m,超深取 0.5 m。

本工程的典型断面图如图 2.4-9 所示。

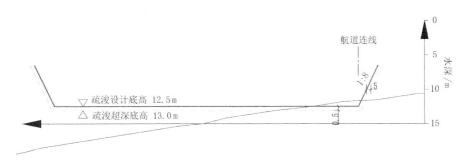

图 2.4-9　口岸直水道疏浚典型断面图

2.4.3.3　航道疏浚量分析

2016 年 6 月深水航道初通后(落成洲段左汊双向通航、航宽 350 m;鳗鱼沙段段左右汊单向通航、航宽 230 m,采用维护水深方式),口岸直水道的维护疏浚集中在 9—12 月,维护量约 86 万 m³。从 2017 年实测维护量来看,口岸直等水道维护疏浚主要集中在枯水季。就年际分布来看,口岸直水道的疏浚维护量存在差异,主要和上游来水来沙、局部河势等相关(图 2.4-10)。

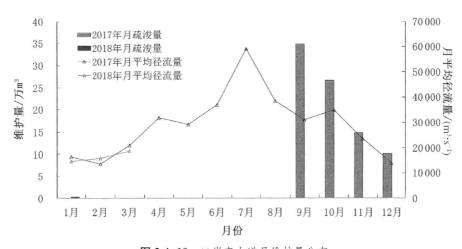

图 2.4-10　口岸直水道月维护量分布

2018年1—4月为二期工程基建性疏浚期,因此3月疏浚量较大,2019年3—5月为洪水起涨季且来水量超过同期多年平均值,6—9月为洪水期且来水量大于往年同期,因此口岸直水道6—9月航道维护疏浚量相比2018年同期大幅增加,6—9月维护疏浚方量分别为86.7万 m³、100.7万 m³、85.3万 m³和68万 m³,10—11月来流量小于往年同期,维护量程递减趋势,其中11月维护量统计至11月25日(表2.4-2、图2.4-11)。

表2.4-2　口岸直水道维护疏浚量统计表　　　　　　　　(单位:万 m³)

时间	1月	2月	3月	4月	5月	6月	7月	8月	9月	10月	11月	12月
2018年	2.3	0.5	33.0	8.9	3.4	15.7	31.6	26.0	25.5	20.6	13.3	2.4
2019年	5.3	9.5	9.8	15.3	11.3	86.7	100.7	85.3	68	12.8	6.4	—

注:2019年11月维护量统计至11月25日。

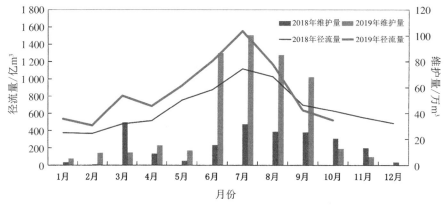

图2.4-11　口岸直水道月维护量分布图

2018年口岸直水道实际航道疏浚维护量为183万 m³,2019年1月1日—2019年11月25日,口岸直水道实际航道疏浚维护量为411万 m³。

结合近期水道演变、实测维护疏浚量以及航道回淤模型研究成果分析,并考虑江阴以上维护方式由维护水深改为维护基面的变化影响,可预估2020年口岸直水道(落成洲段左汊双向通航、航宽为450 m)维护性疏浚量140万 m³(其中,口岸直落成洲120万 m³、口岸直鳗鱼沙20万 m³)。

2.5　福南水道演变及航道疏浚砂分布

福姜沙河段上起江阴鹅鼻嘴,下至护漕港,全长约40 km,位于长江下游南京至浏河口段,上距南京约180 km,下距浏河口约120 km,距离长江口外约270 km。福姜沙河段在平面上呈现"两级分汊、三汊并存"的格局。长江主流自江阴以下经福姜沙分为左汊和右汊(福南水道),福姜沙左汊上起螃蜞港,下至如皋港,长约21 km。左汊主流经双涧沙分为福北水道和福中水道。江中存在福姜沙和双涧沙两个江心洲将水道分为三汊,从左到右依次为福北水道、福中水道、福南水道。

福南水道存在3处碍航浅区,分别位于进口段、中间弯曲段和出口处;福中水道上起福姜沙头部,下至护槽港,长约12 km;福北水道位于福姜沙左汊,上起安宁港,下至如皋港,长约12 km。

2.5.1　水道现状

福南水道为鹅头形弯道,长约16 km,江面宽约1 km,河床窄深,外形向南弯曲,其弯曲率约为1.49,多年平均分流比维持在21%左右。来水来沙条件和沿程阻力决定了福南水道为缓慢衰退的支汊,深槽总体呈现淤浅束窄状态。

福姜沙水道河势如图2.5-1所示。

2.5.2　水道演变

1. 深泓变化

受心滩下移的影响,自2012年5月双涧沙守护工程实施完工以来,福姜沙河段深泓线变化主要集中在福姜沙左汊。因福姜沙左缘的冲刷,深泓线有所南偏;随着二期整治工程的实施,福姜沙左缘冲刷的趋势得以遏制且有所北偏;同时二级分汊点的位置进一步稳定;和尚港—安宁港—线自二期工程后深泓线总体略有北偏,丹华港以下变化较小(图2.5-2)。

右汊福南水道近年来深泓线总体相对稳定,福南水道进口深弘存在小幅变动,总的来说福南水道河势条件相对稳定。

2. 冲淤变化

2014年7月—2015年5月,福南水道微冲微淤,总体略有淤积,福北水道总体有所淤积,心滩淤积体进一步下移至丹华港—青龙港附近;2015年5月—2016年8月,深水航道工程开始实施,特别是在2016年大水作用下,心滩淤积体进一步下移至青龙港—焦港附近,福中水道进一步冲刷发展。2016年8月—2017年8月,深水航道工程逐步实施完工,在深水航道工程作用下,经历了2017年大水作用,福北水道总体冲刷发展;福中水道下段仍有所冲刷,但变化趋缓,福中水道上段进口有所淤积,福中水道发展已经趋缓。从2017年8月—2018年2月的测图中可以看出,福北水道维护疏浚的施工,令福北水道沿程有冲有淤,青龙港对开处冲刷较大;福中水道进口双涧沙潜堤左缘进口以及双涧沙丁坝FL4坝头下游处有所冲刷,福中航槽内变化较小(图2.5-3~图2.5-7)。

近年来,福南水道河床总体处于微冲微淤状态,深水航道二期工程实施后,福南水道分流比有所提升,有利于福南水道的航道条件发展。2018年5月巫山港以下开通12.5 m地方专用进港航道,航宽200 m,进入为期一年的试运行阶段。

3. 航道条件

在分汊河道中,福姜沙洲头属于不受主流顶冲的洲头,头部向上游潜入水中,形成低边滩。当低边滩向上偏南淤长,易导致福南水道进口淤窄。由近年河床变化分析可知,当洲头向右淤长,进口深槽缩窄,航宽及水深不足。福南水道中部弯道段其弯道基本成90°弯,弯道进口12.5 m槽常中断,主要原因是洪季水流趋直,主流左偏,枯季水流坐弯,主流偏右,洪枯季主流方向不一致,导致其河床断面呈"W"形12.5 m深槽常中断。

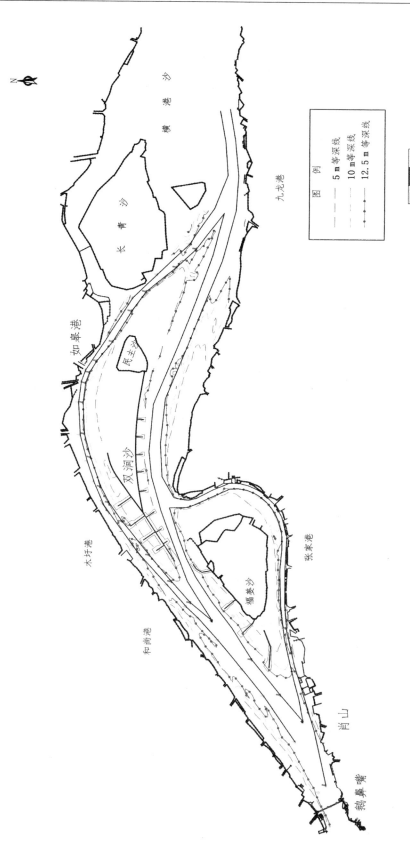

图 2.5-1 福姜沙水道河势图

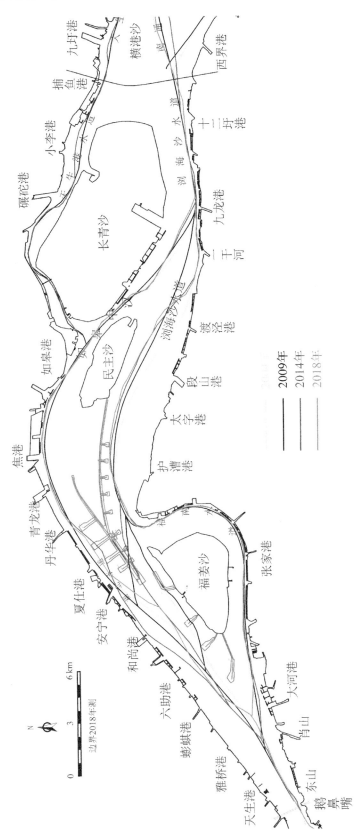

图 2.5-2　福姜沙水道（2004—2018 年）深泓线变化

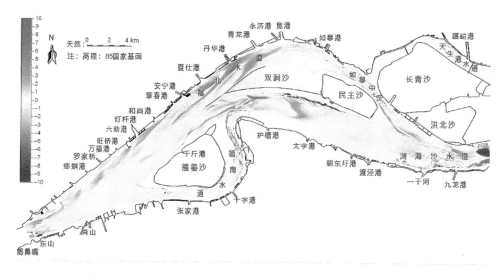

图 2.5-3 福姜沙水道 2014 年 7 月—2015 年 5 月河床冲淤变化

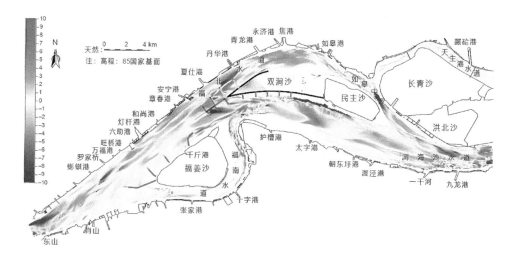

图 2.5-4 福姜沙水道 2015 年 5 月—2016 年 8 月河床冲淤变化

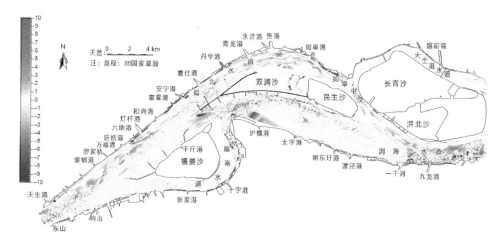

图 2.5-5 福姜沙水道 2016 年 8 月—2017 年 2 月河床冲淤变化

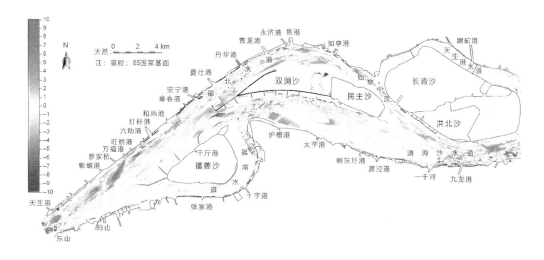

图 2.5-6　福姜沙水道 2017 年 2 月—2017 年 8 月河床冲淤变化

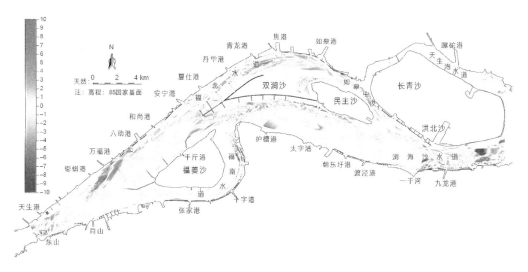

图 2.5-7　福姜沙水道 2017 年 8 月—2018 年 2 月河床冲淤变化

福南水道进口段 12.5 m 深槽自 2015 年 5 月至今中断,宽度约 300 m,中下段 12.5 m 深槽仍贯通,最窄处仅 40 m;福南水道 10.5 m 深槽贯通,进口段和出口段较窄,宽度在 250~300 m 左右,弯顶段较宽,宽度可达 735 m(图 2.5-8、图 2.5-9)。

4. 碍航原因分析

福南水道存在三处碍航浅区,分别位于进口段、中间弯曲段和出口处。其中,进口段浅区的形成是由于福姜沙沙头右缘淤展,福南水道进口束窄,河槽淤积;中间弯曲段浅区的形成是由于上下游主泓位置的变动使得福南水道内水动力分布发生一定的调整,导致上游下泄的泥沙主要淤积在河槽中部;福南水道出口浅区形成是由于多年来福南水道不断坐弯,南汊出口和北汊汇流角不断增加,致使福南水道下口涨落潮流路不畅,泥沙淤积,航宽缩窄。

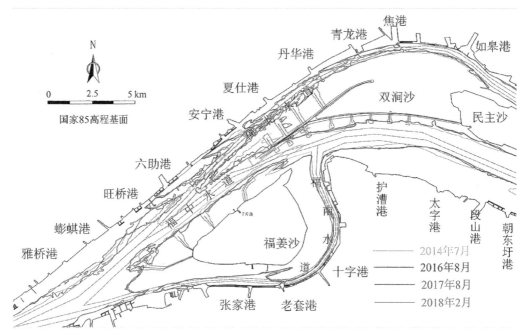

图 2.5-8 福姜沙水道工程河段 2014 年 7 月—2018 年 2 月 12.5 m 等深线变化

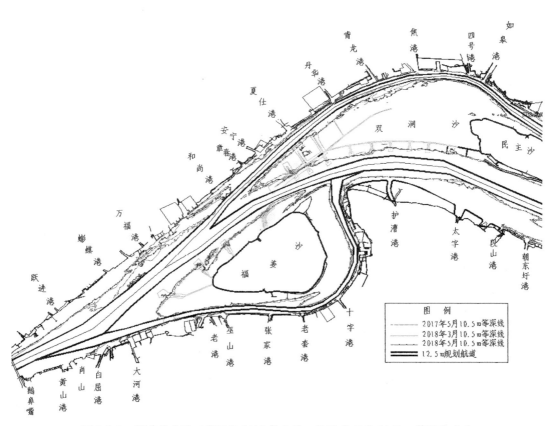

图 2.5-9 福姜沙水道工程河段 2017 年 5 月—2018 年 5 月 10.5 m 等深线变化

2.5.3　航道疏浚砂分布

2.2.3.1　航道尺度及维护标准

1. 航道尺度

福南水道的维护尺度为巫山港以上 10.5 m×200 m×1 050 m、巫山港以下 12.5 m×200 m×1 500 m。

2. 维护标准

1) 设计水位

福南水道位于长江下游干流感潮区内,其维护尺度如表 2.5-1 所示,维护深度为最低理论潮面以下 10.5 m。本工程是通过疏浚工程以保障航道畅通为目的,因此,2020 年度福南水道浅区疏浚工程设计水位取当地最低理论潮面下。

表 2.5-1　2019 年度长江干线航道分月维护水深表

河段			分月养护水深/m											
			1月	2月	3月	4月	5月	6月	7月	8月	9月	10月	11月	12月
宜宾合江门—重庆羊角滩			2.9	2.9	2.9	2.9	3.2	3.5	3.7	3.7	3.7	3.5	3.2	2.9
重庆羊角滩—涪陵李渡长江大桥			4.5	4	3.5	3.5	3.5	3.5	4	4	4	4	4.5	4.5
涪陵李渡长江大桥—宜昌下临江坪			4.5	4.5	4.5	4.5	4.5	4.5	4.5	4.5	4.5	4.5	4.5	4.5
宜昌下临江坪—枝江大埠街			3.5	3.5	3.5	3.5	4	5	5	5	4	3.5	3.5	3.5
枝江大埠街—荆州港四码头			3.5	3.5	3.5	3.8	4.5	5	5	5	4	3.5	3.5	3.5
荆州港四码头—岳阳城陵矶			3.8	3.8	3.8	3.8	4.5	5	5	5	4	3.8	3.8	3.8
岳阳城陵矶—武汉长江大桥			4.2	4.2	4.2	4.5	4.5	5	5	5	4	4.5	4.2	4.2
武汉长江大桥—黄石上巢湖			4.5	4.5	4.5	4.5	5.5	7	7	7	6.5	5.5	4.5	4.5
黄石上巢湖—安庆吉阳矶			5	5	5	5.5	7	7	7	6.5	5.5	5	5	
安庆吉阳矶—芜湖高安圩			6	6	6	6.5	7.5	8.5	9	9	8	7	6.5	6
其中	安庆南水道	黄湓闸以上	2.5	3.5	3.5	4.5	4.5	4.5	4.5	3.5	3.5	2.5	3.5	2.5
		黄湓闸以下	4.5	5	5	6	6	6	6	6	5	4.5	5.0	4.5
	成德洲东港		4.5	4.5	5	5	6	6	6	6	5	5	4.5	4.5
芜湖高安圩—芜湖长江大桥			7.5	7.5	7.5	7.5	7.5	8.5	9	9	8	7.5	7.5	7.5
芜湖长江大桥—南京燕子矶			9	9	9	9	9	10.5	10.5	10.5	10.5	9	9	9
其中	太平府水道	裕溪口水道	3	3	3	4.5	4.5	4.5	4.5	4.5	3	3	3	3
		姑溪河口以上	3	4	4	4.5	4.5	4.5	4.5	4	4	3	4	3
		姑溪河口以下	3.5	4.5	4.5	5	5	5	5	4.5	4.5	3.5	4.5	3.5
	乌江水道		4.5	4.5	5	5	6	6	6	6	5	5	4.5	4.5

续表

河段		分月养护水深/m											
		1月	2月	3月	4月	5月	6月	7月	8月	9月	10月	11月	12月
南京燕子矶—南京新生圩		10.5	10.5	10.5	10.5	10.8	10.8	10.8	10.8	10.8	10.8	10.5	10.5
其中	宝塔水道	4.5	4.5	4.5	4.5	4.5	4.5	4.5	4.5	4.5	4.5	4.5	4.5
南京新生圩—江阴长江大桥(竣工交付前)		10.5	10.5	10.5	10.5	10.8	10.8	10.8	10.8	10.8	10.8	10.5	10.5
南京新生圩—江阴长江大桥(竣工交付后)		12.5	12.5	12.5	12.5	12.5	12.5	12.5	12.5	12.5	12.5	12.5	4.5
其中	仪征捷水道	4.5	4.5	4.5	4.5	4.5	4.5	4.5	4.5	4.5	4.5	3.5	4.5
	太平洲捷水道	3.5	3.5	3.5	3.5	3.5	3.5	3.5	3.5	3.5	3.5	3.5	3.5
江阴长江大桥—南通天生港(竣工交付前)		10.5	10.5	10.5	10.5	10.5	10.5	10.5	10.5	10.5	10.5	10.5	10.5
江阴长江大桥—南通天生港(竣工交付后)		12.5	12.5	12.5	12.5	12.5	12.5	12.5	12.5	12.5	12.5	12.5	12.5
其中	福姜沙南水道	10.5	10.5	10.5	10.5	10.5	10.5	10.5	10.5	10.5	10.5	10.5	10.5
南通天生港—长江口		12.5	12.5	12.5	12.5	12.5	12.5	12.5	12.5	12.5	12.5	12.5	12.5
其中	白茆沙北水道	4.5	4.5	4.5	4.5	4.5	4.5	4.5	4.5	4.5	4.5	4.5	4.5
	北支水道 北支口—灵甸港	维护自然水深/m											
	灵甸港—启东引水闸	2.5	2.5	2.5	2.5	2.5	2.5	2.5	2.5	2.5	2.5	2.5	2.5
	启东引水闸—三条港	3	3	3	3	3	3	3	3	3	3	3	3
	三条港—五仓港	4	4	4	4	4	4	4	4	4	4	4	4
	五仓港—戤滧港	5	5	5	5	5	5	5	5	5	5	5	5
	戤滧港—连兴港	6	6	6	6	6	6	6	6	6	6	6	6
长江口南槽航道		5.5	5.5	5.5	5.5	5.5	5.5	5.5	5.5	5.5	5.5	5.5	5.5

注:(1)2018年5月8日零时起,长江南京以下12.5 m深水航道二期工程(南京新生圩—南通天生港段)开通试运行,维护主体为长江南京以下深水航道建设工程指挥部;长江南京以下12.5 m深水航道二期工程竣工交付后,维护主体为长江航道局。(2)江阴以下为理论最低潮面下水深。

数据来源:长江航道局

2)疏浚底高

依据福南水道现行10.5 m的维护水深标准,福南水道浅区疏浚底高程设置为当地最低理论潮面以下10.5 m。

2.5.3.2 航道疏浚范围

参考 2018 年 12 月的航道检测加密测图，主要浅区如图 2.5-10 所示，福南水道进口浅区 FN♯15 红浮—FN♯17 红浮之间，航道连线内最浅点可以满足 10.5 m 的维护标准，但 10 m 等深线已经紧贴航道边缘，随着洪季的到来，泥沙将会更多地淤积于此，浅区两侧边滩向航道内延伸，届时难以保证航道维护尺度，因此有必要对福南水道浅区进行维护性疏浚，以保证福南水道的畅通。

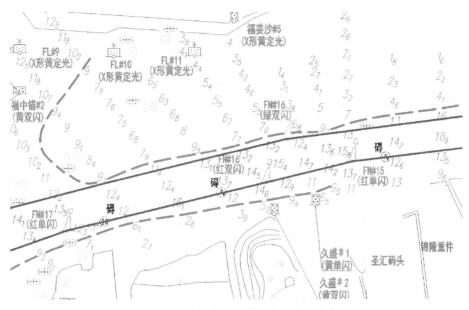

图 2.5-10　福南水道进口主要浅区分布

1. 疏浚平面

疏浚航槽布置与现行航槽走向基本一致，顺应上下游河势，尽可能保障疏浚区域河槽的稳定。

本次疏浚区主要位于福南水道进口段，主要位于 FN♯15 红浮—FN♯17 红浮之间，是由两侧滩体挤压航槽所致，本次疏浚对 FN♯15 红浮—FN♯17 航标段航道内水深不足 10.5 m 的浅包进行疏浚。

具体布置坐标如表 2.5-2、图 2.5-11 所示。

表 2.5-2　福南水道进口浅区疏浚区平面控制点坐标(国家 2000 坐标系)

点编号	X	Y	点编号	X	Y
D1	3 537 708	532 430	D5	3 538 504	536 406
D2	3 537 973	532 358	D6	3 538 370	534 983
D3	3 538 508	534 567	D7	3 538 243	534 434
D4	3 538 737	536 403	D8	3 537 944	533 167

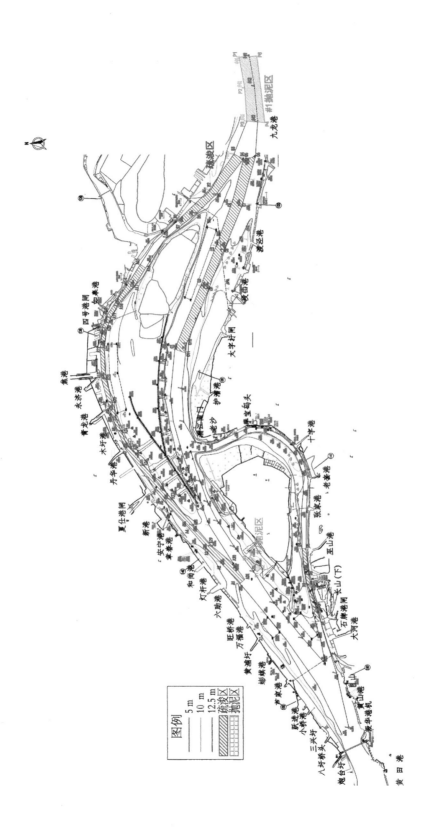

图 2.5-11　福姜沙水道疏浚平面图

2. 疏浚纵坡

由于理论最低潮面沿程考虑了最枯水位时各位置的水面纵坡比降,因此本疏浚工程疏浚纵坡沿用当地理论最低潮面,按照同一理论最低潮面下深度进行开挖。

3. 断面设计

(1) 挖槽深度为航基面下 10.8 m。

(2) 根据本河段的河床地质组成,疏浚区域为近年新淤积的松散至稍密的粉细砂,开挖边坡取 1:8。

(3) 根据《疏浚与吹填工程设计规范》(JTS 181—5—2012),结合本工程实际情况,耙吸挖泥船开挖超宽取 5 m,超深取 0.5 m。

本疏浚工程的典型断面图如图 2.5-12 所示。

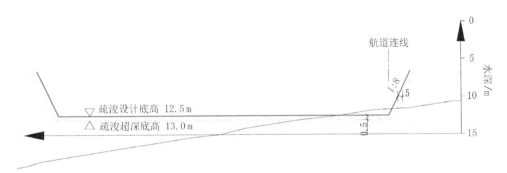

图 2.5-12　典型断面图

2.5.3.3　航道疏浚量分析

福南水道为鹅头形弯曲水道,分流比维持在 20% 左右。水道进口段易受福姜沙沙头淤长南压的影响,中部弯顶段河槽弯曲幅度达 90°,出口段与福中水道的交角成 80°,来水来沙条件和沿程阻力决定了福南水道为缓慢衰退的支汊,深槽总体呈现淤浅束窄状态。从近期河床演变可知,福姜沙沙头淤长南压的趋势不会改变,福南水道进口段碍航仍将存在。

从近两年浅点分布情况来看,福南水道浅点主要分布在水道进口 FN♯15—FN♯17 红浮之间的口门段、水道中部 FN♯4—FN♯12 黑浮沿线北侧及出口段 FN♯2 黑浮附近。福南水道疏浚维护量如表 2.5-3 所示。2016 年全年维护疏浚了 76.9 万 m³,2017 年累计维护 33.7 万 m³,较 2016 年同期有明显减小,仅为 2016 年度的 43%,但 2018 年全年共计维护方量约 174.7 万 m³ (不含 12 月份),较过去两年度维护疏浚量有所提升。

表 2.5-3　福南水道维护疏浚量统计表　　　　　　　　　　（单位:万 m³）

时间	2016 年疏浚量	2017 年疏浚量	2018 年疏浚量
1 月	0	8.1	3
2 月	5.3	0	0
3 月	0	0	6.52

时间	2016 年疏浚量	2017 年疏浚量	2018 年疏浚量
4 月	3.7	4.3	3.55
5 月	16.6	10.6	41.99
6 月	0	0.3	0
7 月	10.4	0.8	53.89
8 月	19.1	9.5	57.6
9 月	6.6	0	0
10 月	0	0	8.15
11 月	0	0	0
12 月	15.2	0	—
全年	76.9	33.6	174.7

通过总结近期水道演变以及 2018 年、2019 年实测维护疏浚量,结合长江航道三维潮流泥沙数学模型,可预估 2020 年福南水道进口段的维护疏浚量一般在 30 万~40 万 m³,取均值即为 38 万 m³。

2.6 福北、福中水道演变及航道疏浚砂分布

2.6.1 水道现状

福北水道位于福姜沙左汊,上起安宁港,下至如皋港,长约 12 km。福北水道河形弯曲,深槽贴近北侧凹岸,南侧为双涧沙体,具有弯曲形河段的特征。福北水道中上段,由于靖江边滩切割沙体在下移过程中存在着自左向右横跨主槽输移的特征,福北水道进口段的深槽多次发生南北更替,深槽条件不稳定。福北水道进口段大量水流经双涧沙滩面漫滩分流,使得深槽输沙动力减弱。2011 年双涧沙守护工程实施后,滩面窜沟被封堵,滩面得以守护,但福北水道进口段的漫滩分流现象仍然存在,其深槽稳定性仍将受到影响。福北水道中下段易受进口段淤积底沙逐步下泄的影响,形成碍航浅区。

福中水道上起安宁港对开,下至太字港对开,长约 6 km。福中水道进口受制于双涧沙沙头的变迁和福姜沙左缘边滩的变化,水深不满足航道要求。近年来随着整治工程的实施,福中水道持续冲刷,进口浅区改善,但冲起的泥沙在下游浏海沙水道落淤,造成太字港边滩及民主沙尾部边滩淤积,挤压主航道(图 2.6-1)。

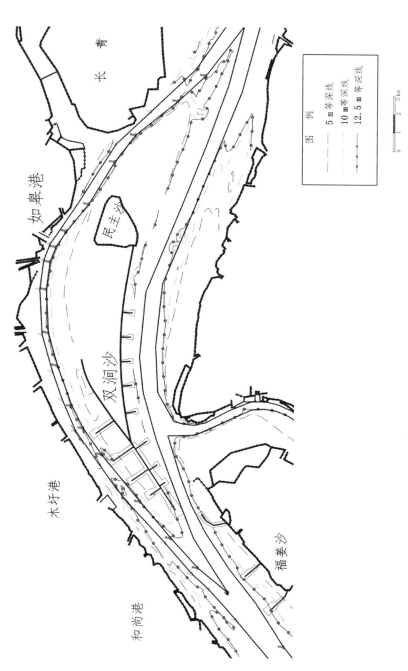

图 2.6-1 福北水道、福中水道河势图

2.6.2　水道演变

2.6.2.1　浅区演变分析

1. 汊道分流分沙比变化

福姜沙左汊分流比一般稳定在78.7%～81.8%,且分沙比大于分流比,福南水道分流比大于分沙比。如皋中汊则呈现分流比小于分沙比的态势,且2015年9月以及2016年2月分流比分别降至约25.8%、25.9%,这与靖江边滩下移淤塞福北水道等因素有关;随着靖江边滩切割沙体的下移,如皋中汊分流比增加至30%左右。2016年8月以后,深水航道工程恢复施工,主体工程于2017年3月完工。2017年2月实测资料表明,洪季大潮条件下福姜沙左汊分流比约为78.7%,如皋中汊分流比约为26.6%;2017年8月福姜沙左汊、如皋中汊实测分流比分别为81.4%、30.5%;2018年2月福姜沙左汊和如皋中汊分流分别为80.4%和26%(图2.6-2)。

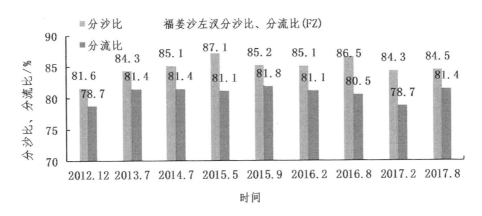

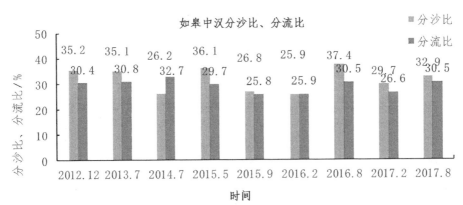

图 2.6-2　福姜沙左汊、如皋中汊分流分沙比变化

2. 深泓比变化

由图2.6-3可见,受心滩下移的影响,自2012年5月双涧沙守护工程实施完工以来,福姜沙河段深泓线变化主要集中在福姜沙左汊。福姜沙左缘的冲刷使深泓线有所南偏；随着二期工程的实施，福姜沙左缘冲刷的趋势得以遏制且有所北偏；同时二级分汊点的位置进一步稳定；和尚港—安宁港一线自二期工程后深泓线总体略有北偏，丹华港以下变化较小。右汊福南水道近年来深泓线总体相对稳定，福南水道进口深弘存在小幅变动，总的来说福南水道河势条件相对稳定（图 2.6-3）。

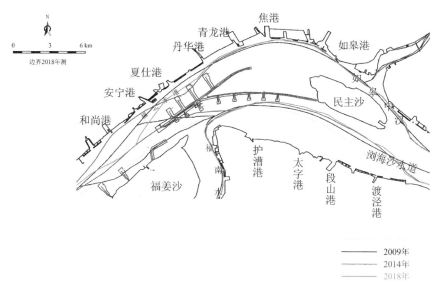

图 2.6-3　福北水道、福中水道 2004—2018 年深泓线变化

3. 河床冲淤变化

2014 年 7 月—2015 年 5 月，福北水道总体有所淤积，心滩淤积体进一步下移至丹华港—青龙港附近；2015 年 5 月—2016 年 8 月，深水航道二期工程开始实施，特别是在 2016 年大水作用下，心滩淤积体进一步下移至青龙港—焦港附近，福中水道进一步冲刷发展。

2016 年 8 月—2017 年 8 月，深水航道二期工程逐步实施完工，在深水航道二期工程的作用下，经历了 2017 年大水作用，福北水道总体冲刷发展；福中水道下段仍有所冲刷，但变化趋缓，福中水道上段进口有所淤积，福中水道发展已经趋缓。从 2017 年 8 月—2018 年 2 月测图可以看出，随着福北水道维护疏浚的施工，福北水道沿程有冲有淤，青龙港对开处冲刷较大；福中水道进口双涧沙潜堤右缘进口以及福姜沙丁坝 FL4 坝头下游处有所冲刷，福中航槽内变化较小。2018 年 5 月巫山港以下开通 12.5 m 地方专用进港航道，航宽 200 m，进入为期一年的试运行阶段。近年来，福南水道河床总体处于微冲微淤状态，深水航道二期工程实施后，福南水道分流比有所提升，有利于福南水道航道条件发展。2018 年 2 月—2019 年 2 月，福中水道处于小幅冲淤的相对平衡状态，双涧沙头部潜堤右缘局部冲刷不明显，福北水道总体处于淤积状态，江中心滩下移至万福港以下，将对福北水道产生一定的影响（图 2.6-4～图 2.6-6）。

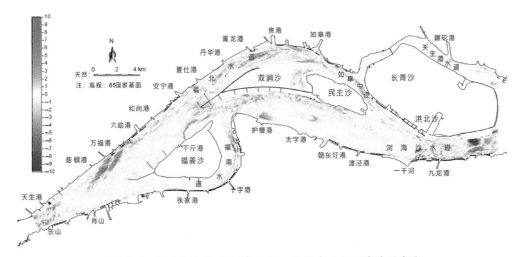

图 2.6-4　福姜沙水道 2017 年 8 月—2018 年 2 月河床冲淤变化

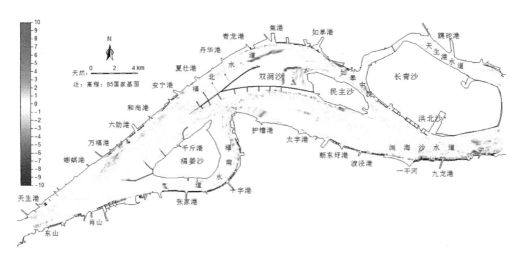

图 2.6-5　福姜沙水道 2018 年 2 月—2018 年 5 月河床冲淤变化

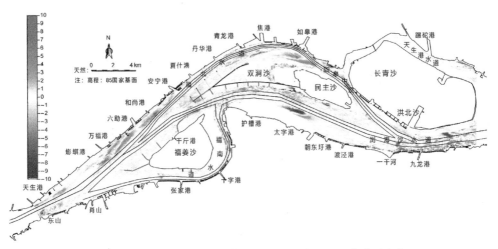

图 2.6-6　福姜沙水道 2018 年 5 月—2019 年 2 月河床冲淤变化

4. 河床断面稳定性分析

福姜沙水道 2012 年 10 月—2018 年 5 月河床断面变化如图 2.6-7、图 2.6-8 所示,断面要素统计如表 2.6-1 所示。由图表可见,近年来进口肖山附近 11♯河床断面变化相对较小,主槽居中偏右,河相关系系数约为 3.9~4.1;肖山以下江面逐步展宽,河道分汊水流分散,蟛蜞港至六助港附近断面河相关系系数增加至 4.8~5.5,肖山以下断面稳定性逐步变差,靖江边滩主要在此区域北岸形成、发展和变化;六助港以下福姜沙左汊河床断面河相关系系数略有减小至约4.3~5.0,江中心滩活动频繁,断面活动性较强。

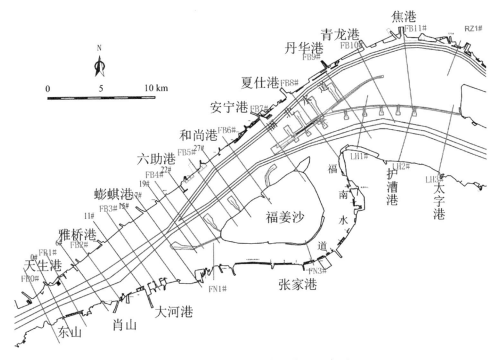

图 2.6-7　福姜沙水道断面位置示意图

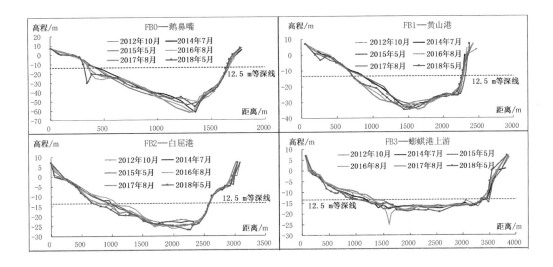

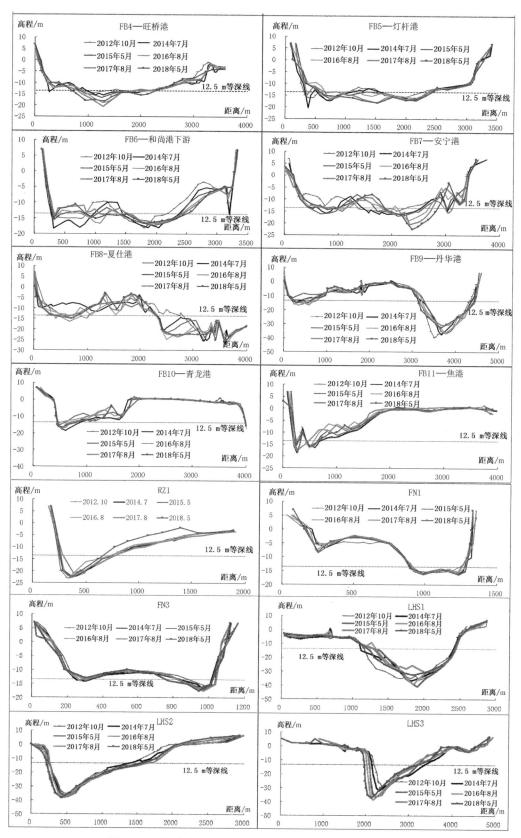

图 2.6-8 福姜沙水道 2012 年 10 月—2018 年 5 月断面变化

表 2.6-1　福姜沙水道左汊 0 m 以下断面特征要素统计

时间	断面要素	11#	15#	19#	22#	FB6（30#）	FB7（35#）
2012 年 10 月	面积/m²	43 859	44 104	37 146	37 470	35 869	36 882
	河宽/m	3 201	3 813	3 459	3 060	3 079	3 240
	平均水深/m	13.7	11.6	10.7	12.2	11.6	11.4
	河相系数	4.1	5.3	5.5	4.5	4.8	5.0
2014 年 7 月	面积/m²	44 692	47 941	39 778	36 991	39 356	40 730
	河宽/m	3 249	3 814	3 486	3 035	3 121	3 260
	平均水深/m	13.8	12.6	11.4	12.2	12.6	12.5
	河相系数	4.1	4.9	5.2	4.5	4.4	4.6
2016 年 8 月	面积/m²	44 757	48 601	41 061	38 009	38 850	39 578
	河宽/m	3 110	3 750	3 448	3 045	3 104	3 268
	平均水深/m	14.4	13.0	11.9	12.5	12.5	12.1
	河相系数	3.9	4.7	4.9	4.4	4.5	4.7
2018 年 5 月	面积/m²	43 234	48 435	40 429	40 674	38 180	40 853
	河宽/m	3 059	3 732	3 458	3 086	3 113	3 248
	平均水深/m	14.8	12.5	11.3	11.6	11.3	11.8
	河相系数	3.7	4.9	5.2	4.8	4.9	4.8

5. 航道条件

1）福北水道

1970—1990 年福北水道 10.5 m 槽不通,如皋中汊处于发展阶段;1990—2000 年福北水道 10.5 m 槽中断,位于出口段;2000—2006 年福北水道 10.5 m 槽基本贯通;2007 年至今 10.5 m 槽贯通,12.5 m 槽基本贯通,但宽度有时不足 200 m。双涧沙洲头的不稳定直接影响到福北和福中水道的稳定。另外,福姜沙左汊进口边滩易受水流切割而下移,导致江中心滩活动及主流摆动、滩槽变化,直接影响福北水道的航道条件。如皋中汊发展有利于福北水道发展,目前如皋中汊发展受限,也限制了福北水道的发展。自然条件下福北水道水深难以满足 12.5 m 深水航道要求,需要大量疏浚维护保证航道畅通,尤其是洪季维护量更大。

2）福中水道(含福姜沙左汊进口段)

1970—1997 年福中水道 10.5 m 槽基本能贯通,但 10.5 m 槽位置不稳定,其 10.5 m 槽宽度每年也在变化中;1998—2008 年福中水道 10.5 m 槽不通,有时 5 m 槽也不通;2009 年至今 10.5 m 槽和 12.5 m 槽贯通,航道条件优良。但需要注意的是受福姜沙左缘边滩的影响,在福中水道进口上游(福姜沙左汊进口段)以及中下段(FL4#丁坝尾部),12.5 m 等深线紧贴航槽,若边滩向航槽内延伸,会影响到航道。

　　3）浏海沙水道

　　浏海沙水道多年来航道条件良好,但近年来受到上游福中水道冲刷发展的影响,泥沙落淤,造成太字港边滩及民主沙尾部边滩淤积,挤压主航道(图2.6-9)。

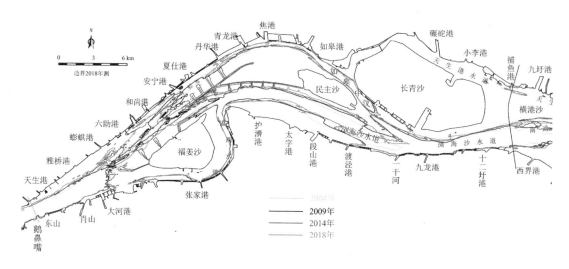

图2.6-9　福姜沙水道2004—2018年12.5 m等深线变化

6. 碍航原因分析

　　福北水道—如皋中汊碍航范围广、易出现浅点区域多的问题,主要碍航区域有:①上段安宁港以上,心滩进入航道内水深不足。②安宁港—青龙港水流分散河床局部淤浅,12.5 m槽宽度有时不足200 m,时有中断。③焦港—如皋港段弯道凸岸边滩向左淤长,深槽缩窄,12.5 m槽宽度有时不足200 m。④出口段河床冲淤多变,水动力条件复杂,12.5 m槽有时中断。

　　福北水道碍航主要成因如下:①福姜沙左汊进口两侧边滩冲淤变化,影响到福北水道的水深条件;左侧边滩冲刷泥沙下移,在江中形成淤积心滩影响到航道水深,而右侧边滩冲刷将导致主流有右偏趋向,不利于维持福北水道主槽水深条件。上段安宁港以上航道水深条件影响受上游活动心滩下移的影响,心滩进入航道内水深不足。②历史上福北水道水深条件改善受如皋中汊发展的影响,目前如皋中汊基本稳定,分流比基本稳定在30%左右,两岸在护岸工程的作用下发展受限。近年福北水道水深条件受双涧沙演变的影响,由于沿程存在北至南的越滩流和双涧沙的变化,导致越滩流沿程分配发生变化,这将影响到福北水道河床冲淤变化及水深条件。双涧沙的变化及窜沟发育会直接影响安宁港至青龙港沿程的分流变化,安宁港窜沟发育,越滩流提前进入福中水道及浏海沙水道,安宁港至青龙港河床局部淤浅,12.5 m槽宽度有时不足200 m,2012年12.5 m槽中断。③受河道形态、弯道环流的影响,航道宽度有限,如焦港—如皋港段弯道凸岸边滩向左淤长,深槽缩窄,12.5 m槽宽度有时不足200 m。福北水道—如皋中汊,航道水深条件的变化与福姜沙进口左右边滩冲淤变化有关,也与江中心滩变化,双涧沙、如皋中汊变化有关。④沿程流速、流向及主流位置变化会影响到福北水道水深条件,当主流出肖山大河港进入左汊时,主流由南岸向北岸过度至安宁港、夏仕港一线而下,有利于改善福北水道浅区水深条件。当主流在安宁港下居中冲刷双涧沙头部,使越滩流提前由安宁港窜沟进入福中水道,将不利于夏仕港至青龙港沿线水深条件维持,与2006年前相比目前的主流趋势及越滩流位置变化使福北水道的水动力条件变弱,靖江沿岸有所淤积。

福中水道碍航主要位于福中水道进口右侧,碍航浅滩类型为分汊口门上下深槽过渡段浅滩。福中水道主要碍航原因如下:①福中水道变化与双涧沙演变密切相关,在自然状况下由于双涧沙的变化导致福中水道进口水深条件及主槽位置相应发生变化,所以在自然状态下,福中水道航道水深及航槽位置难以稳定,要稳定福中水道深槽位置则必须稳定双涧沙,因此双涧沙守护工程是关键。②福中水道变化受上游主流摆动河势变化影响,主流北偏不利于福中水道发展,而主流右偏有利于福中水道发展,目前河势变化主流有居中偏右趋势弱。

2.6.3　航道疏浚砂分布

2.6.3.1　航道尺度及维护标准

1. 航道尺度

福南水道的维护尺度为巫山以上10.5 m×200 m×1 050 m、巫山港以下12.5 m×200 m×1 500 m(由地方政府维护)。

目前该水道最小维护尺度为:福北水道(含如皋中汊)12.5 m×260 m×1 500 m;福中水道12.5 m×400 m×1 500 m;福姜沙左汊进口段12.5 m×500 m×1 500 m;浏海沙水道12.5 m×500 m×1 500 m。施行疏浚措施以保障枯水期航道尺度,同时也为航道维护留出应急反应时间,并留出适当备淤深度。

2. 维护标准

1)设计水位

福北水道、福中水道位于长江下游干流感潮区内,其维护深度为最低理论潮面以下12.5 m。因此,2019年度福北水道(含如皋中汊)、福中水道(含福姜沙左汊进口、浏海沙水道)浅区疏浚工程设计水位取当地理论最低潮面。

2)疏浚底高

依据福北水道、福中水道现行12.5 m的维护水深标准,福北水道、福中水道浅区疏浚底高程设置为当地的理论最低潮面以下12.5 m。

2.6.3.2　航道疏浚范围

参考2019年4月的航道检测加密测图,主要浅区参见图2.6-10、图2.6-11,福姜沙左汊进口段进口浅区♯57红浮—♯58红浮之间,航道连线内已有不满足12.5 m水深的浅点出现;福北水道FB♯6红浮—FB♯19红浮之间航道内也有大片不满12.5 m水深的浅区出现;浏海沙水道下段♯44左右通航浮—♯45红浮之间也有不满足12.5 m水深的浅点出现。虽然如皋浅区、福中浅区、浏海沙浅区上段(太字港附近)航道还能满足12.5 m水深,但12.5 m等深线已经紧贴航道边缘,随着洪季的到来,泥沙将会更多地淤积于此,浅区两侧边滩向航道内延伸,届时难以保证航道维护尺度,因此有必要对福北水道(含如皋中汊)和福中水道(含福姜沙左汊进口、浏海沙水道)浅区进行维护性疏浚,以保证航道的畅通。

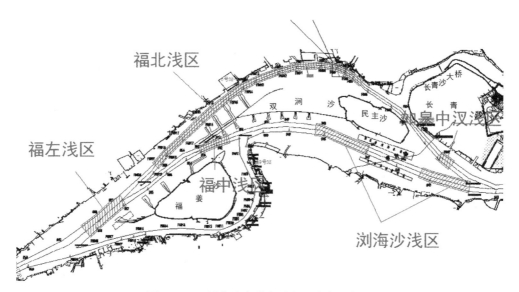

图 2.6-10　福姜沙水道主要浅区分布示意图

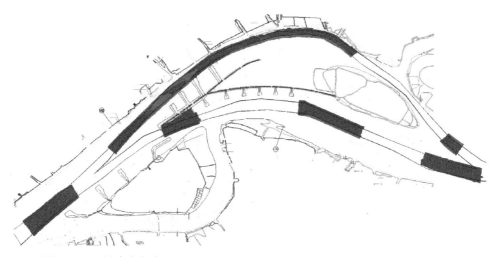

图 2.6-11　福姜沙水道主要浅区不满足水深图(深为 2019 年 4 月已经不满足水深)

1. 疏浚平面

本次疏浚区主要位于福北水道(含如皋中汊)、福中水道(含福姜沙左汊进口、浏海沙水道)浅区进行疏浚。

本工程河段浅区主要有 3 处:第一处位于福北水道 FB♯1—FB♯3 航标段,主要是因为边滩挤压,在航道内出现浅区;第二处位于福北水道 FB♯5—FB♯20 航标段,主要是因为边滩挤压及泥沙落淤,在航道内出现浅区;第三处位于浏海沙水道♯44—♯48 航标段,主要是因为边滩挤压及泥沙落淤,在航道内出现浅区。

因此,本次主要对福北水道 FB♯1—FB♯3、福北水道 FB♯5—FB♯20、浏海沙水道♯44—♯48 浅区段航道内水深不足 12.5 m 的区域进行疏浚。具体如表 2.6-2、图 2.6-12 所示。

表 2.6-2 福北水道、福中水道疏浚区平面控制坐标(国家 2000 坐标系)

福北浅区疏浚区平面控制点坐标					
点编号	X	Y	点编号	X	Y
A1	3 542 230	534 471	A17	3 548 277	550 799
A2	3 543 341	535 672	A18	3 549 183	549 743
A3	3 544 027	536 291	A19	3 549 614	549 114
A4	3 545 095	537 479	A20	3 549 844	548 530
A5	3 546 607	539 069	A21	3 549 985	547 448
A6	3 547 092	539 628	A22	3 549 888	545 740
A7	3 548 761	541 874	A23	3 549 522	544 457
A8	3 549 315	543 101	A24	3 548 920	542 860
A9	3 549 719	544 222	A25	3 548 447	541 987
A10	3 550 145	545 673	A26	3 547 705	540 961
A11	3 550 246	547 457	A27	3 546 120	539 113
A12	3 550 098	548 595	A28	3 544 876	537 682
A13	3 549 845	549 236	A29	3 543 785	536 518
A14	3 548 698	550 862	A30	3 542 569	535 540
A15	3 547 941	552 018	A31	3 541 963	534 702
A16	3 547 635	551 826			

如皋中汉浅区疏浚区平面控制点坐标					
点编号	X	Y	点编号	X	Y
B1	3 545 772	554 458	B5	3 543 579	555 880
B2	3 543 966	556 145	B6	3 544 687	554 867
B3	3 542 577	558 112	B7	3 545 543	554 196
B4	3 542 050	557 841			

浏海沙水道浅区疏浚区平面控制点坐标					
点编号	X	Y	点编号	X	Y
C1	3 545 955	547 382	C7	3 542 130	555 244
C2	3 544 476	550 861	C8	3 543 122	552 842
C3	3 543 575	553 054	C9	3 544 014	550 672
C4	3 542 673	555 490	C10	3 545 279	547 693
C5	3 542 050	557 841	C11	3 545 334	547 171
C6	3 541 388	557 979			

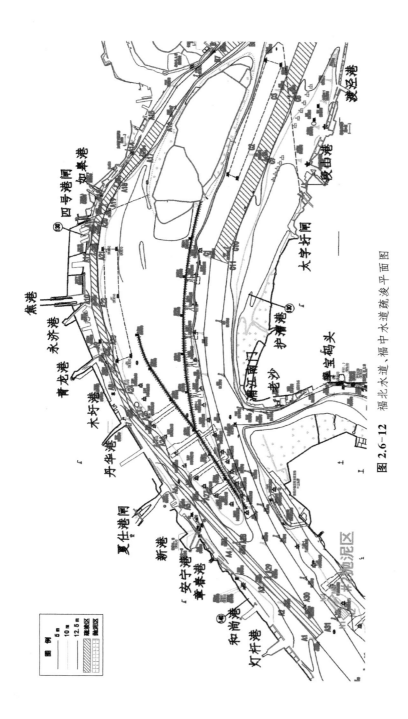

图 2.6-12 福北水道、福中水道疏浚平面图

2. 疏浚纵坡

由于理论最低潮面沿程考虑了最枯水位时各位置的水面纵坡比降,因此本疏浚工程疏浚纵坡沿用当地理论最低潮面,按照同一理论最低潮面下深度进行开挖。

3. 断面设计

（1）设计挖槽深度为理论最低潮面下 12.5 m。

（2）根据本河段的河床地质组成,疏浚区域为近年新淤积的松散至稍密的粉细砂,开挖边坡取 1∶8。

（3）根据《疏浚与吹填工程设计规范》(JTS 181—5—2012),结合本工程实际情况,耙吸挖泥船开挖超宽 5 m,超深取 0.5 m。

本工程的典型断面图如图 2.6-13 所示。

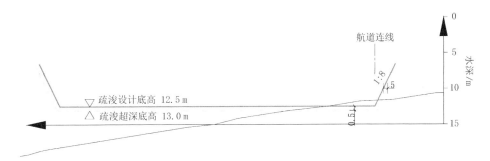

图 2.6-13　福北水道疏浚典型断面图

2.6.3.3　航道疏浚量分析

2016—2017 年福北水道维护尺度是理论基面下 8 m 水深(2016 年 6 月深水航道初通后,仅开通福中单向通航,航宽 260 m,福北水道维护尺度保持不变),依据实测维护疏浚量可知各年实际维护疏浚量分别约为 447.6 万 m³ 和 95.84 万 m³;其中 2016 年维护疏浚量相对较大,其主要原因是该时段内靖江边滩切割下移的心滩进入福北水道淤塞航槽;随着心滩的下移,碍航位置也有所差异;至 2017 年初,2012 年以来靖江边滩大幅切割下移的演变周期基本结束,为此,2017 年的维护疏浚量相对较少。2018 年 5 月 12.5 m 深水航道试运行后,5—12 月福北水道维护量达到512 万 m³ 左右,福中水道(含福姜沙左汉进口段)及浏海沙水道 5—12 月维护量为 75 万 m³(表 2.6-3、表 2.6-4)。

表 2.6-3　福北水道维护疏浚量统计表　　　　　　　　（单位：万 m³）

时间	2016 年疏浚量	2017 年疏浚量	2018 年疏浚量
1 月	35.4	8.08	64.80
2 月	34.0	0.32	64.80
3 月	9.7	0.80	64.80
4 月	9.9	2.94	32.40
5 月	33.9	3.10	10.37

时间	2016 年疏浚量	2017 年疏浚量	2018 年疏浚量
6 月	63.5	8.86	54.65
7 月	55.5	6.02	108.17
8 月	87.6	17.95	111.90
9 月	90.8	15.43	114.67
10 月	12.5	10.60	68.72
11 月	8.4	9.29	15.84
12 月	6.3	12.45	28.02
全年	447.5	95.84	739.14

备注：2018 年 1—4 月为深水航道二期工程基建期疏浚量。

表 2.6-4 福中水道及浏海沙水道维护疏浚量统计表   （单位：万 m³）

时间	2016 年疏浚量	2017 年疏浚量	2018 年疏浚量
1 月	12.5	0	2.50
2 月	0	0.5	2.50
3 月	2.7	8.5	2.50
4 月	25.6	10.9	2.50
5 月	16.2	20.6	1.54
6 月	18.8	11.9	6.77
7 月	19.7	51.8	21.77
8 月	52.7	24.6	25.75
9 月	9.1	14.4	14.06
10 月	8.7	9.7	3.56
11 月	3.1	7.7	1.59
12 月	0.6	3.9	0.00
全年	169.7	164.5	85.04

备注：2018 年 1—4 月为深水航道二期工程基建期疏浚量。

研究表明，福北水道维护量与靖江边滩演变息息相关，为此福姜沙河段疏浚维护量主要考虑以下因素：

（1）因靖江边滩处于自然状态，2017 年 8 月以来蟛蜞港至罗家桥附近沙体又出现切割现象；切割下移的沙体随水流下移，现阶段位于六助港上游侧，心滩下移将对福北水道将产生影响。

（2）2018 年 5 月 26 日—2019 年 5 月 25 日，深水航道工程试运行一年期间，福北水道年维护量 809 万 m³、福中水道 93 万 m³，合计 902 万 m³。而 2018 年年平均径流量约 24 844.7 m³/s，5—10 月洪季平均径流量约 32 032.0 m³/s；相比 2016 年和 2017 年年平均径流量

32 997.6 m³/s、29 177.3 m³/s 以及洪季平均径流量 43 224.4 m³/s、38 275.6 m³/s 均大幅度减小;对比多年平均径流量(28 700 m³/s)以及洪季多年平均径流量(约 40 000 m³/s),2018 年径流量为小水年份,而福姜沙水道大水年份维护量较小水年份有所增加,为此福北水道维护量将随着上游来水来沙条件的变化而有所调整。

综合以往的研究成果、近年的实测维护成果、上游水沙条件以及上游心滩切割下移等因素,可预估 2020 年福北水道 787 万 m³、福中水道(含福姜沙左汊进口、浏海沙水道)95 万 m³。

2.7　南通水道演变及航道疏浚砂分布

2.7.1　水道现状

南通水道上起十二圩,下迄龙爪岩,全长 18 km,上邻浏海沙水道,下接通州沙水道(图 2.7-1)。南通水道自十一圩以下主流渐转左岸,主航道右侧为通州沙暗滩,趋向下游及向江心扩展。主航道左侧有横港沙向下延伸至南通港码头对开。横港沙左侧为天生港水道,下段辟有天生港专用航道,左岸筑有石坝。

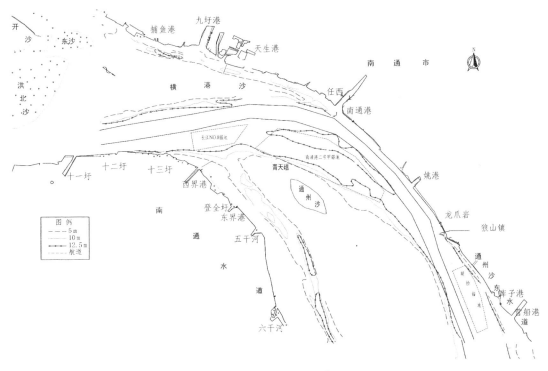

图 2.7-1　南通水道河势图

南通水道内有在建工程——沪苏通长江公铁大桥。该工程于 2014 年 3 月 1 日开工建设,工期预期五年半,于 2020 年 7 月 1 日正式通车。同时,通州沙西水道近年也进行了持续开发。

南通水道河段内涨落潮主流流路不一致,其中涨潮流自通州沙东水道沿横港沙上溯,主流偏靠横港沙南缘;落潮流沿九龙港出弯后,主流偏靠南侧,沿通州沙头部下泄。涨落潮主流流路在西界港一带形成交错,交错段泥沙易于落淤,形成浅埂。

2.7.2 水道演变

2.7.2.1 浅区演变分析

1. 深泓变化

南通水道深泓线变化如图 2.7-2 所示。受弯道特性的影响,南通港以上深泓线由进口的贴右岸逐渐过渡到左岸,南通港以下深泓线贴左岸。出九龙港后的主流至南通水道进口(十二圩港)间深槽贴近水道南岸,多年来深泓线一直比较稳定。该水道深泓线摆动主要发生在十二圩港至任港一线。深泓线变化频繁的主要原因是处于弯道进口段,且受"大水趋直,小水坐弯"的影响,同时近年来通州沙头部潜堤左缘冲刷,动力轴线略有南偏,为此深泓线摆动幅度较大。任港以下深泓线贴左岸下行,多年来较为稳定。从 2011 年深泓线图可以看出,深泓线贴横港沙左缘,自 2014 年以来,深泓大幅南偏,靠近通州沙沙头一侧。2017 年,深泓线则又有所北偏,较 2014 年摆幅超过 0.5 km;相比 2017 年,2018 年深泓线变化较小,总体较为稳定。

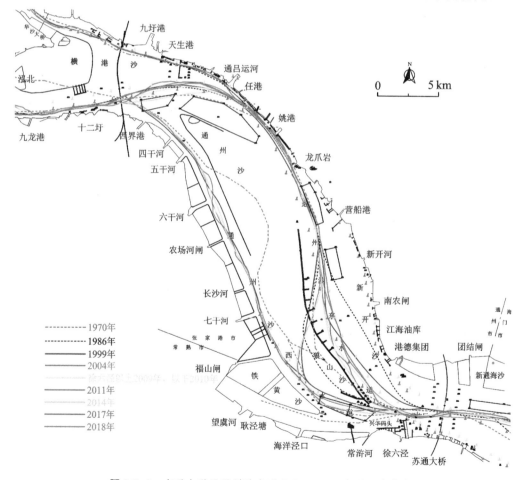

图 2.7-2 南通水道及通州沙水道 1970—2018 年深泓线变化

2. 冲淤变化

年际间,南通水道整体表现为淤积态势,通州沙左缘深水航槽外的非维护水域大都呈淤积状态,航槽内冲淤幅度则较为剧烈,总体呈冲淤平衡态势。淤积部位处于弯道中下段,淤积幅度也较大,达 3 m 左右(图 2.7-3、图 2.7-4)。

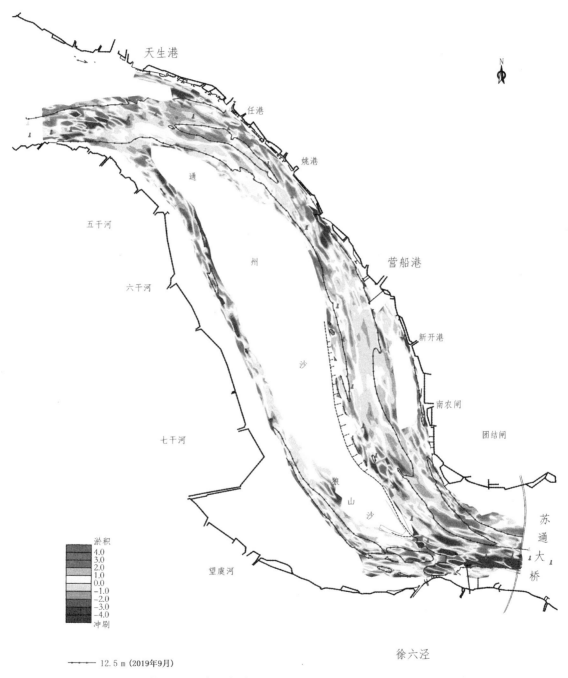

图 2.7-3　南通水道 2018 年 8 月—2019 年 9 月冲淤图

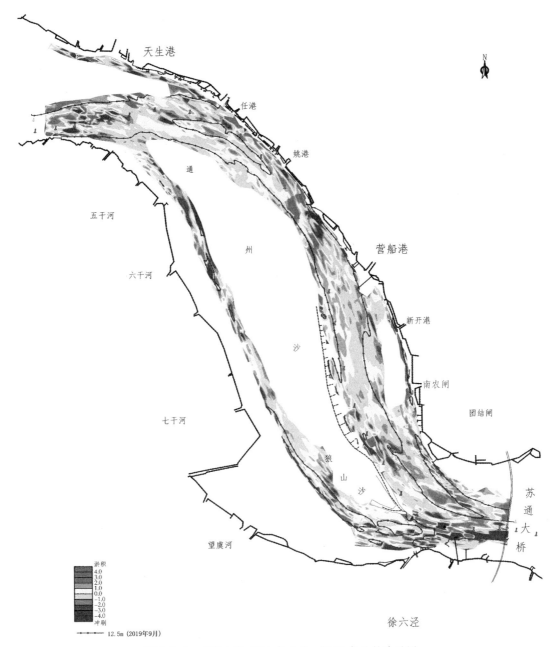

图 2.7-4 南通水道 2019 年 6 月—2019 年 9 月冲淤图

2018 年 10 月以来，上游来水来沙量逐渐减小，进入枯季，南通水道冲淤变化趋缓，冲淤分布态势与年际冲淤分布类似。通州沙左缘锚地水域范围内，河床呈微淤状态，幅度在 1 m 以内；在深水航槽范围内，河床冲淤较为剧烈，在持续疏浚和水流冲刷共同作用下，整体呈冲刷趋势。其中，受施工影响，沪通桥水域范围内冲刷显得尤为剧烈，冲淤幅度达到 3 m 以上，但总体趋于平衡；在 ♯32 航标附近和 ♯30 到 ♯29 航标一带也有比较明显的淤积存在。

3. 航道条件

南通水道 12.5 m 等深线总体变化不大，自 2017 年 11 月以来 12.5 m 等深线变化，主要表现为通州沙左缘浅包的淤长与消退。横港沙尾部 12.5 m 等深线有逐渐下移右摆趋势。通州沙心滩上半个浅包,自 2017 年 11 月以来逐步左偏,至 2018 年 5 月被切割分离后移入航道形成碍航浅包,经过几个月的疏浚清理后,航道内浅包已清除,但在航槽左侧外重新淤长成长条形浅埂。至 12 月,长条浅埂被逐步切割成 3 个浅包,浅包边线紧贴航道边线而下(图 2.7-5)。

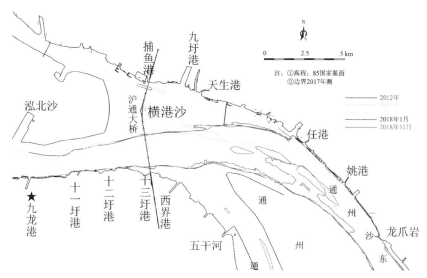

图 2.7-5　南通水道 2012 年—2018 年 11 月 12.5 m 等深线变化图

据 2019 年 11 月 3 日及 11 月 16 日局部测图显示(图 2.7-6、图 2.7-7),航道内无浅点出现,水

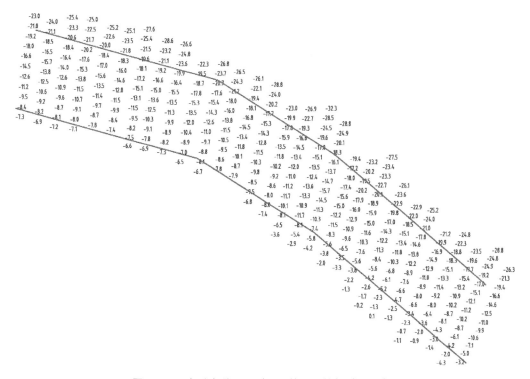

图 2.7-6　南通水道 2019 年 11 月 3 日局部测图示意图

深均满足维护尺度要求,只是♯31—♯28-1红浮一带航道右侧边线外一直有大片浅区出现,此类边界型浅埂较易对航槽形成危害。因此,在这一区域也较易形成淤积体(图2.7-8、图2.7-9)。

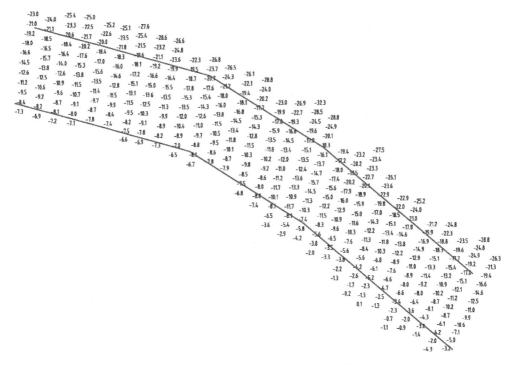

图2.7-7 南通水道2019年11月16日局部测图示意图

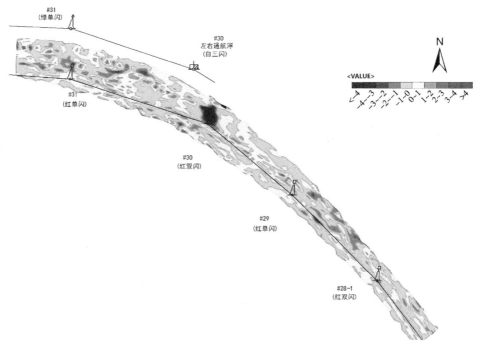

图2.7-8 南通水道2019年10月3日—11月3日局部冲淤变化图

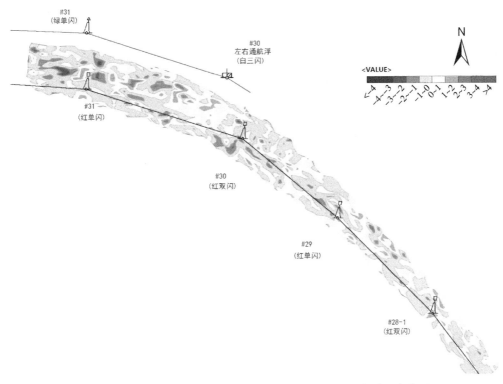

图 2.7-9 南通水道 11 月 3 日—11 月 16 日局部冲淤变化图

4. 碍航原因分析

（1）从涨落潮动力轴线分布可知，南通水道河段内涨落潮主流流路不一致，易在西界港附近出浅。其中，涨潮流自通州沙东水道上溯，主流偏靠横港沙南缘；落潮流沿九龙港出弯后，主流偏靠南侧，沿通州沙头部南侧下泄。涨落潮主流流路在西界港一带形成交错，交错段水动力条件相对较弱，泥沙易于落淤，形成浅埂。

（2）自 2012 年以来，通州沙头部潜堤左缘有所冲刷发展，特别是－15 m 冲刷形成窜沟并有与通州沙东水道贯通的趋势；随着深泓线略有南偏，水动力轴线也有南偏的趋势，进而南通水道北侧♯31—♯29 红浮间 12.5 m 等深线侵入航道，导致局部碍航。

（3）南通水道周边涉水工程较多，沪苏通长江公铁大桥桥墩在施工期间，临时修建栈桥，削弱了局部水流动力，对下游产生一定的影响。

2.7.3 航道疏浚砂分布

2.7.3.1 航道尺度及维护标准

1. 航道尺度

南通水道全年维护尺度为理论最低潮面下 12.5 m×500 m×1 500 m，在航道内水深和航宽达不到维护标准时通过疏浚措施保障航道尺度。

2. 维护标准

（1）设计水位。南通水道位于长江下游干流感潮区内，其维护尺度为理论最低潮面下12.5 m。本工程是通过疏浚工程以保障航道畅通，因此，2020年度南通水道航道维护疏浚工程设计水位取当地理论最低潮面。

（2）疏浚底高。依据现理论最低潮面下12.5 m的维护水深标准，南通水道疏浚底高程设置为当地的理论最低潮面下12.5 m。

2.7.3.2　航道疏浚范围

参考2018年12月的航道检测加密测图，主要浅区如图2.7-10所示，原设计♯30—♯31航道连线内最浅点有12.2 m。经调标后，航道内水深可满足12.6 m，其余区域基本都有13 m以上水深。从该水道情况来看，横港沙尾至通州沙头部左缘存在有水下浅坝，靠近通州沙头部位置为♯28—♯32红浮区域，该区域近来有所淤积，且随着洪季的到来，泥沙将会更多地淤积于此，浅区向航道内延伸，届时单靠航标调整等手段也难以保证航道维护尺度，因此有必要对南通水道♯28—♯32浅区进行维护性疏浚，以保证南通水道的畅通。

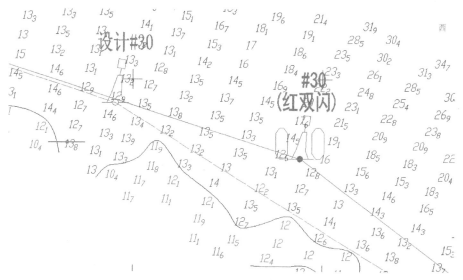

图 2.7-10　南通水道主要浅区分布

1. 疏浚平面

由前文分析可知，南通水道浅区主要位于♯28—♯32航标段，是因为涨落潮流路不一致，而使泥沙落淤形成浅区。

因此，本次主要对♯28—♯32航标段航道内理论最低潮面下水深不足12.5 m的浅包进行疏浚。具体如表2.7-1、图2.7-11所示。

2. 疏浚纵坡

由于理论最低潮面沿程考虑了最枯水位时各位置的水面纵坡比降，因此本疏浚工程疏浚纵坡沿用当地理论最低潮面，按照同一理论最低潮面下深度进行开挖。

表 2.7-1　南通水道疏浚区平面控制坐标(国家 2000 坐标系)

点编号	X	Y	点编号	X	Y
A	3 543 064	572 189	G	3 538 660	580 801
B	3 542 908	574 403	H	3 540 298	579 522
C	3 542 247	576 515	I	3 541 729	577 999
D	3 541 437	577 614	J	3 543 048	576 306
E	3 540 175	578 883	K	3 543 650	574 416
F	3 538 306	580 348	L	3 543 746	572 127

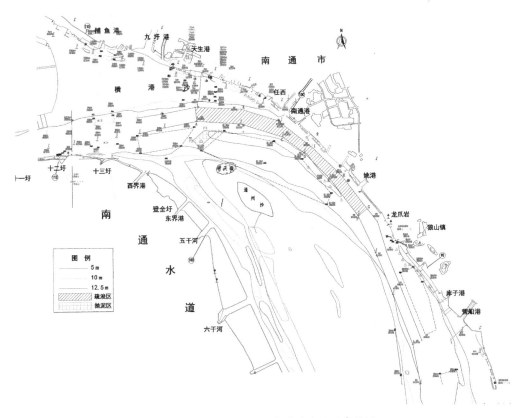

图 2.7-11　南通水道疏浚平面布置图

3. 断面设计

(1) 设计挖槽深度为理论最低潮面下 12.5 m。

(2) 根据本河段的河床地质组成,疏浚区域为近年新淤积的松散至稍密的粉细砂,开挖边坡取 1∶8。

(3) 根据《疏浚与吹填工程设计规范》(JTS 181—5—2012),结合本工程实际情况,耙吸挖泥船开挖超宽取 5 m,超深取 0.5 m。

本工程的典型断面图如图 2.7-12 所示。

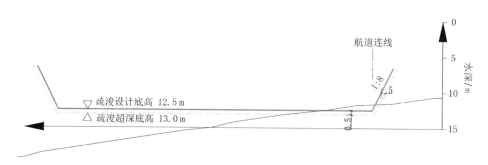

图 2.7-12 南通水道疏浚典型断面图

2.7.3.3 航道疏浚量分析

从近两年浅点分布情况来看,南通水道浅点主要分布在♯31—♯32 浮之间的过渡段、♯30—♯28 红浮沿线。2016 年—2019 年南通水道疏浚维护量如表 2.7-2 所示。2016 年全年维护疏浚了 1024 万 m³,较往年维护明显增大,这主要是因航道尺度大幅提升、沪苏通长江公铁大桥施工、深泓线略有南偏等影响综合造成的。2017 年累计维护 334.12 万 m³,较 2016 年同期有明显减小,仅为 2016 年度的 32.6%。2018 年全年共计维护方量约 502.80 万 m³,较 2017 年度维护疏浚量有所增加(图 2.7-13)。

表 2.7-2 南通水道维护疏浚量统计表　　　　　　　　　　　　（单位:万 m³)

时间	2016 年疏浚量	2017 年疏浚量	2018 年疏浚量	2019 年疏浚量
1 月	—	1.54	6.17	0.0
2 月	—	7.98	1.81	10.5
3 月	—	0.00	4.52	23.1
4 月	22.21	5.75	14.10	82.6
5 月	37.99	44.61	26.00	111.4
6 月	107.10	60.56	94.00	58.1
7 月	179.70	45.06	115.60	42.5
8 月	202.50	51.88	62.60	37.2
9 月	279.26	53.08	71.70	35.8
10 月	66.60	25.42	66.40	8.8
11 月	106.20	23.52	18.70	3.3
12 月	23.00	14.72	21.10	—
全年	1024.56	334.12	502.80	—

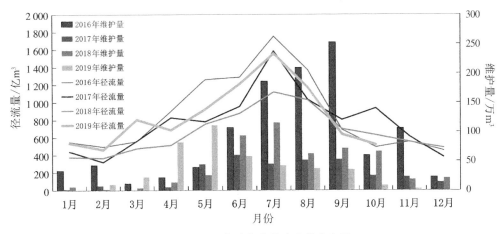

图 2.7-13　南通水道月疏浚量分布图

随着通州沙头部左缘冲刷发展以及周边涉水工程的实施,主流出九龙港后南偏的趋势仍将存在。从近年来桥区下游河道冲淤及航道条件变化情况看,桥墩局部冲刷产生的影响随着桥墩局部逐步达到冲淤平衡而得到消减,但横港沙中段有形成新的沙包的趋势。横港沙右缘、通州沙头部均为不稳定的可动沙体,若得不到有效控制,南通水道的碍航情况仍将存在。从近期河床演变可知,通州沙头部左缘仍有所冲刷;且横港沙二期工程尚未实施,航槽左右边界尚未固定。南通水道过渡段碍航仍将存在。

2017 年、2018 年实测维护量分别为 334.12 万 m³、502.80 万 m³,2019 年 1 月 1 日—2019 年 11 月 25 日,南通水道实际航道疏浚维护量约为 413.30 万 m³。结合近期水道演变、实测维护疏浚量以及航道回淤模型研究成果,可预估 2020 年南通水道的维护疏浚量为 293 万 m³。

2.8　通州沙水道演变及航道疏浚砂分布

2.8.1　水道现状

通州沙水道上起龙爪岩,下至徐六泾,全长 22 km(图 2.8-1)。水道进口及出口河宽相对较窄,出口段最窄约 4.5 km,中间较宽,最大河宽达 10 km 以上。江中沙洲、浅滩、暗沙较多,水道在中上段被通州沙分成东、西两水道,目前通州沙东水道为主汊,进口落潮分流比约占 88.9%。通州沙水道下段被自左而右的新开沙、狼山沙和铁黄沙分为新开沙夹槽、狼山沙东水道、狼山沙西水道和福山水道,呈四汊汇流进入徐六泾河段。狼山沙东水道分流比为 80% 左右,狼山沙西水道分流比为 20% 左右,福山水道分流比接近于 0%。

长江南京以下 12.5 m 深水航道一期工程于 2014 年 7 月实施完成,通州沙沙体大小及平面位置处于相对稳定状态,沙体下段左缘有所冲刷,通州沙尾至狼山沙尾左缘滩面得到有效保护,深槽基本稳定。

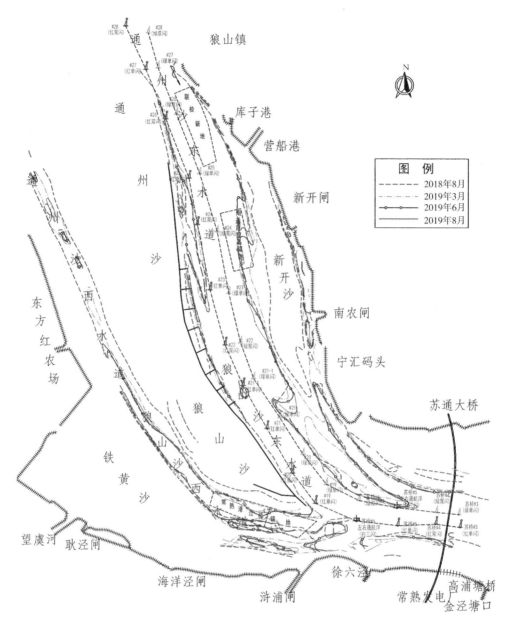

图 2.8-1　通州沙水道河势图

2.8.2　水道演变

2.8.2.1　浅区演变分析

1. 水道冲淤变化分析

自 2017 年 11 月以来,通州沙水道冲淤表现为微冲态势(图 2.8-2)。通州沙整体为冲刷状态,但幅度不大,基本在 1 m 以内;航槽内中上段以淤积为主,中下段则趋于冲淤平衡状态,通州沙滩面冲泻而来的泥沙易在深槽落淤。中下段主要淤积部位出现在通州沙尾至狼山沙头部左缘一带,淤积幅度达 3 m 以上。狼山沙尾至苏通大桥上游,冲淤交替,幅度较为剧烈,但整体呈冲淤平衡态势。

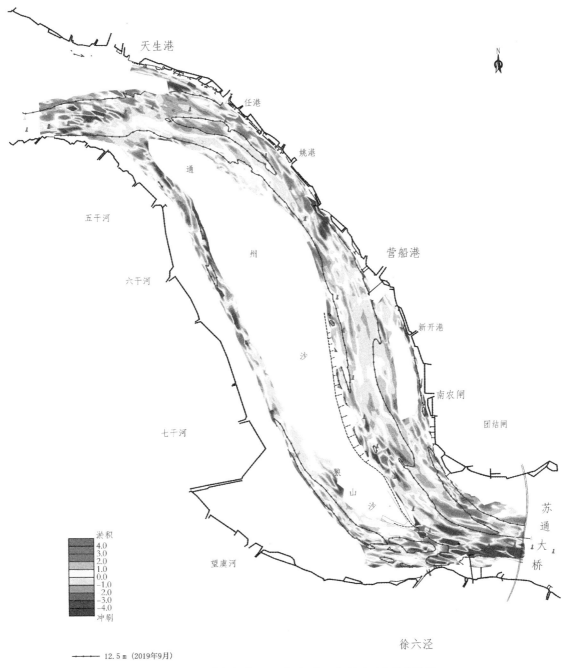

图 2.8-2 通州沙水道 2017 年 11 月—2018 年 11 月冲淤图

2018 年 8 月—2018 年 11 月,通州沙水道从汛期淤积状态逐步转为汛后冲刷状态,河床整体呈现微冲态势,基本符合洪淤枯冲的特点(图 2.8-3)。通州沙中上段冲淤幅度趋缓,中下段航槽内表现较为剧烈。进口段♯26 红浮附近存在明显的淤积体,此处 12.5 m 等深线紧贴航槽边线而下,淤积体易于侵入航槽形成浅点;狼山沙左缘♯21-1 红浮—♯21 红浮一带,沿程均有较大幅度的淤积;狼山沙尾至苏通大桥上游也有大范围淤积,但侵入航槽内的淤积体不大,此处航槽内整体呈冲淤平衡状态。

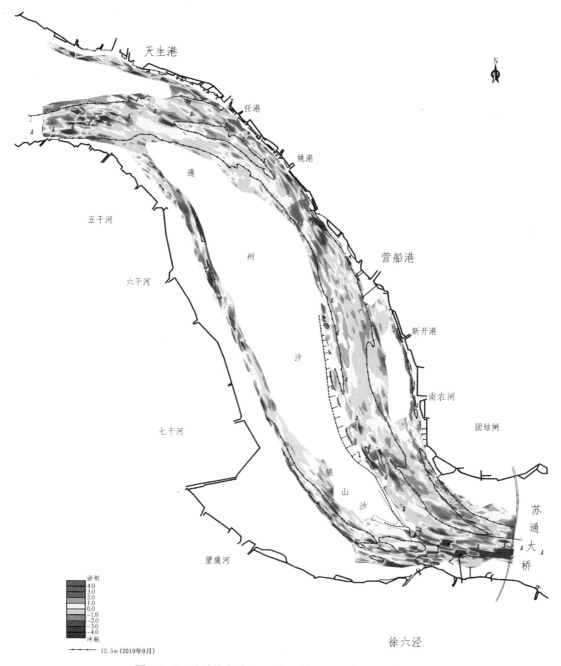

图 2.8-3 通州沙水道 2018 年 8 月—2018 年 11 月冲淤图

　　从冲淤对比分析图也可以看出,水道进口♯26 红浮附近存在大面积淤积(图 2.8-4),♯21-1 红浮则是冲淤交替,冲淤较为剧烈,幅度达到 3 m 左右(图 2.8-5、图 2.8-6)。

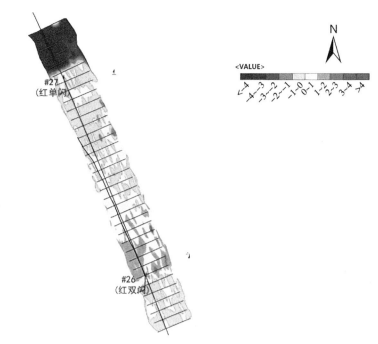

图 2.8-4 2018 年 11 月 4 日—11 月 20 日冲淤变化图

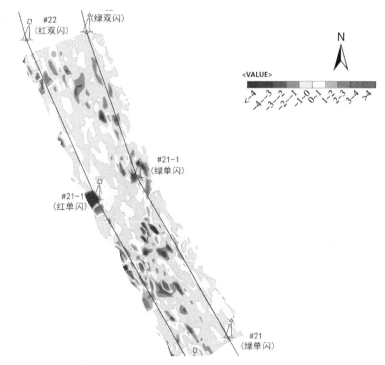

图 2.8-5 2018 年 10 月 2 日—11 月 2 日冲淤变化图

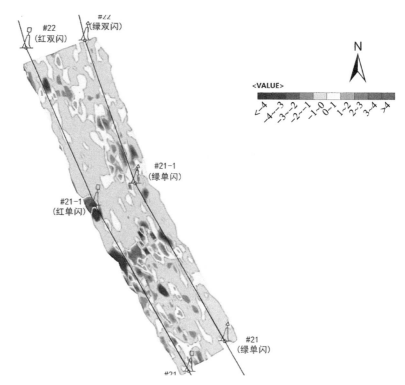

图 2.8-6 2018 年 11 月 2 日—11 月 19 日冲淤变化图

2. 航道条件变化分析

通州沙水道滩槽格局总体稳定,通州沙—狼山沙左缘深槽基本稳定。2018 年以来,本水道主要的浅区主要出现在狼山沙头部左缘的♯21-1 红浮附近。

从 12.5 m 等深线变化可以看出(图 2.8-7),2018 年 1 月以来,在进口♯26 红浮附近 12.5 m 等深线一直紧贴航槽边线而下。8 月,深槽略向左摆,致使 12.5 m 等深线侵入航槽约 60 余米。

新开沙右缘低滩持续冲刷后退,致使新开沙沙体逐步束窄下移,深槽呈现宽浅化。2018 年 1 月在♯21-1 红浮附近航道外侧出现浅包,并逐步淤长侵入航道形成碍航浅点,5 月浅包侵入航道 150 m 左右,8 月浅包面积大幅减少,经过持续性的疏浚维护,11 月该浅包暂时清除完毕,航道水深条件得以恢复。

新开沙尾部又出现逐步淤长趋势,相较于 2018 年初,此处 12.5 m 深槽宽度略有缩窄。

此外,在新开沙中下段右缘♯21-1 至♯21 黑浮间,12.5 m 等深线出现了"S"形往复摆动现象,且摆幅日益加剧,同时沙体左缘 12.5 m 倒套深槽也有发展趋势,从而造成此处沙体束窄,如若发展成窜沟,切割新开沙尾将势必对主航道流路动力轴线造成一定影响,进而会对深水航道条件造成较大影响。

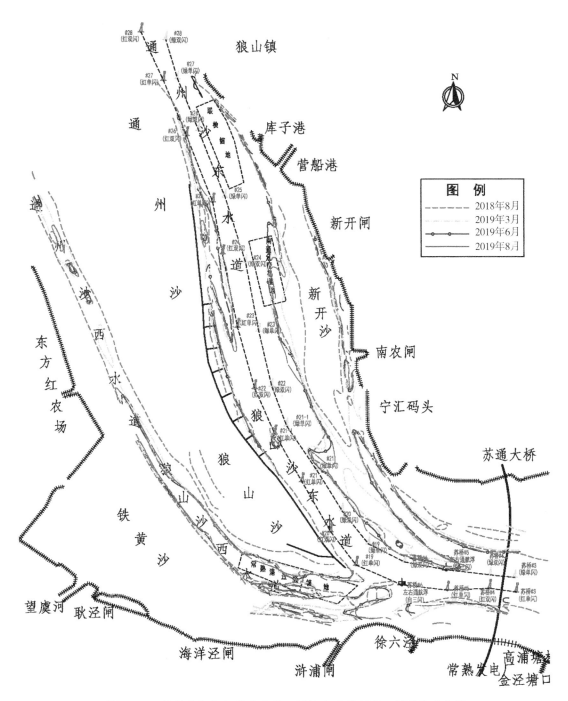

图 2.8-7　通州沙水道 2018 年 8 月—2019 年 8 月 12.5 m 等深线变化图

3. 碍航原因分析

近期通州沙主航道一直稳定在通州沙东水道与狼山沙东水道内，但由于通州沙沙体下段与狼山沙沙体左缘的持续崩退，使河道向宽浅方向发展。随着狼山沙沙体下移进入通州沙水道尾部，且受徐六泾节点的控制，狼山沙沙体下移被遏制而表现出持续坐弯，过渡段水动力条件减弱，使通州沙东水道中下段航槽中时有浅包出现，这些浅包成为长江下游碍航瓶颈之一。

一期工程实施后，通州沙及狼山沙左缘得到守护，稳定了航道右边界但新开沙~裤子港沙仍处于自然演变状态，局部滩槽水沙运动状态未发生明显改善，近期呈"上冲下淤，整体下移"的趋势。新开沙右缘低滩持续冲刷后退致使新开沙沙体逐步束窄下移，深槽呈现宽浅化，航道外侧出现浅包并逐步淤长侵入航道形成碍航浅点；沙体尾部下移过程中左岸近岸低边滩淤长挤压主航槽。

2.8.3 航道疏浚砂分布

2.8.3.1 航道尺度及维护标准

1. 航道尺度

目前通州沙东水道为主汊，通州沙水道的维护尺度为 12.5 m×500 m×1 500 m，保证率 95%。

2. 维护标准

（1）设计水位。通州沙水道位于长江下游干流感潮区内，其维护尺度为理论最低潮面下12.5 m。本工程是通过疏浚工程以保障航道畅通为目的，因此，2020 年度通州沙水道航道维护疏浚工程设计水位取当地理论最低潮面。

（2）疏浚底高。依据现理论最低潮面下 12.5 m 的维护水深标准，通州沙水道疏浚底高程设置为当地理论最低潮面下 12.5 m。

2.8.3.2 航道疏浚范围

通州沙水道浅区形成主要原因是江宽水阔，水流分散。深水航道工程虽稳定了局部滩槽格局，但水动力轴线仍存在一定幅度的摆动，滩槽仍存在一定的冲淤变化，局部易侵入航道，导致造成航道碍航。虽然通州沙水道近期没有进行维护，但是从近期的考核测图来看，♯26 红浮、♯21-1 红浮附近及新开沙尾部 12.5 m 等深线已经贴近航道边线，因此有必要对通州沙水道进行维护性疏浚，以保证通州沙水道的畅通。

1. 疏浚平面

通州沙水道可能碍航的区域主要有 3 处：一处是新开沙尾部（苏桥♯4—苏桥♯6 航标段），主要是新开沙尾部淤积下延，挤压航道左边线；第二处是通州沙—狼山沙过渡段（♯21—♯22 航标段），主要是因为新开沙右缘冲刷后退，河槽展宽、泥沙落淤，在航道中部形成浅区；第三处是水道进口♯23—♯27 航标段，主要是通州沙左缘滩体淤积，挤压航道右边线。

因此，本次主要对水道进口（♯23—♯27 航标段）、通州沙—狼山沙过渡段（♯21—♯22 航标段）以及新开沙尾部（苏桥♯4—苏桥♯6 航标段）航道内最低理论潮面下水深不足12.5 m的区域进行疏浚。具体如图 2.8-8、表 2.8-1 所示。

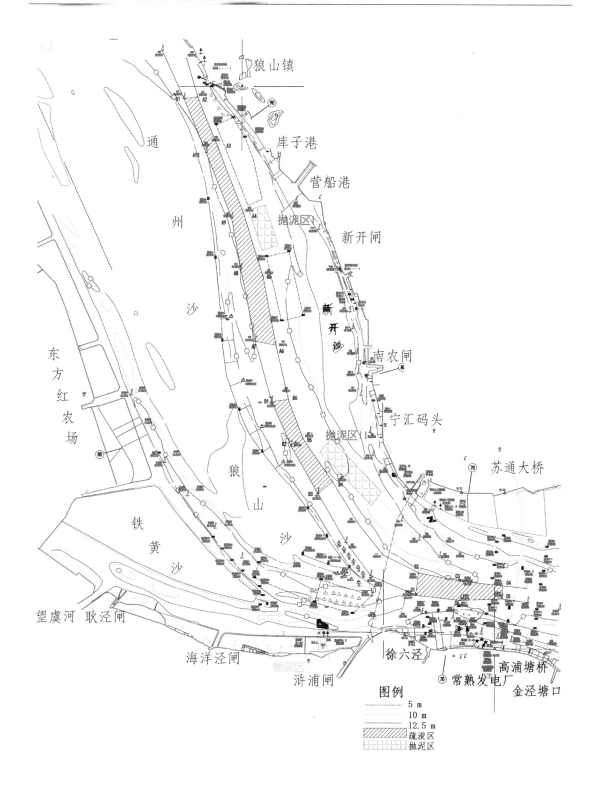

图 2.8-8　通州沙水道疏浚平面布置图

表 2.8-1　通州沙水道疏浚区平面控制坐标（国家 2000 坐标系）

通州沙水道进口疏浚区平面控制点坐标					
点编号	X	Y	点编号	X	Y
A1	3 536 482.9	581 207.9	A6	3 527 094.5	584 817.0
A2	3 536 544.9	581 745.4	A7	3 527 241.9	584 008.6
A3	3 534 599.7	582 549.9	A8	3 529 981.6	583 445.0
A4	3 532 107.2	583 546.1	A9	3 531 921.5	583 083.4
A5	3 529 675.9	584 323.5	A10	3 534 409.3	582 086.6
通州沙水道中段疏浚区平面控制点坐标					
点编号	X	Y	点编号	X	Y
587 026.8	B1	3 524 948.2	584 658.5	B6	3 521 897.8
585 885.8	B2	3 523 243.6	585 425.4	B7	3 523 540.8
585 311.2	B3	3 521 448.0	586 468.7	B8	3 525 031.6
通州沙水道下段疏浚区平面控制点坐标					
点编号	X	Y	点编号	X	Y
593 763.9	C1	3 517 580.4	590 323.3	C4	3 517 949.4
593 732.7	C2	3 518 434.7	590 436.9	C5	3 517 449.1
592 096.0	C3	3 518 137.7	592 057.8	C6	3 517 382.5

2. 疏浚纵坡

由于理论最低潮面沿程考虑了最枯水位时各位置的水面纵坡比降，因此本疏浚工程疏浚纵坡沿用当地理论最低潮面，按照同一理论最低潮面下深度进行开挖。

3. 断面设计

（1）设计挖槽深度为理论最低潮面下 12.5 m。

（2）根据本河段的河床地质组成，疏浚区域为近年新淤积的松散至稍密的粉细砂，开挖边坡取 1∶8。

（3）根据《疏浚与吹填工程设计规范》(JTS 181—5—2012)，结合该工程实际情况，耙吸式挖泥船开挖超宽取 5 m，超深取 0.5 m。

本疏浚工程的典型断面图如图 2.8-9 所示。

2.8.3.3　航道疏浚量分析

从 2016—2019 年的维护情况来看，2016 年全年维护疏浚了 633.6 万 m³，2017 年累计维护 261.6 万 m³，较 2016 年同期有明显减小。经过 2017 年维护性疏浚工程之后，通州沙水道航道情况有所好转，2018 年度仅对通州沙—狼山沙过渡段（♯21-1 红浮附近）进行疏浚维护。2018 年全年共计维护方量约 221.2 万 m³，较 2017 年度维护疏浚量有所减小。截至 2019 年 11

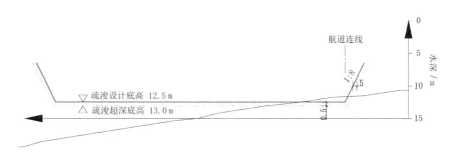

图 2.8-9　通州沙水道疏浚典型断面图

月 25 日维护总量为 94.9 万 m³，因上游来水量的大幅增加，2019 年 3—5 月通州沙水道航道维护疏浚量相比往年同期大幅增加，为三年来最大值，7—8 月维护疏浚方量分别为 7.2 万 m³ 和 1.3 万 m³，6 月、9 月、10 月和 11 月没有进行维护（表 2.8-2、图 2.8-10）。

表 2.8-2　通州沙水道维护疏浚量统计表　　　　　　　　　（单位：万 m³）

时间	1月	2月	3月	4月	5月	6月	7月	8月	9月	10月	11月	12月
2016 年	20.7	25.6	53.0	26.5	64.8	66.6	117.6	105.9	45.8	41.9	48.6	16.6
2017 年	14.0	5.0	10.4	15.0	15.0	32.7	25.7	47.8	63.7	11.7	20.6	0.0
2018 年	0.0	1.1	0.0	1.3	20.0	6.5	0.0	61.2	70.1	39.6	4.8	16.6
2019 年	0.0	0.0	21.2	41.2	24.0	0.0	7.2	1.3	0.0	0.0	0.0	—

注：2019 年 11 月维护量统计至 11 月 25 日。

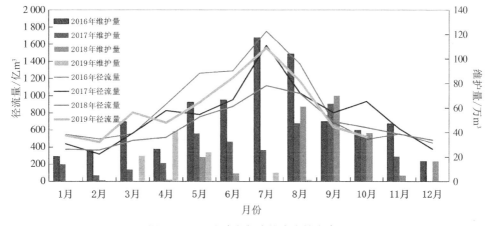

图 2.8-10　通州沙水道月疏浚量分布图

深水航道一期工程实施后，通州沙及狼山沙左缘得到守护，稳定了航道边界。从完工后的航道变化来看，通州沙水道河槽基本稳定，但新开沙仍处于自然演变状态，航道左边界未受控，局部滩槽水沙运动状态未发生明显改善。营船港以下低边滩沙尾下移侵入航槽，对深水航道的维护产生一定的影响，同时新开沙 12.5 m 槽的发展等因素将影响航道条件的发展。

2017 年、2018 年实测维护量分别为 261.6 万 m³、221.0 万 m³，2019 年 1 月 1 日　2019 年

11 月 25 日,通州沙水道实际航道疏浚维护量约为 94.9 万 m^3。结合近期水道演变、实测维护疏浚量以及航道回淤模型研究成果分析,可预估 2020 年通州沙水道航道疏浚维护量约 200 万 m^3。

2.9 浏河水道演变及航道疏浚砂分布

2.9.1 水道现状

浏河水道位于长江口南支主槽中部的七丫口至浏河口段,上接白茆沙南北水道、下接宝山水道,全长 11.6 km。水道顺直微弯,呈东南走向,涨落潮流路基本一致,主槽左右分别为东风沙和太仓边滩,河势相对较稳定(图 2.9-1)。

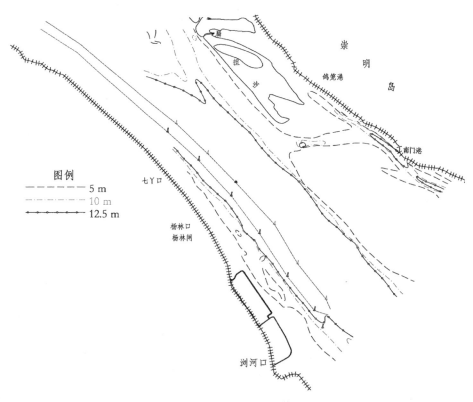

图 2.9-1 浏河水道河势图

2.9.2 水道演变

2.9.2.1 浅区演变分析

1. 深泓变化

浏河水道近期深泓线变化较小(图 2.9-2),深泓变化主要集中在七丫口下游约 7.0 km 范围内;从 2012 年 8 月以来,深泓线总体略有南偏;相比 2012 年,2014 年深泓线最大南偏约

0.4 km，2017 年深泓线最大南偏约 1.1 km，2018 年深泓线最大南偏约 1.4 km。多年来，浏河口附近深泓线总体较为稳定且贴南侧。

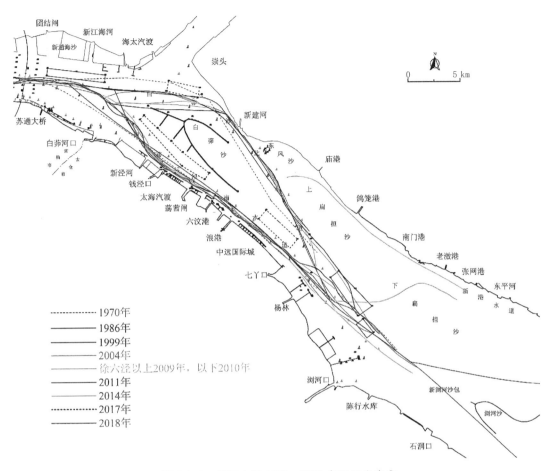

图 2.9-2　浏河水道 1970—2018 年深泓线变化

2. 冲淤变化

2017 年 11 月—2018 年 11 月，七丫口—浏河口总体有冲有淤，冲淤变化幅度在 1 m 左右，有些局部区域可达 3 m 以上。在航槽内，上半段略有淤积为主，普遍淤积在 1 m 左右，杨林口附近航槽内淤积可达 2 m。下半段基本为冲刷状态，普遍冲刷幅度在 1 m 左右。年际间，航槽整体呈微冲态势，在一年来的疏浚维护中，基本能够维持航槽的冲淤平衡，保持良好的航道水深条件（图 2.9-2）。

2018 年 8 月—11 月，深水界航标附近有冲有淤，冲淤变化幅度在 1 m 左右。深水航槽出口#1 红浮附近以淤积为主，幅度在 1 m 以内（图 2.9-3）。从 2018 年 10 月以来河道局部分月的冲淤对比图也可以看出（图 2.9-4、图 2.9-5），随着上游来水来沙逐步减小，航道内的冲刷程度以及冲刷范围是呈现了逐步扩大的趋势。水道基本呈现洪淤枯冲的特点。

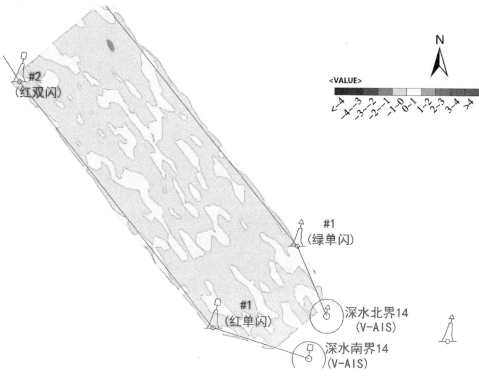

图 2.9-3　浏河水道 2018 年 8 月—11 月冲淤变化图

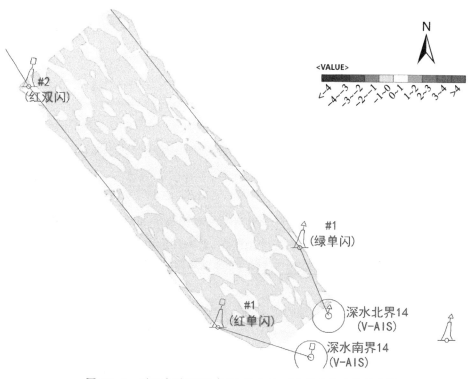

图 2.9-4　浏河水道 2018 年 10 月 2 日—11 月 1 日冲淤变化图

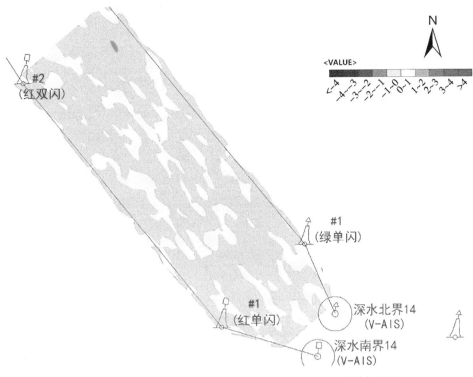

图 2.9-5　浏河水道 2018 年 11 月 1 日—28 日冲淤变化图

3. 航道条件

浏河水道河势总体稳定,仅在出口右侧水下低滩有小幅变动。从深槽等深线变化情况看,浏河水道深槽年际间总体稳定。右侧♯1 红浮—深水南界♯14 浮之间的 12.5 m 等深线存在 S 形摆动,2018 年 3 月此处一度险些冲刷发育成窜沟,8 月深潭大幅淤积消退,11 月 12.5 m 等深线进一步淤积回溯,从而体现为 12.5 m 等深线在此往复摆动。

进入枯季后,来水来沙量的逐渐减小和口外台风季的过境促使水道淤积的作用因素也随之降低,浏河水道航道条件整体发展趋于优良态势,从最新浅区测图看来,航道内水深均能满足维护要求(图 2.9-6)。

4. 碍航原因分析

2010 年以前浏河水道受白茆沙汊道南强北弱的态势不断发展,南支主槽向东不断拓宽,10 m 深槽大幅展宽,杨林口至浏河口段 10 m 深槽平均宽度近 4 000 m,主槽展宽导致流路分散,泥沙易于落淤。当径流量较大时,涨落潮流在此附近转换,水流动力减弱。因此,遇大水年份或洪期,浏河水道淤积较为明显。

浏河水道航道维护尺度提升到 12.5 m 后,该水道一直是航道疏浚维护的重点河段,淤积主要发生在洪水期。由于该段河道宽阔,水流动力环境主要取决于长江入海流量和潮流动力,在遇到特殊水文年份,如洪水期长江上游大量来沙又逢枯水期冲刷不及时时,容易造成局部河床泥沙淤积。此外,浏河航道在♯2 浮—深水南界♯14 浮之间水域的水深富余值不大,河床遇到淤积后容易造成局部河床零星、散状出浅碍航的情况。

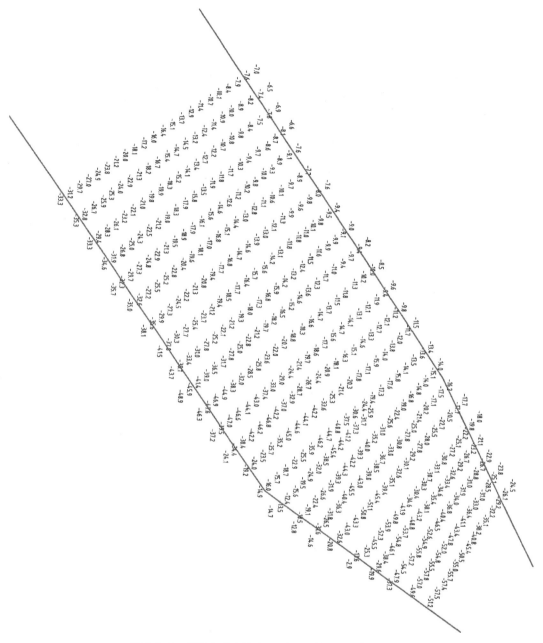

图 2.9-6 浏河水道浅区 2018 年 11 月 28 日测量示意图

2.9.3　航道疏浚砂分布

2.9.3.1　航道尺度及维护标准

1. 航道尺度

浏河水道全年维护尺度为理论最低潮面下 12.5 m×500 m×1 500 m。在航道内水深和航宽达不到维护标准时,通过疏浚措施来保障航道尺度。

2. 维护标准

（1）设计水位。浏河水道位于长江下游干流感潮区内，其维护尺度为理论最低潮面下 12.5 m。本工程是通过疏浚工程以保障航道畅通为目的，因此，2020 年度浏河水道航道维护疏浚工程设计水位取当地理论最低潮面。

（2）疏浚底高。依据现理论最低潮面下 12.5 m 的维护水深标准，浏河水道疏浚底高程设置为当地理论最低潮面下 12.5 m。

2.9.3.2　航道疏浚范围

参考近年来的维护疏浚，浏河水道疏浚维护量与上游来流量存在正相关关系，洪水期维护量较大，枯水期维护量较小，疏浚主要发生在洪水期。由于该段河道宽阔，水流动力环境主要取决于长江入海流量和潮流动力，在遇到特殊水文年份，洪水期长江上游大量来沙枯水期冲刷不及时时，容易造成局部河床泥沙淤积，而且浏河航道在♯2 浮—深水南界♯14 浮之间水域的水深富余值不大，河床遇到淤积后容易造成局部河床零星、散状出浅碍航，届时单靠航标调整等手段难以保证航道维护尺度。因此，有必要对浏河水道出口浅区进行维护性疏浚，以保证浏河水道的畅通。

1. 疏浚平面

由前文分析可知，浏河水道浅区主要位于深水南界♯14—♯2 航标段，此段河道放宽，泥沙在航道中部落淤形成浅区。

因此，主要对深水南界♯14—♯2 航标段航道内理论最低潮面下水深不足 12.5 m 的浅包进行疏浚。具体如表 2.9-1、图 2.9-7 所示。

表 2.9-1　浏河水道疏浚区平面控制坐标（国家 2000 坐标系）

点编号	X	Y	点编号	X	Y
A1	3 494 341.4	624 240.9	A4	3 492 573.9	626 662.8
A2	3 495 039.5	624 821.0	A5	3 492 251.5	626 523.5
A3	3 493 101.5	626 428.0	A6	3 492 477.9	625 779.5

2. 疏浚纵坡

由于理论最低潮面沿程考虑了最枯水位时各位置的水面纵坡比降，因此本疏浚工程疏浚纵坡沿用当地理论最低潮面，按照同样的理论最低潮面下深度进行开挖。

3. 断面设计

（1）设计挖槽深度为理论最低潮面下 12.5 m。

（2）根据本河段的河床地质组成，疏浚区域为近年新淤积的松散至稍密的粉细砂，开挖边坡取 1∶8。

（3）根据《疏浚与吹填工程设计规范》（JTS 181—5—2012），结合本工程实际情况，耙吸挖泥船开挖超宽取 5 m，超深取 0.5 m。

本工程的典型断面图如图 2.9-8 所示。

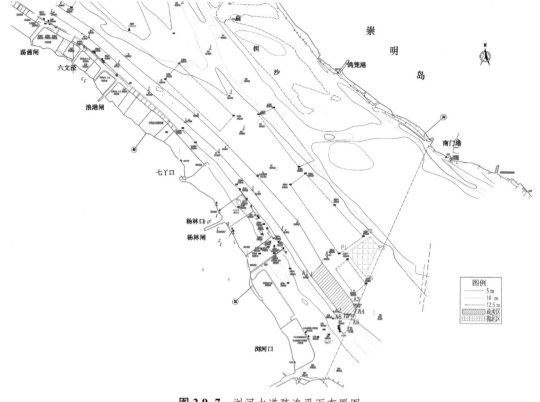

图 2.9-7 浏河水道疏浚平面布置图

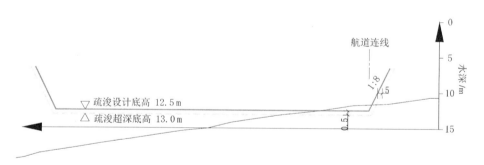

图 2.9-8 浏河水道疏浚典型断面图

2.9.3.3 航道疏浚量分析

从近两年浅点分布情况来看,浏河水道疏浚维护量与上游来流量存在正相关关系,洪水期维护量较大,枯水期维护量较小。如表 2.9-2 所示,2016 年全年维护量 241.5 万 m³,2017 年累计维护 148.0 万 m³,较 2016 年明显减小,约为 60%。2018 年第一季度维护量较小,汛期来临,来水来沙增大,疏浚量显著增加,汛后航道条件转好以后疏浚作业即随之停止。2019 年 4—7 月维护疏浚方量分别为 34.5 万 m³、57.6 万 m³、13.4 万 m³、30.5 万 m³,其中 4 月、5 月为 2016—2019 年同期最大值,8—11 月没有进行维护(表 2.9-2、图 2.9-9)。

表 2.9-2　浏河水道维护疏浚量统计表　　　　　　　　　（单位：万 m³）

时间	2016 年疏浚量	2017 年疏浚量	2018 年疏浚量	2019 年疏浚量
1 月	0.0	0.0	0.0	0.0
2 月	0.0	0.0	0.0	0.0
3 月	11.6	12.7	2.7	9.3
4 月	23.7	11.8	21.9	34.5
5 月	28.6	35.1	13.7	57.6
6 月	109.5	30.5	21.5	13.4
7 月	36.1	28.2	53.5	30.5
8 月	23.5	20.4	52.8	0.0
9 月	8.5	9.3	74.8	0.0
10 月	0.0	0.0	32.6	0.0
11 月	0.0	0.0	0.0	0.0
12 月	0.0	0.0	0.0	—
全年	241.5	148.0	273.5	—

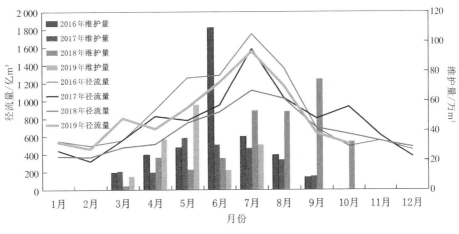

图 2.9-9　浏河水道月维护量分布图

从 2016—2019 年浏河水道逐月维护量分布看，维护量随着洪季的到来不断上升，均在 7 月达到峰值，后随着水位回落又明显下降，河床年内呈现典型的洪淤枯冲基本规律。从河床冲淤以及白茆沙南北水道分流变化来看，南支下段南强北弱的趋势逐步加强；南水道、南北水道汇流后，七丫口下主流有北偏趋势，冲刷扁担沙右缘，影响到南支主槽的稳定，进而增加航道维护的疏浚量。

2017 年、2018 年实测维护量分别为 148.0、273.5 万 m³，2019 年 1 月 1 日—11 月 25 日，浏河水道实际航道疏浚维护量约为 145.3 万 m³。分析近期水道演变、实测维护疏浚量以及航道回淤模型研究成果可预估，2020 年浏河水道航道维护疏浚量约 180 万 m³。

第三章 长江下游航道疏浚砂综合利用技术研究

3.1 利用原则及利用方向

3.1.1 疏浚砂特性

根据相关研究可知,长江中下游航道整治产生的疏浚砂主要工程特性如下。

1. pH

砂土的 pH 常被看作主要变量,它对砂土的许多化学反应和化学过程有很大影响,对其氧化还原、沉淀溶解、吸附、解吸和配合反应起支配作用。依据《土工试验方法标准》(GB/T 50123—2019)采用电测法测定废弃砂样 pH。检测结果表明其 pH 大于 7.0,呈微碱性,OH^- 的离解程度较大,双电层较厚,说明该废弃砂的活性比较低。

2. 化学成分

对废弃砂进行化学分析目的是研究其化学组成及含量。分析试样全部通过孔径为 0.088 mm 筛,在 105~110℃烘箱中烘 2 h 以上进行化学成分检测。检测结果如表 3.1-1 所示。

表 3.1-1 废弃砂化学成分分析结果

名称	Loss	SiO_2	Al_2O_3	CaO	Fe_2O_3	MgO	K_2O	Na_2O	TiO_2	SO_3
平均值/%	—	68.73	11.33	8.54	3.82	3.02	2.00	1.46	0.648	0.05

化学分析结果表明:废弃砂中 SiO_2、Al_2O_3 含量都比较高,其次依次为 CaO、Fe_2O_3、MgO、K_2O、Na_2O。废弃砂中 9 种主要成分(SiO_2、Al_2O_3、Fe_2O_3、CaO、MgO、K_2O、Na_2O、TiO_2 和 SO_3)含量达 99%,其中 SiO_2、Al_2O_3、CaO、Fe_2O_3 四种组分含量之和达到 90%,说明其他物质及有机质含量较少。

3. 矿物组成

砂土中的固体部分是由矿物构成的,主要是各类无机矿物,可分为原生矿物和次生矿物两大类,次生矿物可再分为可溶性和非溶性两类,原生矿物和非溶性次生矿物是砂土的基本矿物成分,此外还有部分有机质。矿物组成分析依据《土的矿物组成试验》(SL 237—069—1999)进行。废弃砂自然风干后过 2 mm 筛后,进行预处理。

从废弃砂 X 射线衍射图中看到,样品中石英、长石类原生矿物的特征峰最为明显。非黏土矿物水云母、闪石、石英、长石、方解石含量为 84%,黏性矿物蛭石和绿泥石含量为 16%。废弃砂中黏性矿物所占比重远远低于非黏性矿物含量,土样活性较差。2.4 颗粒级配砂土颗粒

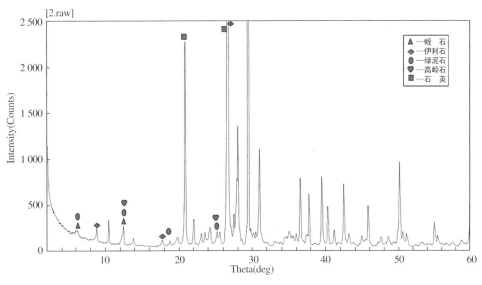

图 3.1-1　废弃砂 X 射线衍射分析

粒级分布是衡量其理化性质的一项重要参数,与颗粒的矿物组成、可塑性等存在着密切关系。在固化制品生产工艺中,一般对原料颗粒级配进行如下控制:将粒径小于 0.05 mm 的粉粒称为塑性颗粒;粒径为 0.05~0.2 mm 的称为填充颗粒;粒径为 1.2~2 mm 的称为粗颗粒。合理的颗粒组成为:塑性颗粒 35%~50%,填充颗粒 20%~65%,粗颗粒小于 30%。

废弃砂颗粒级配分析试验依据《水电水利工程土工试验规程》(DL/T 5355—2006)采用筛分法进行。试验所用仪器为孔径为 10 mm、5 mm、2.36 mm、1.18 mm、0.6 mm、0.3 mm、0.15 mm 和 0.075 mm 的砂石套筛,精确度 0.1 g 电子秤和 ZBSX-92 型震击式标准振筛机。称取 500.0 g 自然风干废弃砂,放入筛中并装在振筛机上振动 10~12 min,分别称取不同筛径下废弃砂质量,试验结果如图 3.1-2 所示。

由图 3.1-2 可知,废弃砂小于0.075 mm 的颗粒占总质量的 1.29%,少

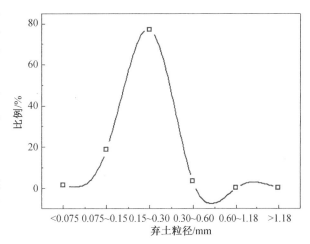

图 3.1-2　废弃砂颗粒分布图

于 10%,废弃砂颗粒主要分布于 0.3~0.15 mm 范围,含量高达 76.26% 左右,粒径分布范围窄。0.02~0.05 mm 的塑性颗粒少于 1.3%,0.05~1.2 mm 之间的填充颗粒含量为 98% 以上,粗颗粒没有,经计算该废弃砂细度模数为 0.8 左右,属于超细砂。$Cu=4$,土的不均匀系数较小,土的级配不良。

4. 疏浚土颗粒形貌

采用 Nikon Eclipse E200 偏光显微镜进行废弃砂的颗粒形貌分析。结果如图 3.1-3 所示。

从图 3.1-3 可知,废弃砂颗粒独立,颗粒之间无黏结,颗粒晶体透明,边缘平直光滑,颗粒棱角比较圆滑,由于表面的圆滑,颗粒摩擦力较小,团聚力很小,塑性较差。

根据《建筑用砂》(GB/T 14684—2011),混凝土用砂分为粗砂、中砂和细砂,其中细砂细度模数大于 1.6,细度模数 0.7~1.5 之间为特细砂。本研究的废弃砂细度模数为 0.8 左右,属于特细砂。针对特细砂在混凝土配制和设计中应遵循以下原则:①低砂率(砂的质量占混凝土中砂、石总质量的百分率),砂率控制在30%左右;②低水泥用量,水胶比不变,降低水泥用量,

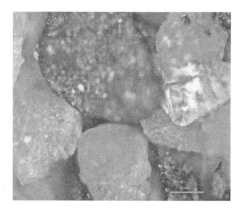

图 3.1-3 风干废弃砂放大 100 倍照片

掺加超细矿物掺合料矿粉、粉煤灰和石灰石粉等;③采用高效减水剂,保证在坍落度基本不变的前提下大幅降低用水量。

3.1.2 利用原则

牢固树立"生态优先、绿色发展"理念,坚持疏堵结合、标本兼治,在确保长江河道、航道安全的前提下,有序开展疏浚砂综合利用,在疏浚砂综合利用过程中应遵循以下原则:

(1)坚持政府主导,部门联动。疏浚砂综合利用涉及多个部门,必须在地方人民政府领导下,强化各相关部门的协同配合。

(2)坚持资源国有,统一处置。长江河道疏浚作业中产生的砂(含土、卵石等)原则上鼓励上岸利用,由政府统一处置,不得由企业或个人自行销售。

(3)坚持重点保障,统筹利用。长江河道疏浚砂利用优先保障重点基础设施建设和民生工程,在有条件的情况下可兼顾社会市场需求。

(4)坚持严格监管,规范实施。强化监管责任、监管制度和监管措施的落实,对疏浚砂利用实行全过程监管,确保疏浚砂利用的高效、安全、规范、有序。

3.1.3 利用方向

根据利用原则,长江航道疏浚砂综合利用主要用于吹填造地、地基填筑、建筑掺配、农业培植、湿地恢复等方面。各实施单位应严格遵循疏浚砂利用原则及利用方向,确保用于非营利的国家工程项目建设和城市基础设施建设,服务地方经济发展。

3.1.4 管理界限

3.1.4.1 分步骤管理界限

疏浚砂综合利用过程分为三个步骤:疏浚施工—水上运输—上岸利用。分步骤管理界限如下:

(1)疏浚施工:施工过程包含"挖—运—转吹",由长江南京航道工程局负责,接受长江航道局的管理。

（2）水上运输：施工过程包含"接驳（装）—水上运输—卸载"，由地方政府授权的企业具体实施，可以委托具有水上运输资质的企业来具体负责疏浚土的运输和装卸，接受当地市政府管理。

（3）上岸利用：包含疏浚砂接收、仓储、供应管理，由地方政府授权的企业具体实施，接受市政府监督管理。

3.1.4.2 分部门管理界限

长江河道疏浚砂综合利用项目所在地县级以上地方人民政府水行政主管部门应加强项目现场监督管理。要充分运用现代信息技术，建立完善的进出场计重、监控、登记等制度，重点加强对疏浚砂上岸环节的监管。

长江河道疏浚砂综合利用项目有关单位应设立明显的标识牌，对建设单位、施工单位、疏浚范围、疏浚砂利用量等信息进行公示，不得擅自变更疏浚时间、施工范围、控制高程、疏浚方式等，确保疏浚作业及疏浚砂综合利用有序实施。

疏浚砂上岸后，使用单位应严格按照地方人民政府的规定履行疏浚砂提货程序，不得擅自提取、交付、发运、转让或将疏浚砂挪作他用。

疏浚砂综合利用项目有关单位应落实疏浚现场安全生产管理责任制，严格遵守航行规则，确保施工安全，防止污染环境。疏浚作业船和运砂船必须持有合法有效的船舶、船员证书，配员符合要求。长江海事管理机构应加强对通航安全的监管，维持正常的通航秩序。

3.1.5 疏浚砂综合利用的需求分析

3.1.5.1 全国砂石市场分析

1. 总量分析

近年来，国内基建投资、房地产投资逐渐回暖，城镇化继续推进，基础设施投资加大，国内市场对砂石料的需求不断增大。相关统计数据显示，2019年国内市场砂石料的消费量为188.47亿t，部分地区砂石料供不应求，甚至有些重点工程砂石供应紧张。2020年我国砂石料的消费量在175亿t左右，其中特细砂石料消费量在1200万t左右。

2. 销售区域分析

从主要销售区域来看，我国各地区砂石料区域消费能力差异表现较为明显，东部经济发达省份和中西部快速发展省份对砂石料消耗能力强劲，热点区域砂石料消费集聚化越来越明显，泛长三角、长江中游集群、成渝集群、中原集群、珠三角、京津冀、关中集群七大板块集聚了我国六成以上的砂石料市场消费量（图3.1-4）。

3. 价格分析

自2018年以来，我国砂石料价格一直维持高位，并呈现持续上涨的趋势。影响我国砂石料市场价格走势的主要因素如表3.1-2所示。

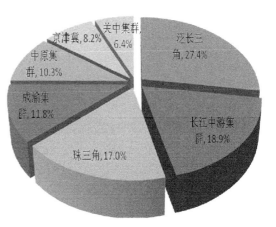

图3.1-4 全国砂石料区域消费结构

表 3.1-2　影响砂石料市场价格走势主要因素

原因分类	原因	影响
直接原因	环保督察：贯彻党的十九大"五位一体"战略方针,全国多地砂、石场环保督查整治进一步深入。《水利部办公厅关于开展全国河道非法采砂专项整治活动的通知》(办河湖〔2021〕252号),加强河湖采砂管理,严厉打击非法采砂行为	河砂短缺
直接原因	区域需求远大于供应：在长三角、珠三角经济发达区域,城市群建筑量大,对砂石料需求量巨大,这种庞大的需求量导致了砂石供需不平衡	供需失衡
间接原因	行业垄断/涉黑人为控制：部分大的企业用垄断的方式控制市场,下游的成本越高	出货量在需求端再次减少
间接原因	囤积居奇,坐地起价：一些商家控制砂石料资源,漫天要价	砂石价格不断上涨
间接原因	码头关停,运输超载控制：湖上、内河等出现了大规模的非法砂石盗采活动和运输活动,不少码头强制关停	非法采砂打击力度加大

　　随着各地矿山整治、河道码头整治,合格中砂的供需矛盾越来越突出,砂石价格仍在缓慢上涨,尤其是优质天然砂有价缺货,石子价格在 90~115 元/t 之间,天然中砂价格在 100~136 元/t 之间,细砂价格在 50~95 元/t 之间,机制砂(石屑)价格在 90~111 元/t 之间,价格差异大与采购点、运输方式直接有关,自行采购、自有码头、靠近大江大河、可停泊大吨位货船等因素,使砂石的价格相对要低很多。另外短驳运输费、增值税发票等也会影响成本价。

　　从碎石、机制砂、天然砂各品种来看,天然砂价格远高于机制砂及碎石价格。随着近几年环保力度加大,对非法采砂进行严打,再加上长江、洞庭湖、鄱阳湖合法开采量减少,天然砂供应持续走紧,随之天然砂价格居高不下。

　　分区域来看,南方区域碎石及机制砂价格普遍高于北方区域,南方市场需求相对旺盛,砂石供应时有紧张情况发生,尤其在上海、广州等输入型市场,供不应求时价格上涨明显。北方城市受管控、天气条件用的影响,需求量相对较弱,使得两者之间存在价差。施工旺季时,辽宁等东部沿海市场,砂石通过水运南下,形成"北材南下"的态势。

　　其中,2015—2020 年来江苏省细砂价格走势如图 3.1-5、表 3.1-3 所示。

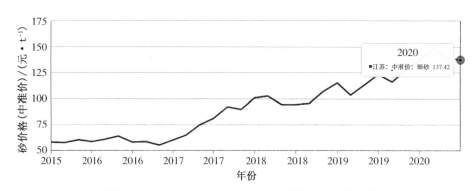

图 3.1-5　2015—2020 年江苏省细砂价格(中准价)走势

表 3.1-3　2015—2020 年江苏省细砂价格

日期	细砂价格（中准价，元/t）	日期	细砂价格（中准价，元/t）
2020 年 6 月 30 日	137.42	2017 年 8 月 31 日	91.78
2020 年 4 月 30 日	138.93	2017 年 6 月 30 日	80.74
2020 年 2 月 29 日	148.03	2017 年 4 月 30 日	74.55
2019 年 12 月 31 日	137.98	2017 年 2 月 28 日	64.70
2019 年 10 月 31 日	127.13	2016 年 12 月 31 日	59.93
2019 年 8 月 31 日	115.92	2016 年 10 月 31 日	55.00
2019 年 6 月 30 日	123.08	2016 年 8 月 31 日	58.26
2019 年 4 月 30 日	112.99	2016 年 6 月 30 日	57.77
2019 年 2 月 28 日	103.37	2016 年 4 月 30 日	63.60
2018 年 12 月 31 日	115.02	2016 年 2 月 29 日	60.47
2018 年 10 月 31 日	106.76	2015 年 12 月 31 日	58.33
2018 年 8 月 31 日	95.43	2015 年 10 月 31 日	60.10
2018 年 6 月 30 日	94.11	2015 年 8 月 31 日	57.41
2018 年 4 月 30 日	94.20	2015 年 6 月 30 日	57.78
2018 年 2 月 28 日	102.40	2015 年 4 月 30 日	56.60
2017 年 12 月 31 日	100.58	2015 年 2 月 28 日	58.07

4. 供给情况分析

目前我国砂石料市场产品主要由天然砂和机制砂构成。近年来，随着国内天然砂、河砂等资源的枯竭和政府对开采管控力度的加大，机制砂石料市场占比不断增大。根据相关统计数据可知，目前我国砂石料市场中机制砂约占 83%（图 3.1-6）。

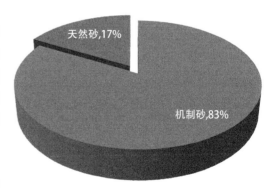

图 3.1-6　中国砂石料市场供给结构

1）天然砂

通常人们把通过江河湖海采集的砂石统称为天然砂石料，这是一种自然资源。近年来，伴随着砂石料需求的数倍增长，天然砂石资源濒临枯竭。新疆、甘肃、西藏、内蒙古、山西、河北、北京、贵州、福建、台湾等省市，天然砂石资源均已处在枯竭状态，全国仅 7 省天然砂石料尚存，但其存量正在加速减少中（图 3.1-7）。

由于国内河砂资源面临枯竭，近年来国家相关部门陆续出台政策对河砂开采权严格把关，禁采范围继续扩大。全国各地对河砂开采权的授予对象进行严格把关，全面整治非法开采河砂的行为。江西省瑞金市明确规定竞买人必须提供 3 年内无违法采砂记录证明，提供符合要求的采砂设备和技术人员的相关证明等材料。同时,各地纷纷出台公告,划定河砂禁采区。广东省惠州市在东江干流惠州段共划定了7个河砂禁采区以及1个临时禁采区,期限为1年。

水利部要求建立以河长制、湖长制为核心的采砂管理地方责任体系,不断健全河湖采砂管理长效机制。同时,水利部、环境保护部将定期对各地相关政策的实施情况开展专项督导检查并实行责任追究机制,国家公职人员、基层党员干部非

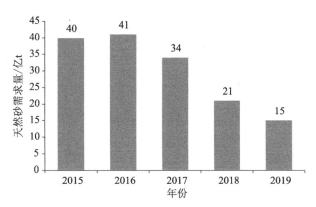

图 3.1-7　2015—2019 年中国天然砂市场需求趋势

法参与采矿、采砂活动,或者为非法采矿、采砂活动提供便利条件的,一经发现,严肃依法依纪处理,构成犯罪的,依法追究刑事责任。

随着国内天然砂、河砂等资源的枯竭和政府对开采管控力度的加大,机制砂石替代天然砂已成为行业发展的必然趋势。

2)机制砂

机制砂石料为人工砂,指通过矿山开采利用制砂机出产的砂石。我们日常常见的石灰石、青石、鹅卵石等都可以用来生产机制砂,它的成品粒型更好,级配合理,更加符合建筑用砂要求,并且规格众多,可满足用户的不同生产需求,在众多领域得到广泛的应用。

随着天然砂石的逐渐减少,相应缺口亟须填补,机制砂市场占比逐渐增大。从机制砂市场供给来看,2015—2019 年我国机制砂产量整体呈增长趋势,从 2015 年的 104 亿 t,增至 2019 年的 156 t 左右,5 年间的复合增长率为 10.6%(图 3.1-8、图 3.1-9)。

图 3.1-8　2015—2019 年中国砂石料市场
机制砂消费占比

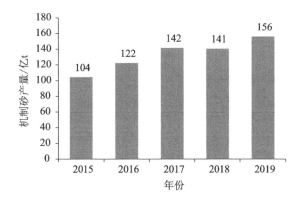

图 3.1-9　2015—2019 年中国机制砂市场供给趋势

5. 供需格局分析

从上游供给来看,随着天然砂石的逐渐减少,相应缺口亟须填补,机制砂市场占比逐渐增大。在近几年环保政策趋严、砂石料行业关停并转等政策因素的驱动下,砂石矿山规模和集中

度有所改善,由于大量无证非法开采的小矿山逐步退出历史舞台,促进了中国砂石料行业逐步由中低端的乱开乱采向规范化、大型化的高端开采发展,矿山的资源属性逐渐凸显,砂石料的毛利中枢持续上行。

从下游需求来看,近年来国家持续促进区域协调发展,制定西部开发开放新的政策举措,落实和完善促进东北全面振兴、中部地区崛起、东部率先发展的改革创新举措,推动实施京津冀协同发展、长江经济带、粤港澳大湾区等国家级重大战略,加大基础设施等领域补短板力度,提升基础设施密度和网络化程度,扎实推进乡村振兴战略,补齐农村基础设施和公共服务设施建设短板,改革完善住房市场体系和保障体系,促进房地产市场平稳健康发展,这使得我国砂石料市场需求不断增长。

3.1.5.2　疏浚砂应用技术分析

根据长江下游航道水文泥沙的统计分析可知,河床组成大多为细沙,最大粒径为 6.7 mm,最小粒径为 0.004 mm,中值粒径为 0.017～0.241 mm。疏浚砂属于特细砂范畴,在 1960 年代开始掺配特细砂混凝土应用于民用建筑工程。

砂石料主要用于与水泥、其他添加剂合用以拌制混凝土或砂浆,是在混凝土或砂浆中起骨架或填充作用的粒状松散材料,具有十分良好的硬度和稳定的化学性质。特细砂是我国混凝土主要采取的原材料之一,特细砂与粗砂、中砂和细砂相比,其特点是堆积密度小、空隙率大、比表面积大,因而使混凝土的流动性减小,强度有所降低。但其 45～160 μm 之间的颗粒可有效弥补骨料和胶材颗粒之间的断档,完善了整个混凝土原材料的颗粒级配,使其具有微集料填充效应,填充混凝土水化产物的一部分缺陷,改善混凝土的密实度,从而提高混凝土的强度和耐久性。特细砂的正确使用会给特细砂产地、天然砂资源匮乏地区和混凝土企业带来巨大的社会效益和经济效益。

然而目前在我国特细砂资源相对储量大、价格低,未完全得到有效利用。因为这些特细砂细度模数在 0.5～1.5 之间,并不符合《普通混凝土用砂、石质量及检验方法标准》(JGJ 52—2006)所规定的泵送混凝土的用砂要求,且不具备完全替代天然中砂的使用性能,目前也没特细砂在大流动度泵送混凝土中成熟可靠的应用技术,从而导致了价格非常低、储量很大的特细砂这一宝贵资源的闲置。

对下游企业来说,按平均替代率 20% 天然中砂来计算,单位立方米混凝土特细砂使用量为 150 kg 左右。一个年生产量在 60 万 m³ 的混凝土企业,仅此一项就能使用替代的特细砂 9 万 t。在预拌混凝土竞争愈演愈烈的情况下,此项技术的使用可以大大提高企业的竞争力。因此,合理利用特细砂不但能为特细砂产地,也能为部分天然砂资源匮乏的地区带来巨大的经济效益和社会效益,同时还可优化混凝土中细骨料的级配而提高混凝土综合性能。近年来,随着特细砂在泵送混凝土中推广应用,特细砂石料的市场购买欲望不断提升。

3.1.5.3　长江下游砂石需求市场典型分析

1. 镇江砂石市场分析

2019 年镇江市围绕道路建设改造、生态修复、城市修补、老旧小区改造等,规划了市域内国家重点项目及城建项目布局,涉及完善基础设施、推行"城市双修"、推动绿色发展、打造建筑强市、保证住有所居、推动乡村振兴等方面。总计划投资项目 168 个,合计约 829 亿元。其中城建项目 113 个,包括国家、省重点工程 13 个,市级续建及新建项目各 33 个,镇江市域内国家、省重点工程及市城建项目均需要大量基础砂石填料。

经调研,初步统计2019年镇江市各辖市区疏浚砂综合利用需求约455.4万 m³(表3.1-4)。

表 3.1-4　2019 年镇江市各辖市区疏浚砂综合利用需求统计表

序号	单位	项目名称	需求量/万 m³	合计/万 m³
1	句容市政府	圣地农业产业园	2.0	126.6
		教育产业园	4.0	
		基督教堂项目	2.0	
		亚夫乡土培训学校	1.0	
		监察委项目	2.0	
		1912 项目	1.6	
		福地路小学项目	2.0	
		701 项目	1.0	
		葛仙湖公园改造及葛洪纪念馆建设项目	30.0	
		茅山镇何庄安置房建设项目	60.0	
		新县中项目	3.0	
		民政局片区改造项目	3.0	
		张庙片区建设项目	10.0	
		红色旅游项目	5.0	
2	扬中市政府	富民工业集中区	23.3	195.7(含下页)
		粮油加工区	30.0	
		大津产业园	23.3	
		居民点建设(15 个)	3.1	
		向阳河东路	2.2	
		复振路	3.2	
		纬四路东延 A 标	2.1	
		纬四路东延 B 标	2.1	
		纬五路	3.4	
		永勤河道路	1.1	
		锦程线	5.1	
		向阳河西路	6.2	
		村级农路	3.2	
		智慧大楼	5.0	
		港湾二期地块一	3.0	

序号	单位	项目名称	需求量/万 m³	合计/万 m³
2	扬中市政府	港湾二期地块二三	4.1	195.7
		四号线沿街商铺	7.0	
		标准化厂房	3.0	
		永兴居民点混凝土道路工程	1.4	
		农村道路提档升级	1.5	
		广善路道路工程	2.1	
		华生路道路工程	1.2	
		高创园区三期道路工程	1.2	
		同德居民点三期	6.2	
		鸣凤居民点	4.1	
		振华居民点	3.1	
		会龙居民点	5.2	
		老郎居民点	7.2	
		邻丰居民点	2.0	
		八桥镇长胜段江堤挡浪墙翻建	2.1	
		西来桥镇曙光二圩、四圩段江堤护坡翻建	1.1	
		六圩港防汛通道	2.0	
		三跃港挡墙加固	1.0	
		2017 年长江崩岸段干堤复建和岸线守护工程续建	4.0	
		江堤涵洞维修加固	3.0	
		其他小型泵站新（翻）建	1.0	
		河道清淤工程	2.0	
		水系连通工程	1.2	
		长江堤防三茅街道段挡浪墙维修改造	3.1	
		长江堤防三茅东风段迎水坡护坡维修加固	6.2	
		六圩港港堤兴隆社区西六组堤防加固	2.1	
		农业水价综合改革工作推进	1.0	
		2013—2015 年小农水重点县结余资金	1.2	
3	丹徒区	S265 镇荣公路改扩建工程 A4 表	3.0	3.0
4	镇江新区	镇江新区大路姚桥长江干流堤防提升工程	3.6	3.6
5	高新开发区	半导体质量建设项目	1.0	2.2
		创新一期工程	1.2	

序号	单位	项目名称	需求量/万 m³	合计/万 m³
6	市住建局	沿金山湖 CSO 污染综合治理工程（筑岛工程）	14.0	14.3
		茶砚山路	0.1	
		庄泉路、北府路交叉口拓宽	0.2	
7	市交通局	五峰山过江通道接线工程镇江段	65.0	65.0
8	城投公司	城科建设公司	45.0	45.0
合计				455.4

2. 泰州砂石市场需求分析

泰州市疏浚砂综合利用需求主要围绕道路建设改造、生态修复、城市修补等进行。经调研，初步统计 2020 年泰州市疏浚砂综合利用需求约 202.1 万 m³（表 3.1-5）。

表 3.1-5 2020 年泰州市政府工程项目疏浚砂利用需求统计表

序号	拟用项目名称	拟用数量/万 m³	拟用时间	备注
1	353 省道泰州段改扩建工程施工项目	61.0	2020 年 7 月—12 月	
2	站前路快速路建设（站前路与长江大道互通工程）	4.5	2020 年 5 月—8 月	
3	2020 年兴化市西南片、东南片农村公路提档升级工程施工项目	32.0	2020 年 6 月—11 月	共计 7 个标段
4	2020 年泰州市普通国省道养护大中修工程	5.6	2020 年 6 月—12 月	共计 8 个标段
5	褚家洼路、解家舍路、三桥路、健康大道、春晖路、褚雅路工程	34.0	2020 年 5 月—12 月	
6	泰州市姜堰区通扬线 5 号桥工程施工项目	5.2	2020 年 6 月—10 月	
7	泰州经济开发区农村公路改造工程项目	4.8	2020 年 7 月—9 月	
8	X302 溱潼东段大中修工程施工项目	2.5	2020 年 8 月—9 月	
9	兴化市戴南镇富康路、新宏大路改造工程	2.0	2020 年 9 月—11 月	
10	2020 年兴化市西北片、东北片农村公路提档升级工程施工项目	34.0	2020 年 6 月—12 月	共计 8 个标段
11	泰州市 2019 年度水生态河道治理工程	3.0	2020 年 7 月—10 月	共计 3 个标段
12	迎宾大道（S352—陈张公路）拓宽改造工程	4.5	2020 年 8 月—11 月	
13	泰州市普通国省道公路停车区改建工程	4.0	2020 年 6 月—10 月	共计 2 个标段
14	兴化市安丰镇大兴金公路改道工程施工项目	5.0	2020 年 8 月—12 月	
	合计	202.1		

3. 苏州砂石市场需求分析

苏州市疏浚砂综合利用主要包括道路建设改造、生态修复、城市修补、老旧小区改造、重点项目建设等市重点项目。2019—2020年,由苏州市相城交通建设投资(集团)有限公司实施的年度重点项目(南天成路二标、漕湖大道一~三标、524节点、524改扩建、春申湖快速路)实际用砂量约323.9万t;2019—2023年,苏州轨道交通六号线、七号线、八号线站点建设预计82万t/a的用砂量;另外,由于砂石料主要用于与水泥、其他添加剂合用以拌制混凝土或砂浆,通过调研苏州当地规模型混凝土生产企业,统计苏州当地一定规模的混凝土企业年产量约2 760 m³(表3.1-6),计算其砂石料需求量约2 263.2万t。

表 3.1-6　苏州地区部分混凝土企业情况

序号	企业名称	产量/万 m³	所在地
1	苏州混凝土水泥制品研究院有限公司	600	苏州市姑苏区
2	昆山市建国混凝土制品有限公司	200	昆山市正仪镇
3	昆山隆达混凝土有限公司	80	昆山市巴城镇
4	太仓市建国混凝土有限公司	80	太仓市陆渡镇
5	太仓上电混凝土制品有限公司	80	太仓市浮桥镇
6	吴江永盛混凝土有限公司	100	苏州市吴江区
7	苏州市华建商品混凝土有限公司	300	苏州市吴中经济开发区
8	苏州立方混凝土有限公司	120	苏州市相城区
9	苏州永盛混凝土有限公司	500	苏州吴中区木渎镇
10	苏州凉兴混凝土有限公司	150	苏州市相城区
11	苏州相城南方混凝土有限公司	150	苏州市相城区
12	苏州南方混凝土有限公司	100	苏州高新区通安镇新合村
13	苏州中联新航混凝土有限公司	100	常熟市辛庄镇双浜村
14	苏州上建杭鑫混凝土有限公司	100	苏州市金阊区
15	苏州市天厚混凝土有限公司	100	苏州市吴中区
	合计	2 760	

苏州自2017年起,全面推进内河港口码头安全、绿色、集约、有序发展,苏州交通运输部门开展为期2年的内河港口码头综合整治提升行动,计划依法取缔790家非法码头,有序纳规426家无证码头,优化提升495家持证码头。据不完全统计,在开展内河港口码头综合整治以来,2019年年底,吴中区港口码头保有量已经精简至原有量的30%,一些有序纳规和优化提升的码头增加了防风墙、喷淋系统等一系列环保措施,其投入、运营成本也相继增加,这势必会进一步引起苏州的砂石料的成本上升。加上全国各地相继出台严禁建设工程违规使用海砂的通知,全面禁止工程建设违规使用海砂,加大工程建设用砂质量监督管理力度,砂石料的来源进

一步短缺,庞大的市场需求势必会加剧砂石料市场的供应不足,价格升高。

3.1.6　疏浚砂综合利用实施程序

长江干流河道管理范围内实施河道、航道等涉水工程建设及运行维护性活动,涉及疏浚砂综合利用的应严格依法履行相关程序,坚持科学论证。

长江河道、航道工程项目所产生的砂石上岸综合利用,由相关省级水行政主管部门提请省级人民政府制定疏浚砂处置办法,明确综合利用实施方案编制(包括砂石可利用量、上岸方式、砂石堆放等内容)、组织实施、监督管理等,坚决杜绝假借疏浚名义规避河道采砂许可等管理制度、以工程之名行采砂之实。处置办法应征求长江水利委员会、长江航务管理局意见。

因整修长江堤防进行吹填固基或者整治长江河道、航道采砂的,按《长江河道采砂管理条例》及其实施办法执行。

长江河道疏浚砂综合利用应在地方人民政府的统一领导下组织实施和监督管理。长江水利委员会和省级水行政主管部门负责对长江河道疏浚砂综合利用管理进行指导和监督检查,长江航务管理局负责其中涉及长江航道与通航安全有关事项的指导和监督检查工作。

3.2　疏浚砂综合利用水域实施方案

长江下游航道维护性疏浚船型主要为耙吸式挖泥船,需要切滩等工程量较大工程时采用绞吸式挖泥船。疏浚砂综合利用施工包含"挖—运—转吹"等过程。

3.2.1　疏浚实施方案

3.2.1.1　疏浚船舶

1. 耙吸式挖泥船

耙吸式挖泥船是一种装备有耙头挖掘机具和水力吸泥装置的大型自航、装仓式挖泥船。它具有良好的航行性能,可以自航、自载、自卸,并且在工作中处于航行状态,不需要定位装置。挖泥时,耙吸式挖泥船将耙吸管放下河底,利用泥泵的真空作用,通过耙头和吸泥管自河底吸收泥浆进入挖泥船的泥仓中,泥仓满后,起耙航行至抛泥区开启泥门卸泥,或直接将挖起的泥土排除船外。有的挖泥船还可以将卸载于泥仓的泥土自行吸出进行吹填。耙吸式挖泥船多在船首装有横向推进器,操纵性能比较好,施工时不用锚或缆索定泊,对航行干扰小,因此非常适用于在港口或通航的河道、运河中施工(图3.2-1)。

耙吸式挖泥船的工艺流程为:空载航行到接近起挖点前→对标→定船位→降低航速→放耙入水→启动泥泵吸水→耙头着底→增加对地航速→吸上泥浆→驶入航槽,耙吸挖泥。整个过程连贯进行,当舱内泥装载达到挖泥船满载吃水后停止挖泥,起耙、运输(图3.2-2)。

耙吸式挖泥船有单耙或对耙,分别布置于船中或两侧。耙吸式挖泥船机动灵活、效率高、抗风浪力强,适宜在沿海港口、宽阔的江面和船舶锚地作业,适于松散和低于黏土硬度的土质作业,在风浪大又无掩护的滨海和河口地区,宜选用自航式耙吸挖泥船。

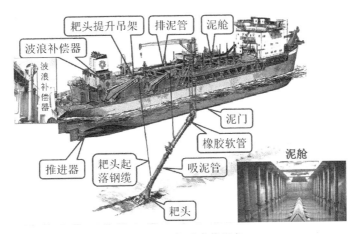

图 3.2-1　耙吸式挖泥船

图 3.2-2　耙吸式挖泥船施工效果图

耙吸式挖泥船一船都用其泥舱容量来标明规格大小,一般舱容为 $500 \sim 1\,000\ \mathrm{m}^3$,最小的耙吸式挖泥船能在水深 $3\ \mathrm{m}$ 左右条件下施工,耙吸船挖深可达 $3 \sim 35\ \mathrm{m}$。

2. 绞吸式挖泥船

绞吸式挖泥船是利用转动着的绞刀绞松河底或海底的土壤与水泥混合成泥浆,经过吸泥管吸入泵体并经过排泥管送至排泥区。绞吸式挖泥船施工时,挖泥、输泥和卸泥一体化完成,生产效率较高。其适用于风浪小、流速低的内河湖区和沿海港口的疏浚,以开挖砂、砂壤土、淤泥等土质比较适宜,采用有齿的绞刀后可挖黏土,但是工效较低(图 3.2-3)。

绞吸式挖泥船工艺流程为:根据土质安装铰刀→绞松泥沙→泥泵吸泥→排泥管输泥至卸泥区。

绞吸式挖泥船采用船艉钢桩定位横挖法,钢桩位于挖槽中心线上,作为横移摆动中心,挖泥时分别收放桥架两侧摆动锚缆,左右摆动挖泥,利用绞刀旋转进行破土,泥泵将泥浆抽吸并

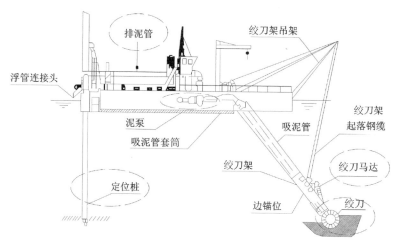

图 3.2-3　绞吸式挖泥船

通过船艉的排泥管线输送装驳平台,利用定位钢桩步进前移。在挖槽中心线上,绞刀的平面轨迹也始终保持平行前移,避免出现重复挖泥或漏挖现象,其绞切平面轨迹呈月牙形,交替前进,摆动施工。该种工艺具有挖槽平直、槽底无漏挖等优点(图 3.2-4、图 3.2-5)。

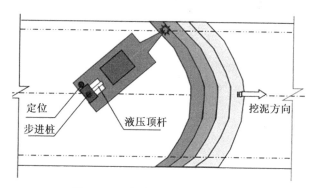

图 3.2-4　步进横挖法工艺示意图

图 3.2-5　绞吸式挖泥船施工效果图

3.2.1.2　施工测量

1. 水深测量技术要求

1）扫海和施工测量

在疏浚施工前,对疏浚施工相关水域(如运泥路线、艉吹站水域),根据需要采取多波束进行扫测(图 3.2-6)。

图 3.2-6　多波束扫海示意图

在疏浚施工过程中对疏浚区进行水深自检测量以指导疏浚施工,测量频次为每 7 天 1 次,经监理审核后及时报发包人。具体测图比例、范围与航道水深考核测量中的保持一致,其中维护期疏浚区测量频次为每 7 天 1 次,非疏浚区每月初测量 1 次。

2）航道水深考核测量

根据《水运工程质量检验标准》(JTS 257—2008)和《内河航道维护技术规范》(JTJ 287—2005)有关要求,航道维护期需安排航道水深定期考核测量,包括开工扫测、交工扫测及维护期间的考核测量工作。航道疏浚区水下地形测量洪季 5—10 月每月测量两次,两次测量时间间隔以 15 天为宜,枯季 11 月—次年 4 月每月测量 1 次,安排在每月初实施;航道非疏浚区水下地形测量每月测量 1 次,安排在每月初实施。

在航道部门的例行测量中发现非疏浚区的航道水深不满足航道水深要求时,按监理人通知及时组织疏浚施工。

2. 测量准备

(1) 技术人员到场,对图纸及各规范进行交底。

(2) 测量队人员、仪器就位,制定总体测量计划。

(3) 测量船、测量仪器安装,调试仪器,量取各类参数。

3. 平面控制与高程控制

在开工前,在监理工程师旁站下对平面控制网点的坐标、高程进行检查复核(表 3.2-1)。

表 3.2-1　控制测量计划

工作项目	数　量	测量内容	精　度	备　注
控制点校核	提供的所有控制点	高程、平面系统	满足《水运工程测量规范》(JTS 131—2012)要求	开工前完成,施工中每月校核一次,资料提交监理工程师

测量期间应在长期基准站点上设立 GPS-RTK 差分站,所有差分站采用同型号的 GPS 仪器,发布相同数据格式的差分信号,方便外业流动站接收使用。基准站采用 24 h 有人值守的工作模式,采用市电供电并且配备不少于持续 36 h 的后备电源,保证差分信号的连续性。基准站和流动站同时记录 GPS 原始数据(间隔 1 s),当无线电差分信号异常时可采用后处理进行改正(PPK)。

根据作业区域,就近选择 GPS-RTK 差分站确保差分信号的强度,并根据坐标转换参数的控制范围及时切换参数保证坐标转换的平滑过渡。

外业勘察统一采用 GPS-RTK 的测量方法,高程转换与平面坐标转换同时由七参数转化得到。

4. 水深测量

1) 定位

水深测量采用 GPS-RTK 三维水深测量方法。实测 GPS(天线)大地高,经坐标转换及高程异常改正后,归算至换能器底部,减去同步测得的水深值后,即得到海底面的 1985 国家高程基准。

RTK 三维水深测量是采用 RTK-GPS(即实时动态 GPS 载波相位差分)三维定位技术实时获得流动站的平面坐标和大地高(含同步 RTK 水位),并根据移动卫星天线至水面的高度及深度基准面与大地高的关系获得测点的平面位置和图载水深的测量工作。其中 X、Y 确定定位点的平面位置,RTK 高程(H)结合由测深仪同步测得的水深换算出同一平面位置上的水下泥面的高程或水深值,从而获得水下地形数据(图 3.2-7)。

测量船接受基准站实时差分,获取水深测量时的定位数据,获取实时潮位数据,从而得出测区绝对水深。

即:

$$H_0 = H - h, \quad B = S - (H - h)$$

式中:H ——天线高至基面距离;

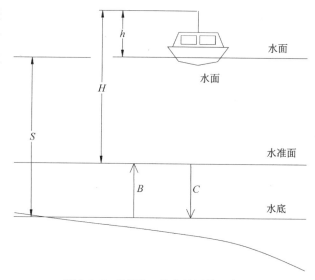

图 3.2-7　RTK 三维水深测量示意图

h ——天线至水面距离；

S ——测深仪水深；

H_0 ——实时潮位；

B、C ——绝对水深。

RTK 三维水深测量消除了换能器吃水丈量误差、测船动态吃水误差、测船由于涌浪引起的上下起伏误差。

RTK 定位数据的更新率不小于 10 Hz。设置 RTK 失锁报警，一旦 RTK 失锁立即停止测量，重新初始化并补测失锁的测线段。

针对使用的每一个差分台，每次测量工作开始前和结束后，用 GPS 到高等级的控制点上进行坐标比对，对基准站和流动站的参数设置进行校核。

2）测深

测深仪器采用无锡海鹰 HY1600 单波束数字测深仪，局部深槽等水流复杂区域采用高低频合一的双频测深仪。

（1）安装换能器。测深仪换能器安装在船侧起伏较小部位，尽量避开尾流及船机噪音干扰。GPS 天线置于换能器顶端，消除定位中心与测深中心的偏差。换能器杆通过三角支架固定在船舶的船舷，吃水约 1 m，保证换能器不外露水面。小艇测量将换能器安装在船体底部，固定换能器吃水。

（2）水深比对。测量开始及结束前，选择在水下地形平坦的区域，对各测船测深仪相互进行比对。比对采用检查板，选择水面平静、流速较小处，在 12 m 深度范围内对水进行校核，并在测深纸上做好记录。

测量过程中定期地对测深仪进行声速、转速、电压等项目检验，每隔半小时将电脑中的记录水深与测深纸上的模拟信号记录的水深进行比对，以确保水深测量数据的准确、可靠。

（3）声速测量。每天测量开始前，用 HY1200 声速剖面仪实测声速，记录声速剖面文件，当上下层声速变化不大时，可以将平均声速输入测深仪系统设置中进行现场直接改正，平均声速值由测量声速船舶告知附近其他测船。

5. 数据采集及外业数据检查

1）数据采集

数据采集的观测数据采用与计算机联机通信的方式生成原始数据文件。数据采集要点如下：

（1）采用 NEWSUR 专用测量软件，工作前设置电脑、测深仪的时钟均与全球定位系统（GPS）定位仪的时间一致，精确至秒。

（2）测量过程中根据导航软件舵手视图严格控制偏航距。

（3）数据记录：船舶航行在计划线上时，设置起始事件号，记录所有的定位和水深数据，包括当地的时间、事件号、定位数据［卫星数、水平位置精度因子（HDOP）、定位模式等］及测深数据。

（4）用姿态补偿仪进行涌浪补偿和姿态补偿，适时涌浪高度信息和姿态输出到电脑与测深、定位数据同步记录。

（5）质量控制：测量过程中对仪器进行监控，如监控实时差分定位（RTK）定位仪的卫星数、差分信号的更新率（强度）定位模式；检查测深仪的吃水、声速及记录纸等。如果发现仪器不正常立即停工，待检查确认无误后方可开展工作。

2）业外数据检查

每天外业工作结束后，各测量负责人检查当天数据，发现问题并查找原因。对于不能恢复的数据需要重测，确认数据准确可靠。撤离现场前，现场负责人检查所有数据，确保无漏测。

图 3.2-8　数据采集

3.2.1.3　施工上线

施工前，按照水深测图浅区范围布设施工计划线；耙吸式挖泥船接近施工计划线起挖点后，降低航速，利用施工定位软件按计划线上线施工。

3.2.1.4　挖泥装舱

根据航道水深测图，按照"先挖浅段，逐次加深"的原则，待水深基本相近后再逐步加深，以保证全槽均匀浚深。

为控制工程质量，船舶差分全球定位系统（DGPS）和定位软件要符合要求，施工过程中按照施工计划依次施工。为提高施工效率，根据装载计量系统尽可能使泥舱的装载量达到最佳，并考虑施工安全与环保的要求。

考虑到涨、落潮流速影响，为便于上线操作和施工安全，原则上采用逆流施工法。

3.2.1.5　航行至水上转运区

耙吸式挖泥船装舱量达到最佳后，起耙停止挖泥施工，沿着既定航路航行至对应水上转运区。航行中要严格按照"内河避碰规则""船舶定线制规定"等有关要求航行。

3.2.1.6　接管舱吹

挖泥船满载进入指定水上转运区后，抛锚接管舱吹，将疏浚砂舱吹至装驳平台。

3.2.1.7　轻载航行

舱吹结束后，耙吸式挖泥船沿着既定航路航行至施工区，再次上线施工。航行中要严格按照"内河避碰规则""船舶定线制规定"等有关要求航行。

3.2.1.8　维护驻守

航道维护疏浚施工遵循"即淤即挖且适度超前"的原则。当疏浚区域自检测图或考核测图中出现不满足航道维护水深要求的浅点时，按照监理指令要求，及时组织施工船舶进点扫浅。

维护驻守期间，主要注意以下事项：

（1）所有船机设备做好全面的养护工作，储备好油、水，保持良好工作状态，确保在航道出浅时能够立即投入施工。

（2）通过定期测量和回淤分析，提前对可能出浅的区域进行预判，并主动与监理、业主沟通，制订施工计划。

（3）建立维护驻守期间船舶调度管理办法，并合理安排施工船舶驻守区域，在航道出浅时安排就近船舶进行施工。

3.2.2　接驳实施方案

3.2.2.1　接驳方式

耙吸式挖泥船接驳方式主要有以下 3 种：

艏吹装驳：耙吸式挖泥船（带艏吹功能）→装驳平台→泥驳；

膀靠装驳：耙吸式挖泥船（带艏吹功能）→装驳设备→泥驳，

　　　　　耙吸式挖泥船（不带艏吹功能）→吸砂泵→泥驳；

绞吸式挖泥船接驳方式为：绞吸式挖泥船→装驳平台→泥驳。

耙绞结合转吹装驳：耙吸式挖泥船→抛砂坑→绞吸式挖沙船转吹→装驳平台→泥驳。

3.2.2.2　适用性分析

长江下游航道疏浚砂水上运输主要有艏吹装驳、膀靠装驳、耙绞结合转吹装驳 3 种方式，其适用性分析如下：

（1）耙吸式挖泥船艏吹装驳工艺。耙吸式挖泥船航道疏浚需要由现有的挖运抛改为挖运吹，疏浚船时间利用率降低 40%～60%。该工艺增加航道维护成本的同时，降低了航道维护效率，存在影响航道维护畅通的风险。

（2）耙式挖泥吸船膀靠装驳工艺。运输船与耙吸式挖泥船须同时施工，占用较多水域面积，对航道通航影响较大。同时须在耙吸式挖泥船上增设装驳设备，由耙吸式挖泥挖泥船直接向泥驳船只卸载泥浆，容易出现运输船停放不稳等问题，导致装驳效率低下、危险系数高，因此必须在消能后才能进行装驳施工。

（3）耙绞结合转吹装驳工艺。不受船型限制，不影响航道维护性疏浚施工，同时具备较高的疏浚砂转运效率，在合适水域设置抛沙坑及装驳平台。

长江下游航道维护性疏浚区域分散于航道各处，疏浚沙的运输受到多种外界因素的影响，如通航密度大、水域紧张、整治建筑物及码头多、取排水口等环保要求高等，更适宜采用耙吸船艏吹装驳工艺。

疏浚砂运输上岸总体流程为疏浚施工船舶→装驳平台→运输船舶→卸载→岸上堆场，如图 3.2-9 所示。

图 3.2-9　疏浚砂上岸总体流程图

3.2.2.3　接驳施工

1. 工程内容

耙吸式挖泥船采用装运吹施工工艺,施工工艺流程图如图 3.2-10 所示。

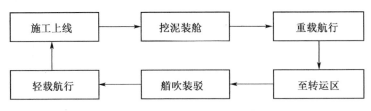

图 3.2-10　耙吸船装运吹施工工艺流程图

2. 施工时间

原则上,白天 06:00—18:00 进行疏浚施工,夜间锚泊驻守。在必要时,经海事部门批准后进行 24 h 施工。

3. 主要施工工艺

采用耙吸式挖泥船疏浚,接驳方式采用耙吸式挖泥船艏吹装驳工艺,耙吸式挖泥船将航道维护疏浚砂运至转运区,并通过连接管转吹至装船平台管系减压。由减压输出管对运输船舶进行装载,船舶均衡受装并完成沥水后,运输船按指定航线航行至中转堆场。

1) 装驳平台定位

由拖轮将装船平台拖至施工现场后,根据施工布置图,利用船载全球定位系统(GPS)进行定位,由绞锚艇将装船平台的 4 个定位锚进行抛锚,采用风流合向八字交叉锚泊定位,抛好定位锚后,装船平台通过锚机的收放来精确调整位置。装船平台配备 2.8 t×2 双锚链抛,左右舷可同时靠泊 2 艘 5 000 吨级运输船舶(图 3.2-11、图 3.2-12)。

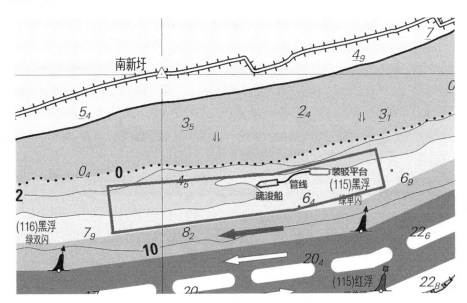

图 3.2-11　水上装驳平台设置示意图

图 3.2-12　水上装船平台锚泊示意图

2）连接水上浮管

船舶、装驳平台定位作业进行的同时，进行水上浮管的连接作业。由绞锚艇进行浮管定位、固定作业，每 100 m 布置一口锚，浮管上按要求每 50 m 设置一盏自亮浮灯。浮管的定位锚抛设完成后，将其两端分别与绞吸挖泥船船艉管线连接头及装驳船台连接头对接，完成全部的水上浮管的开工展布作业（图 3.2-13）。

3）装驳

疏浚砂通过管线输送至装驳平台，对两侧靠泊运输驳船同时进行装舱，装驳平台安排专人查看装驳情况。当运输驳船吃水达到满载吃水线时，立刻与挖泥船联系，要求停止装驳施工，挖泥船在接到停止施工通知后立即脱泵，停止施工。满载驳船离泊后，新的空载驳船靠泊装驳平台，靠妥后装驳平台对挖泥船发出开始装驳通知，装驳平台再次开始装驳施工（图 3.2-14）。

图 3.2-13　转吹管系连接现状图

图 3.2-14　装驳平台工作现场图

4. 转运区设置

转运区选取应考虑以下主要因素：

(1) 充分考虑政府划定的生态红线和通航评估。

(2) 充分考虑装驳平台施工能力及耙吸船吃水。

(3) 充分考虑转运区设置对河势、行洪、岸坡安全的影响。

(4) 转运区水域开阔，装驳平台装驳施工中不得影响通航。

长江航道疏浚砂转运区选址须结合艏吹转运装驳工艺的特点，综合考虑航道通航条件、生态红线、取水口、管理辖区等影响因素选择转运区，并委托专业单位对拟选定的转运区布置方案进行河势演变和工程分析。

3.2.3　水上转运实施方案

水上运输施工过程包含"接驳(装)→水上运输→卸载"，由地方政府授权的企业具体实施，可以委托具有水上运输资质的企业具体负责疏浚土的运输和装卸，接受地方市政府管理。

3.2.3.1　运输职责划分

由专业公司和队伍负责疏浚砂的接驳、水上运输、上岸(不包括码头抓斗卸载方式)三个水上物流环节服务。

(1) 疏浚施工方负责按照施工计划进行航道维护性疏浚，单航次疏浚完成后行驶到指定地点与装驳平台进行对接。

(2) 运输方负责提供运输船舶、上岸泵船的配置及装、运、卸(不包括抓斗卸载方式)环节管理。

(3) 接收方负责提供疏浚砂上岸码头、堆场的配置和管理，指定运输船舶应到达的目的港以及疏浚砂上岸后的监管。

3.2.3.2　船舶转运工艺流程

疏浚砂水上转运流程为：船舶上线(运输船舶空载靠泊装驳平台)→平台装驳(挖泥船通过连接管将疏浚砂转吹至装驳平台输出管系，输出管对运输船舶进行装载)→重载航行(沥水完成后，按指定航线航行至上岸码头)→码头卸载(通过抓斗起重机将泥舱疏浚砂卸载到码头)→空载返航(空船航行至装驳平台)，流程如图 3.2-15 所示。

图 3.2-15　船舶转运流程示意图

3.2.3.3　运输船舶配置

运输船舶：根据作业水域航道条件，按效率最大化原则，运输船舶宜配备 2 000～4 500 m³ 深舱货船。装载工艺采用深舱驳溢流装驳方式，为确保船舶装载安全，采用深舱型船舶载运，并加装抽排水系统,留足船舶干舷≥0.3 m;船舶装载完毕后,经过抽排水将舱内含水量控制在30%以下,确保航行前不存在自由液面。

运输安排:运输船舶配套进行装驳运输,每艘运输船每天约穿越航道1～2次。运输船舶的运输路线须经海事部门同意方可执行。同时根据辖区海事通航监管要求,装船平台作业水域配置通航安全维护警戒船舶(锚艇)及通导设备。

3.2.3.4　施工组织

1. 船舶上线

根据船舶调度指令,空载船舶航行至装驳平台系泊。

严格执行《开航前检查制度》《系/离泊操作规定》。船舶空载航行时,在下水航道外侧通过相关频道报告当地海事交管中心,报告完毕并收到海事局交管中心许可后方可进入施工水域。加强瞭望,等待时机穿过航道。如上游方向最近的一艘下行船离运输船距离大于500 m,通过相关频道与对方船取得联系,相互会明穿越意图后方可穿越。保持频道通讯畅通,及时避让上、下行船舶,不抢行,确保安全进入施工水域。接近装船平台后,听从装船平台现场指挥,取适当横距靠泊,做到轻靠轻离。

2. 船舶装舱

运输船舶靠泊装驳平台后,通知装驳平台实施装载作业。

3. 重载航行

装舱作业完毕后离泊,做好货物交接及开航前检查,向上岸码头行驶,对船舶 AIS 轨迹实施监控。

严格执行《船舶(队)防碰操作规定》。装载完毕后运输船满载,机动性差。开航前报告当地海事局交管中心,报告完毕并收到海事局交管中心许可后方可离开装船平台。离开装驳平台后,船舶须横越上水推荐航道、上水主航道、下水主航道才能进入南岸下水推荐航道一侧,须加强瞭望,等待时机。如下游方向最近的一艘上行船离运输船距离大于500 m,并通过 6 频道与对方船取得联系,待相互会明穿越意图后方可穿越。若间距小于500 m 或者对方船没有同意穿越须在原地等待,不得强行穿越。航行中,择机汇入主航道、推荐航道,航行过程中保持通讯畅通,加强瞭望,不抢行。当航行至码头外侧时,发布掉头船舶动态,降低航速用小角度缓缓掉头,并采用小角度靠泊法靠泊卸载。

4. 码头靠泊

满载运输船报港完毕后,由码头调度指定泊位后靠泊。

3.3　疏浚砂综合利用陆域实施方案

疏浚砂上岸包含疏浚砂接收、仓储、供应管理,由地方政府授权的企业具体实施,接受市政府监督管理。

3.3.1　疏浚砂上岸方式

疏浚砂主要用在吹填造地、地基填筑、建筑掺配、农业培植、湿地恢复等方面。根据利用的方向,疏浚砂上岸方式主要有吹填上岸、靠泊卸船两种。

吹填上岸是指利用带有艏吹功能及船方计量系统的自航耙吸式挖泥船挖泥,然后运泥至艏吹站,艏吹至纳泥区(图 3.3-1、图 3.3-2)。

图 3.3-1   耙吸式挖泥船锚泊艏吹

图 3.3-2   耙吸式挖泥船靠泊艏吹

在没有适合吹填的区域,主要考虑疏浚砂采用卸驳上岸的方式。满载运输船报港完毕后,由码头调度指定泊位后靠泊。深舱运输驳采用码头抓斗式起重机卸船作业(图 3.3-3)。

图 3.3-3　深舱驳卸船过程示意图

3.3.2　中转堆场设置

3.3.2.1　选址要求

长江航道工程在流域上分布不均,疏浚施工时间短、产生疏浚砂方量大,与具体工程相对固定的需求存在矛盾。因此,中转堆场的规划和选取非常关键。疏浚砂中转堆场需要面积大、临近江边、后方疏运通道交通便利,且近期能够利用的场地。

拟开展疏浚砂综合利用的实施单位应积极对辖区内各临江闲置地块展开调研,同时根据江苏省交通运输厅、江苏省发展和改革委员会、江苏省水利厅联合印发的《江苏省沿江砂石码头布局方案》,结合维护性疏浚区域、疏浚砂综合利用单位距离等因素,选择中转堆场。

3.3.2.2　砂石料堆放要求

(1)砂石料可根据要求露天或进料棚堆放,料仓料棚要采用钢构件塑钢料棚,净空高度不低于 7.5 m。

(2)堆放场地须全部硬化,坚实、平整、干净,定期清扫,避免二次污染。不同品种、规格的要分已检区、待检区,用隔墙分开,分别堆放。

(3)未经检验的砂石料应存放在待检区待检,已检合格的砂石料应设立"已检合格"的标识牌,砂石料标识牌上须明确注明砂石料的"使用范围"和来源地。

(4)砂石料堆放高度均不得过高,保证顶部平整,减少级配离析(图 3.3-4)。

图 3.3-4 砂石料堆放

3.3.2.3 中转堆场设计要求

中转堆场选址完成后,可遵照绿色、高效、环保原则,从总平面布置、装卸工艺、水工结构、环境保护等方面对现有码头及堆场进行技术改造,满足砂石上岸、堆存的要求。

1. 技术改造原则

码头技术改造是采用新技术、新工艺流程、新设备设施等对现有设施、工艺条件及物流运输服务等进行的改造、提升。通过对已建老港区码头技改,实现岸线集约利用。

(1)安全性原则。保证技改后码头的结构安全可靠,当码头新增设备设施后,应对设备设施增加后的码头结构进行核算,确保结构安全。

(2)适应性原则。在满足使用要求的前提下,考虑新老设施结合的合理性,充分依托港口已有设施,尽量减少技改期间对码头作业的影响。

(3)经济合理原则。应充分考虑港口码头的结构和设施现状条件,结合技改要求,合理确定码头技术改造方案,以减少工程量、简化技改工序、节省工程投资。

(4)协调性原则。技改方案应充分考虑与周边码头水域、陆域相协调。

(5)绿色发展原则。以绿色观念为指导,建设环境健康、生态保护、资源合理利用、低能耗、低污染的港口。

(6)可持续发展原则。应考虑远期发展需要,适当预留发展能力。

2. 技术改造方案

1)总平面方案

码头前沿线、平面主尺度尽量维持码头现状;前沿停泊水域需要加大水深时,应充分考虑码头主体结构和岸坡整体的安全稳定性。

平面布置应结合港区现状条件和装卸工艺流程合理布置运输系统,并有序组织货流和人流,减少相互干扰。

散货堆场可采用堆取合一或堆取分开的布置方式,堆场容量应能满足堆存能力需要。

在满足现行规范、使用安全的前提下,鼓励港口企业利用现有仓库等封闭设施改造作为散货堆存使用,提倡绿色环保的堆放方式。

2) 装卸工艺

根据技改后码头靠泊船型,选择适宜的码头装卸设备,应充分利用现有码头设备,必要时可对现有设备进行技术改造或增加设备。

散货卸船设备可采用移动式卸船机、门座起重机、固定式起重机、清舱设备等,并配备必要的抑尘料斗;装船设备可采用移动式装船机、装船皮带机等;料斗宜设置降尘、收尘系统,可进行料斗本体抑尘改造、抓斗半自动程序连锁改造、干雾抑尘系统改造等。

散货堆场装卸设备可采用堆/取料机、单斗装载机、堆高皮带机等;水平运输宜采用固定带式输送机,全封闭布置(码头前沿皮带机可设置挡风板)。

3) 水工建筑物

码头进行工艺等改造时,须根据改造后的工艺荷载条件,按现行规范对码头水工结构进行复核计算;若复核码头承载能力不满足要求,须对码头主体结构进行加固改造处理。

以高桩式码头为例,在实际结构加固工程中采用的方法主要有结合式改造法、分离式改造法、配套设施改造 3 种类型(表 3.3-1)。

表 3.3-1　高桩式码头实际结构加固类型表

项目	定义	适用范围	技术特点
结合式改造法	在连片式码头前沿线不变的情况下,对原有码头结构通过增加桩基、扩大码头主要受力梁板构件尺度,提高码头结构整体承载能力的方法	既有连片式码头工作性能相对较差,结构整体刚度和承载能力不足,不能适应使用荷载的要求,须增设桩基、重建节点轨道梁	可充分利用原结构体系及发挥原有基桩承载力,减少新增基桩的数量或基桩规格,改造位置相对灵活;但受码头空间约束,沉桩限制较多,新老结构间结合技术要求高
分离式改造法	结合到港船舶吨级,将码头前方桩台部分结构拆除,或直接在既有码头结构前方,新建与原结构分离的系、靠墩结构,用于独立承受船舶荷载	既有码头结构基本完好,码头结构竖向承载能力较强,但水平刚度不足,结构性能不满足船舶荷载作用,须新增独立结构承受船舶荷载	前沿线保持不变时,施工干扰小、改造面小、速度快、造价低,但桩基施工受限制;前沿线外移时,桩基施工较方便,但减少了码头设备外伸臂幅,且需要考虑相邻泊位关系
配套设施改造	在码头主体水工结构(桩基、纵横梁、面板等主要构件)等维持现状的情况下,对系靠泊设施进行改造	既有码头结构良好,码头结构留有适当余量,结构整体满足使用荷载的要求	提升了码头系靠泊设施规格,工程改造简单快捷、造价较低,工程实施周期短

4) 绿色港口建设方案

绿色港口建设主要从环境保护与污染防治、优化能源消费结构、资源集约与循环利用、绿色运输组织等方面,推进绿色港口建设。绿色港口建设采取主要的措施如下。

(1) 环境保护与污染防治。①针对装卸及运输过程,采取喷雾抑尘设施(含雾炮设备)、抑尘落料料斗、码头面皮带机廊道两侧挡风板、引桥全封闭的皮带机廊道、全封闭转运站内喷雾抑尘,其中雾炮设备安装可安装在门座起重机等设备上,从高空往下喷雾控制抓斗和漏斗扬尘。②配备市政洗扫车、道路洒水车,每天定期对码头、引桥面进行洒水和冲洗。③码头面设置成套船舶污染物智能一体化接收柜,用于收集船舶生活污水和生活垃圾,为到港船舶提供免费接收服务,处置率达到100%。④和有资质的单位签订到港船舶含油污水的回收协议,收集到港船舶含油污水。⑤按照"雨污分流、清污分流、分质处理、一水多用"原则,对码头面初期雨污水、变电所生活污水进行100%分类收集,其中码头面初期雨污水、冲洗水码头面经排水沟收集至码头沉淀池,经泵抽水通过管道输送至后方港区陆域污水处理站,变电所生活污水经污水收集箱收集后经泵抽水通过管道输送至后方港区陆域生活污水处理站。⑥码头面设置粉尘在线监测装置,数量、位置根据环保意见进行确定。

(2)优化能源消费结构。①码头面初期雨污水经达标处理后,全部回用后方堆场喷淋和港区绿化,中水回用率达到100%。②充分应用成熟、先进的节能技术,采用轻型、高效、电能驱动、储能回用、变频控制的港口装卸设备,门座起重机采用变频调速技术和势能回收技术。③带式输送机带采用变频调速装置以及PLC控制系统,优化设备效率。④移动抑尘料斗和门座起重机同步运行,接入控制系统,以便提高装卸效率、节约电力。⑤散货卸船设备及带式输送系统降尘接入程控系统,以便节水、节电。

(3)资源集约与循环利用。①设置岸电系统,到港船舶利用岸电取代船舶辅机。②装卸机械、散货水平运输采用电力驱动的设备,以达到节能减排的目的。③变电所采用干式节能型变压器,电机、泵等通用设备使用节能型产品。④照明采用LED节能照明系统,寿命长达30 000~50 000 h,即点即亮。⑤室外高杆灯照明采用智能型照明控制器,具备定时和光照感应综合控制功能。

(4)绿色运输组织方式。①散货卸船至后方港区陆域的水平运输采用封闭带式输送机系统(码头面皮带机两侧设置挡风板)。②大力发展具备条件的码头内外档泊位间的水水中转、直装直取作业工艺。③门座起重机加装监控系统和设备管理系统,辅助提升装卸司机的作业条件和水平,优化生产调度。

5)智慧港口建设方案

智能化的港口管理系统可减少货物的周转时间,大幅度提高生产效率,最大程度地满足客户、船方要求。通过提高港口的技术、管理水平和服务意识使港口管理更加透明化,协调经济发展,探索"资源节约型""环境友好型"港口。

利用5G、云计算等新兴技术,推动"智慧信息港口"建设,提高生产效率及管理水平,促进经营和管理模式提升。建设一站式商务平台,应用先进的港口生产业务管理系统,包括生产计划管理、船舶管理、作业管理、生产数据管理等。码头水平运输设备采用智能调度系统、门机动态称重系统和设备管理系统等。后期将在港区内加装5G信号塔,应用堆场智能化管理系统和无人值守自动过磅称重系统,进一步推动港口的智能化和信息化发展。

3.4　疏浚砂综合利用监管实施方案

3.4.1　管理机构

为加强长江下游航道疏浚砂综合利用的监督管理,防止盗采砂及监控疏浚砂供应过程、禁止疏浚砂参与经营,应由当地市人民政府成立疏浚砂综合利用工作领导小组,指定相关企业为疏浚砂综合利用责任单位。各辖市区须落实分管领导和牵头部门,形成自上而下的全市监管体系。由分管副市长牵头,市政府制定并颁布航道疏浚砂综合利用管理办法,进一步明确各单位和部门职责(表3.4-1)。

表3.4-1　疏浚砂各辖市区、单位对接人员通讯录

序号	归属单位	分管领导		牵头部门	联系人		
		姓名	职务		姓名	职务	联系电话

3.4.2　疏浚砂供应方式

使用需求量计划由所属辖市区责任部门统一汇总至主体实施单位,主体实施单位按照需求规格、方量(吨位)、时间、地点、项目联系人编制计划并进行配送,主体实施单位对接航道部门,按照当年预计疏浚时间、进度和量,形成初步供应计划(表3.4-2、表3.4-3)。

表3.4-2　各辖市区疏浚砂综合利用需求统计表

序号	单位	项目名称	项目地点	项目工期	疏浚砂用途				需求量/万 m³	供货时间	备注
					吹填造地	路基填筑	建筑掺配	其他			

表3.4-3　各辖市区疏浚砂综合利用供应计划表

序号	单位	项目名称	项目地点	项目工期	疏浚砂用途				需求量/万 m³	供货时间	备注
					吹填造地	路基填筑	建筑掺配	其他			

3.4.3　制定管理办法,明确各部门职责

长江航道疏浚砂综合利用为政府授权特许经营行为,由当地市人民政府统一领导,主导实施,成立疏浚砂综合利用工作领导小组,领导小组下设办公室。根据职责分工,各成员单位主要职责如下:

市水利局:负责办理航道疏浚砂综合利用的水利许可手续,负责全过程监管疏浚砂综合利用,检查主体实施单位及其他涉及疏浚砂综合利用相关单位的管理情况,负责编制政府投资水利系统项目年度计划和疏浚砂利用方案。

市海事局:负责航道疏浚、运输过程中船舶的通航安全管理。

长江沿江各市航道处:负责与长江航道局的协调沟通,按航道疏浚要求,协助疏浚单位做好疏浚工程及安全保障。

公安部门:负责处置疏浚砂利用期间的治安事件,维护道路交通安全和交通秩序。

市发展和改革委员会:负责监管疏浚砂价格,负责编制政府投资项目年度计划和疏浚砂利用方案。

市国有资产监督管理委员会：负责对主体实施单位疏浚砂的综合利用工作进行监管,负责编制政府投资国资系统项目年度计划和疏浚砂利用方案。

市财政局：负责监管相关单位设立的疏浚砂综合利用专用资金账户。

市住房和城乡建设局：负责编制政府投资城建系统项目年度计划和疏浚砂利用方案。

市自然资源和规划局：负责配合主体实施单位在沿江沿河区域规划和选址中转堆砂场,协助办理中转场土地招拍挂手续。

市交通运输局：负责与交通运输部长江航务管理局沟通协调,负责编制政府投资交通系统项目年度计划和疏浚砂利用方案(含市域范围内的国家、省属重点工程)。

生态环境部门：负责疏浚砂利用期间环境监测和监督管理。

市农业农村局：负责疏浚砂利用期间涉及长江渔业渔政事务的沟通协调工作,负责编制政府投资农业系统项目年度计划和疏浚砂利用方案。

长江航道疏浚中标单位：为各地方长江航道疏浚砂提供单位,负责长江航道疏浚施工,协助做好接驳工作。

疏浚砂使用单位：负责疏浚砂申请、使用、堆存,保证疏浚砂按规定用途使用。

各辖市区政府负责明确本辖区疏浚砂综合利用的牵头部门,制订综合利用方案,负责本辖区内疏浚砂的管理和监督。

主体实施单位主要负责航道疏浚砂的接驳、运输、吸吹、上岸、仓储、配送等工作,建设规范中转堆场按市政府投资建设计划配置到各项目,做好成本核算。

3.4.4　落实监管方案,实行管理单制度,全程监控疏浚砂去向

参照水利部、交通运输部"长江河道采砂管理实行砂石采运管理单制度",长江下游航道疏浚砂综合利用管理实行疏浚砂采运管理单制度。

1. 水上采运管理单

航道疏浚工程在取得施工许可证后,由现场监管部门出具采运管理单,管理单共五联,第一联由现场监管的部门收执,作为控制疏浚总量的依据;第二联由疏浚船收执,作为核对疏浚量的依据;第三联由运输单位收执,作为运输证明;第四联由实施单位收执,作为核定上岸量的依据;第五联交发放疏浚施工许可的水利部门备案。

管理单上应注明疏浚区名称、疏浚施工许可证编号及核定疏浚总量,疏浚船舶船名、装驳平台编号、运输船舶经营人、装驳平台装卸量、运输船舶实际载运量、运输船舶《船舶营业运输证》编号、装运起始时间及到达码头或装卸点等信息,管理单须由负责现场监管部门盖章方能生效。疏浚船负责人、运输单位负责人及现场监管人员应对上述信息核对并签字确认。

疏浚砂采运管理单是航道疏浚、疏浚砂装驳、运输船舶证明其行为合法性和有效性的证明,任何单位和个人不得伪造、变更和转借。

2. 转运(过驳)证明

主体实施单位在接收疏浚砂时应向运输船舶出具当地市人民政府印制的航道疏浚砂转运(过驳)证明。不能提供转运(过驳)证明时,运输船舶不得转运或过驳。

中转堆场、水上过驳所在地水利部门负责转运或过驳疏浚砂来源及相关单证的监督管理。

3. 陆上运输管理单

疏浚砂接收时，核对"水上采运管理单"第三联，记录形成台账作为疏浚砂供应总量的依据，上岸后须经监管部门验收，方能向具体工程供应。

参照水上采运管理单的式样，由现场监管部门出具疏浚砂陆上供应管理五联单。第一联由现场监管部门收执，作为控制单个工程供应总量的依据；第二联由运输车辆收执，作为运输疏浚砂的依据；第三联由疏浚砂使用单位收执；第四联由实施单位收执；第五联交市水利局备案。

管理单上应注明中转堆场名称、拟供给工程名称、核定的供给总量、运输车辆经营人、运输车辆实际载运量、车辆《营运证》编号、装运起始时间及到达地点等信息，管理单须由现场监管单位盖章方能生效。堆场负责人、运输车辆负责人及现场监管人员应对上述信息核对并签字确认。

4. 利用证明

经批准利用航道疏浚砂的工程单位，在接收疏浚砂时应出具相关部门核发的疏浚砂利用证明，不能出具证明的运输车辆不得卸车。

5. 水上转运施工管理

转运施工船只应准备好相关证件（船舶所有权证、国籍证、检验证、驾驶证），经监管部门审核备案。

在转运施工区位置设置醒目标志，施工现场应该标注明确工程身份、标识清楚。施工船只在船舷边、驾驶舱外部等醒目位置应当刻印与船舶证书一致的船名、船号；在驾驶舱外应悬挂现场监管机构统一规定的挂牌，标明船名船号、许可证号、负责人及联系方式；在船舶外应悬挂"××转运工程"。接装驳、运输过程按监管要求设置电子监控设施，同时接入相关监管平台。

转运施工前，应将动工时间、地点、范围等告知现场监管机构，以便及时跟进监督。

6. 堆场管理

主体实施单位做好进场疏浚砂接收工作，核对船货信息，建立进出场计重、监控、登记等制度，确保现场监管全覆盖、无盲区。设立堆桩标识牌，保证疏浚砂堆存期间的安全质量并形成档案记录。严格履行疏浚砂提货程序，不得擅自提取、交付、发运、转让、变更标识、挪作他用。

7. 使用管理

疏浚砂综合利用使用对象仅限为政府投资项目。工作领导小组办公室建立各辖市区、市直投资单位疏浚砂使用联络机制，确保信息畅通准确。使用单位将疏浚砂利用吨位、时间、地点、项目联系人等信息汇总至实施单位，制订综合利用方案并负责本辖区内疏浚砂的管理和监督。

8. 资金管理

主体实施单位依法管理使用国有资产，维护资产的安全和完整，提高资产使用效率，设立专用账户对收缴的疏浚砂款项进行管理，接受市财政等部门监督。依据成本测算疏浚砂供应价格，接受市物价管理部门监督。建立、健全各项收支管理制度，各项支出按照批准的预算和规定的开支范围、标准执行。

3.4.5　设置第三方监理机构，具体负责现场值班监管

由疏浚砂综合利用工作领导小组制订详细的监管方案，委托第三方监理机构协助市水利局进行现场监管，主要负责船舶接驳、运输、上岸及堆场管理配送等全过程，要求各部门在各环节的船舶、场地、设施等设定疏浚砂综合利用的明显标识。

监理单位及现场监理人员应严格按照《长江河道采砂管理条例》和委托监理合同的相关要求，做好现场（旁站）监管工作。

（1）负责对接驳的运输船舶按照批准的要求，逐一核对、进行编号、统一管理。凡未经批准的运输船舶一律不得进入或停靠疏浚区域。

（2）负责督促已接驳疏浚砂的运输船舶直接运输至指定的中转堆场，防止其中途转载疏浚砂或运输至非指定地点。

（3）负责督促施工方加强对疏浚砂堆场的管理并对外运的弃砂实行计量管理。

（4）负责堆场疏浚砂运输至国家重点工程项目及市政建设工程项目施工地点的全程监督，严防疏浚砂外运销售。

（5）非施工作业期内，施工作业船舶应集中停靠，遵循水行政主管部门船舶集中停靠点的有关管理要求。

（6）如监理单位及现场监理人员失职渎职，对发现的违规问题有隐瞒、虚报或者不报等情况，将由相关单位依法追究其责任。

3.4.6　运输过程监管方案

疏浚砂运输过程实行全过程管理、封闭化运作，对运输船舶进行备案管理。定制疏浚砂水上运输监控平台，对参与运输船舶自动识别系统（automatic identification system，AIS）信息和实时视频监控信息接入平台，叠加显示船舶目标的动态位置信息和静态基本资料信息，适时监控运输船舶的动态位置和轨迹、船舶动态闭路监控系统（closed-circuit television surveillance system，CCTV）视频信息，支持货物联单交接和审批核验操作等功能。系统主要功能：

（1）用户登录及权限和角色的管理。

（2）船舶资料录入，包括船舶基本信息、摄像头信息等。

（3）船舶生产组织计划，支持船舶关注的消息推送等。

（4）运输联单的审批交接与核验。

（5）电子江图的显示和漫游基本操作。

（6）船舶位置查询定位。

（7）船舶实时和历史轨迹查询。

（8）船舶上监控视频查询显示。

3.4.7　规范监管

3.4.7.1　规范许可

航道疏浚工程和疏浚砂运输按水上施工许可要求，陆上中转堆场设置按新建堆场项目，报有关部门审批或许可。各方责任为：南京航道工程局单位负责疏浚施工、疏浚砂运到转驳平

台,水上运输单位负责从转运平台至上岸地点、吹填上岸(码头上岸的除外),主体实施单位负责堆场存放和配送,参与三方的分界线很清晰。

沿江各市长江航道疏浚砂综合利用实施方案、中转堆场的设置对长江堤防的影响评价等工作由主体实施单位负责,报水利部门审查、许可。

堆场环境影响评价和项目立项工作由主体实施单位负责,报生态资源部门、发改部门审查、批准。

水上施工及运输对长江航道及通航安全的影响论证由疏浚施工单位南京航道工程局和水上运输单位负责,报海事、航道、水利等部门审查、许可。

3.4.7.2　规范流转

航道疏浚砂综合利用的配送和流转服务由主体实施单位负责。配送项目先由各区县提出申请,航道疏浚砂综合利用工作小组研究确定配送对象、配送量,主体实施单位根据确定的工程进展确定配送时间。对航道疏浚产生的所有砂土,在施工及运输、储存、配送中实行全过程管理、封闭化运作,任何单位和个人无权擅自向外提供航道疏浚砂。

3.4.7.3　规范监管

市政府建立协调机制,涉水相关部门参与协调工作共同监管。在市政府统一协调下,各部门按照各自权限,在法律框架下实行规范监管。

3.4.8　加强信息化建设,搭建智能化管理系统

用现代化信息技术手段实现企业的精细化管理是企业发展趋势,将信息化与工业化结合起来,实现“两化融合”是砂石行业未来发展的大方向。

疏浚砂综合利用搭建的智能化管理系统包含云计算管理平台,具有实时监控和异常预警功能,帮助企业负责人及时了解堆场的疏浚砂进场及销售全过程,在很大程度上帮助企业强化内部管理的力度,可以有效地杜绝疏浚砂进场及销售过程中,常见的作弊和管理不畅现象的发生。

数据管理方面所有数据可通过网络与财务系统对接,财务可实现现金收账功能、流水审核校验功能、数据查询功能,实现数据互联。另外,管理人员可通过手机软件(App)随时随地查看所有数据。

疏浚砂综合利用智能化管理系统包含以下几大模块:销售地磅智能管理系统、道闸智能管理系统、车辆智能管理系统、停车场叫号智能管理系统、堆场智能管理系统、筛分设备智能监管系统、疏浚船智能监管系统、运砂船智能监管系统、大数据企业管理中心、财务数据管理系统、手机软件(App)智能管理系统等。

3.5　疏浚砂综合利用通航、环保及相关风险控制研究

3.5.1　通航分析研究

3.5.1.1　工程水域通航环境

1. 水文地理环境

长江下游所处区域受长江径流、三峡库区调度以及涨落潮流的多重影响,水流条件复杂。

2. 气象环境

长江下游所处地理位置夏季受台风、雷雨、强对流天气影响,冬季受寒潮、雾天影响。

3. 航道条件

江阴以下至南通天生港河段属于长江河口段,潮汐现象显著。江心洲滩发育,主要洲滩有福姜沙、双涧沙等。江阴至南京河段河道宽窄相间,窄深河段受山丘矶头控制,河槽较为稳定;宽浅河段则江宽流缓而多洲滩,形成两支或多支汊道。

4. 通航条件

长江下游主航道通航船舶流量非常大,船型构成多样化,交通流密集。工程河段沿岸具有较多工厂、码头、渔区、锚地,还设有汽渡、推荐航路、专用航道等,通航环境复杂。

5. 沿岸设施

长江下游河段内港口众多,码头泊位类型复杂,包括散货、通用、液体化工、集装箱等各类码头泊位。部分水域有大量捕蟹、捕鱼的渔船出没,沿岸设施复杂,船舶通航时须注意。

3.5.1.2　通航安全影响分析

(1)运砂船每日多次往返,增加工程水域日流量,增加船舶避让概率,加大了通航环境的复杂性。

(2)运砂船定位在临岸侧,虽不占用航道,但运输船靠离操作对航行船舶影响较大。

(3)运砂船存在超载现象,大型船舶通过时需要减速通过防止发生浪损事故。

(4)施工船、运输船舶进出施工区对航道内航行船舶影响较大,容易发生碰撞事故。

3.5.1.3　通航安全保障措施

1. 交通组织模式

(1)建设、施工单位落实安全生产主体责任。

(2)施工期间,主体实施单位及施工单位指定专人与海事管理机构保持联系。

(3)工程施工单位应提前向工程所在区域船舶交通管理系统(vessel traffic service systerm,VTS)汇报,对停泊区船舶进行清理。

(4)在船人员必须穿好救生衣,救生衣必须符合规定要求。

2. 水上交通管理

(1)施工申请:根据《中华人民共和国水上水下活动通航安全管理规定》,增加施工作业船舶,须报经主管机关审核同意,并申请发布航行通告。

(2)与海事等相关单位建立沟通机制,及时通报施工进展及施工船舶情况。

(3)施工单位不得随意变更参与施工的船舶,确需变更时应提前向当地海事部门提出申请。

3. 施工期通航安全保障

1)施工期现场警戒维护需求

(1)运输船运砂对附近水域通航环境有一定的影响,为使施工顺利进行,建设、施工单位应加强对施工水域的警戒。

(2)在水上水下作业前应申请发布航行通告、播发航行安全动态信息,公布施工水域范围。

2）安全设备设施配备

（1）所有参与施工的船舶、运砂船、吸砂船舶应装有 AIS 设备且处于适航状态。

（2）为了满足工程施工作业人员及船舶间流动通信的需要,采用甚高频（VHF）无线电话进行联系沟通,船上甚高频电台须设置 2 个通信信道,一个遇险和安全通信信道,一个专用工作频道。

3）施工船舶及施工人员的监管

（1）建立船舶动态报告制度,实时掌握施工船的动态,制定好运砂船航行路线。

（2）船舶施工时应相关要求须显示号灯、号型。

（3）施工船应在本船抗风能力情况下进行施工以确保自身安全。当施工水域遇雾,若能见度低于 1 500 m 应停止施工作业。

（4）过往船舶减速通过时,施工船应按规定显示信号,并随时与过往船舶联系,要求减速通过施工水域。

（5）做好防污染相关工作,生活垃圾及污水不得排入江中,须按规定送到指定地点处理。

（6）加强对施工人员及船员的安全教育,认真落实相关安全保障措施。

（7）组织施工人员及船员定期开展有关应急预案的演练。

4）施工船舶停泊点

施工船不施工时,可就近在停泊区锚泊。

3.5.2　环境、安全保障措施研究

3.5.2.1　疏浚砂转运施工环保措施

（1）增强施工人员的环境保护意识,工程开工前,采用超声波驱鱼等技术手段将鱼类驱离施工区。万一发生直接伤害珍稀鱼类及保护水生物的事件应及时向水产部门报告,以便采取有效措施,对受伤鱼类进行救治救护。

（2）施工过程产生的油类、油性混合物及其他污水,垃圾、废弃物和其他有毒有害物质收集后统一处理,严禁排放入江。

（3）施工机械应加强管理,要经常检查机械设备性能完好情况,对跑、冒、滴、漏严重的设备限制参加作业以防止发生机油溢漏事故。机械出现设备漏冒油时,立即停机处理,使用吸油棉及时吸取并迅速堵塞泄水口,防止油水流入海中。

（4）在施工中落实岗位责任制,加强对施工水域的观察瞭望。

（5）严格遵守有关环境保护的法律、法规和规章制度。做好船舶污染物的管理,含油污水、生活垃圾等污染物上岸集中处理,生活污水处理达标后排放。

（6）严格落实装载工艺,船舶装载必须留足干舷高度,装运过程中不得超载,不得污染水域。

疏浚砂转运施工过程中除采取以上环保措施,还应主动接受生态环境部门的环境监测和监督管理。

3.5.2.2　堆场环保措施

1. 水污染防治措施

办公区生活污水接入市政污水管,吹填水经沉淀排入附近河流。

2. 防尘措施

干砂区堆场东、西、北三面设置防风抑尘网,高度为 18 m(图 3.5-1)。防尘网支架上设监控设备(图 3.5-2)。

图 3.5-1 防风抑尘网

图 3.5-2 监控设备

干砂区堆垛后采用毡布覆盖,在堆场四周设喷淋系统,视情况对料堆进行喷淋降尘措施。

堆场进出口设车辆洗车槽,车辆经过洗车槽清洗后出场,禁止车轮带沙上路(图 3.5-3、图 3.5-4)。

图 3.5-3　喷淋洗车设施 1

3.5.2.3　水上施工安全保护措施

(1)施工作业期应采取相应的航道维护和管理措施。在工程开工前,主体实施单位应与负责该段长江航道管理的主管部门提出施工期疏浚区、运输区域专设航标设置的申请,标示出施工区域,划定临时通航区,进行航标布设,落实和安排临时航道通道等有关工作。

(2)施工期间,工程船舶主动避让过往船舶,不得随意穿越主航道。严格执行《中华人民共和国内河避碰规则》,所有施工船舶按规定悬挂相应灯号、旗号,专人 24 h 值班,加强瞭望,随时保持高频通讯联系,关注过往船舶动态。

(3)施工船按规定配齐消防、通讯和水上救生设备并保证处于良好状态。

(4)夜间施工时,施工照明灯光要近照,避免远射;在满足施工照明的情况下,尽可能地减弱灯光的亮度;同时在水上浮管上设置施

图 3.5-4　喷淋洗车设施 2

工信号灯，以利于夜间过往行船的安全。

3.5.2.4　水上运输安全保护措施

1. 安全管理体系

整个装运作业过程中，坚持"安全第一、预防为主、综合治理"的方针，完善安全生产条件，落实安全责任。加强对安全生产、文明施工的检查，使管理工作标准化、规范化（图 3.5-5）。

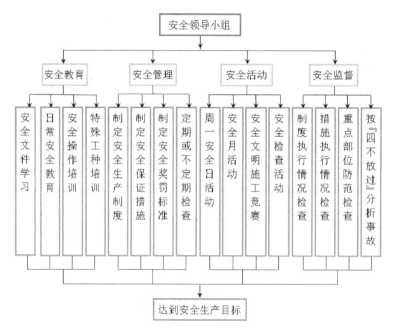

图 3.5-5　安全管理体系示意图

2. 作业水域通航安全维护措施

装驳平台作业时占据的作业水域较广，根据《中华人民共和国水上水下作业和活动通航安全管理规定》申报办理有关许可证书，办理通航安全评估等有关手续，并按要求实施通航安全维护警戒。通航安全维护可利用长航绿色航运通航安全维护资源优势，自主或委托辖区单位实施。

3. 装驳平台安全及防污染措施

（1）平台作业必须有人监护，禁止单人临水作业。

（2）平台作业人员必须正确穿好救生衣、穿防滑鞋，在岗期间禁止饮用含有酒精成分的饮料。

（3）船舶满足吃水要求，严禁超吃水装载。

（4）做好对作业人员水上施工遇突风、季风时的应急培训，并告知其在施工中存在的危险因素、预防预控措施等，保持与维护警戒船舶、海事局的沟通工作。

（5）须夜间作业的区域，落实警戒、照明、应急等相关的安全措施。

（6）六级大风、大雨、浓雾天等恶劣天气禁止进行接驳作业。

（7）严格遵守有关环境保护的法律、法规和规章制度，做好船舶污染物的管理，含油污水、生活垃圾等污染物上岸集中处理，生活污水处理后达标排放。

（8）严格落实装载工艺，船舶装载必须留足干舷高度，装运过程中不得超载，不得污染水域。

4. 航行安全措施

（1）参与运输的船舶及船员必须证书齐全、有效；要按有关规定配备足够、有效的救生、消防设备以及防渗堵漏器材，并定时检查。

（2）运输船舶须进行安全性改造，增设空气舱以控制超载，确保装载及航行安全。

（3）所有运输船舶作业由专人统一调度，高频、手机及跟踪系统要全天候 24 h 开机，及时听从调遣；AIS、视频信号接入监控平台，以便随时把握船舶的安全运行动态和施工生产情况。

（4）严格执行内河避碰规则，加强瞭望观察，随时注意航道及周围状况，及时发出注意避让信号，对来往船只采取有效避让措施，杜绝碰撞事故发生。

（5）加强天气信息的收集，及时掌握施工水域天气变化情况。如遇大风（7 级以上）大雾（能见度 1 000 m 以下）禁止航行的情况，所有船舶必须按规定进港停航。台风来临前 4 h 所有船舶抵达预先确定的避风锚地，并及时向项目部汇报船舶所在位置和船舶情况，保持通讯畅通。

（6）做好与周边应急机构（海事局）的沟通工作。

（7）不准在航道或海事部规定禁止抛锚的水域抛锚。

3.5.2.5　陆上安全保护措施

（1）设立交通管理工作组，对车辆交通相关事宜进行统一指挥和协调管理。针对施工强度安排及对其他车辆的影响，制定相应的交通安全保障措施并严格执行。同时与辖区交通管理部门建立紧密联系，及时汇报施工运输情况，主动接受监管。

（2）建立准入安全检查制度。投入施工的车辆及其人员必须符合交通管理部门及工程要求，进场前应进行检查备案，达到要求且通过检查后方可投入本工程施工。

（3）建立交底制度。车辆进入施工区作业前，由项目部负责进行技术交底，将施工区附近的交通环境、状况、施工生产要求等以书面形式提交运输车队。

（4）采用安全行驶速度。施工作业、进入或穿越作业区，各车辆必须控制车速，关注周围车辆、行人动态，在保证他人和自身安全的情况下通行，避免发生交通事故。

（5）行驶专用通道。施工期间，各车辆必须在施工专用通道内进行运输，在规定的停车场所进行修理、停放。

3.5.2.6　劳动安全保护措施

（1）特殊工种人员必须通过劳动部门的培训考试，持有特种作业操作合格证书方可上岗操作。

（2）根据作业种类和特点并按照国家的劳动保护法规发给现场工作人员相应的劳动保护用品，包括安全帽、水鞋、雨衣、工作服、手套、安全带等。

（3）在遇到施工作业场地等须夜间作业的情况时须按要求设置照明系统，设置相应的警示灯牌、信号等。

（4）针对不同的工种特点，制定相应的安全防护袖珍手册，组织施工人员进行学习。

（5）各种机电设备的安全装置和起重装置以及设备的限位装置都要齐全。若没有则不能使用,须建立定期维修、保养制度检修机械设备,同时须检修防护装置。

(6)临水区域设置警示标志,上下船跳板按要求悬挂安全网。各种防护设施、警告标志未经施工负责人批准不得移动。

3.5.2.7 应急预案

1. 应急组织机构

1)成立应急指挥部

成立公司级别的应急指挥中心,应急中心总指挥由分管副总经理担任,副指挥由项目经理、书记、总工等担任,成员由参与航道疏浚施工、疏浚砂运输和堆场管理等单位主要人员组成。

应急指挥部的主要职责:负责实施过程应急现场的指挥与救助工作,并与公司应急总指挥中心和有关救助机构保持联系。

(1)应急指挥部成员的主要职责为:①项目经理负责本工程项目的应急指挥,组织实施应急方案。②向船舶提供必要的资源支持。③必要时,调动本工地有条件船舶前往援救。④向有关部门报告及要求救援。⑤向公司应急总指挥中心及监理汇报。

(2)项目副经理负责协助项目经理进行应急指挥:①协助总指挥做好现场抢救工作。②总指挥无法联系时,负责行使总指挥在应急行动中的责权。

(3)项目安全主管负责组织本工地应急抢险工作。项目其他人员协助进行相关应急抢险工作:①执行应急总指挥及公司应急总指挥中心的有关指令。②安排交通车、船,实施应急抢险救援,组织应急救护队。③参与现场应急抢险救援工作。④指定专人记录、保管传真和通话记录资料。⑤向总指挥汇报最新情况。

2)船舶应急指挥小组

成立船舶应急指挥小组,组长由船长担任,副组长由大副、轮机长担任,成员由驾驶员、轮机员和相关人员组成。

应急指挥办公室设在船舶驾驶台,日常负责人为当班驾驶员。

(1)应急指挥小组的主要职责:负责本船的应急指挥工作,并与项目应急指挥部、公司应急总指挥中心和有关救助机构保持联系。

(2)应急指挥小组成员的主要职责:①船长:负责本船应急总指挥,组织船员进行自救,控制事态的发展,并与项目应急指挥部、公司应急总指挥中心和有关救助单位保持联系。②电子员/指定的 GMDSS 操作员:负责电台值班操作,协助船长保持对外联系。③轮机长:负责机损事故、机舱(泵舱)火灾事故、油污染事故的现场指挥,协助大副在堵漏现场指挥。④大副:负责船舶交通事故、非机舱(泵舱)火灾事故、堵漏、人落水等现场的指挥,协助机舱(泵舱)火灾事故、油污染事故的现场指挥。⑤其他船员:按船舶应急部署分工执行相应的应急任务。

2. 应急程序

1)紧急情况报告流程(图 3.5-6)

2)紧急情况报告手段

(1)发生紧急情况时,应用一切可以使用的通信手段向公司工程部总调度室、项目部调度室报告紧急情况的时间、地点、种类、程度、趋势、威胁和采取的措施等。情况危急时,可要求应急指挥中心提供一切必要的援助,也可就近向第三方请求援助。

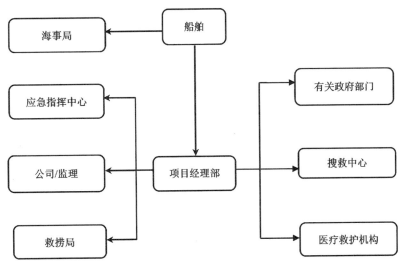

图 3.5-6　紧急情况报告流程图

（2）项目部调度室接到紧急情况报告时，应立即将情况向项目经理和公司应急指挥中心报告，并通知项目经理部应急指挥部成员参加应急行动。

3）安全应急预案和响应管理方法及措施

（1）项目部根据单位《事故预防及应急预案》的规定，将通航维护一并纳入应急管理，通航维护、运输方、疏浚方联合成立"事故应急处理小组"和"应急抢险小组"，编制项目部的《应急抢险预案》。

（2）项目部进场后，与业主和当地政府有关部门、消防部门、医疗机构取得联系，建立应急事故处理通讯网。

（3）项目部要经常性地进行自救和抢险急救的宣传，提高职工对应急抢险知识的了解。

（4）抢险小组根据《应急抢险预案》要求定期进行响应演练，检查演练效果，完善应急计划，确保抢险队伍具有有效的处理事故应变能力。

（5）6月1日—10月31日为防台期，为确保台风、汛期期间作业船舶的安全，项目部督促各船舶制定《船舶防台、防汛应急预案》。

（6）遇到恶劣天气（风力达到7级以上、暴雨、能见度小于1000 m）时停止所有现场作业。

3.5.3　相关影响和风险控制研究

3.5.3.1　航道疏浚对河势的影响

长江下游12.5 m深水航道工程的施工是从2010年正式开始，其前期研究工作在很多年前就开始了。疏浚工程、整治工程对长江河势的影响在前期研究阶段都进行过专门的论证，履行了相关批复。

航道的稳定与河道稳定关系密不可分，航道管理部门也高度重视河道稳定性，维护性疏浚设计招标中已考虑了河段"总体演变情况以及重点浅滩演变规律分析"的内容，可以预见航道维护性疏浚不会对长江河势造成大的影响，航道部门也会时时关注、高度重视，这部分风险是可控的。

3.5.3.2　疏浚砂利用对长江水体环境的影响

疏浚施工直接挖除底栖生物会破坏鱼类的食物链。在疏浚工程中,挖泥船的搅动及泥沙流失,会引起底沙悬扬。转移疏浚物时在水中洒落的泥沙会造成局部水域混浊。长江航道部门疏浚所产生的疏浚砂,由航道部门在指定区域自行抛弃处理,抛土沿程带来的泄露影响,容易造成水体污染异色,排土操作会扰动水底沉积物并使之重新悬浮,排泥场污水、污泥会造成弃土区域水质混浊。悬浮物浓度上升有造成二次污染的潜在威胁,对生态环境具有长期性影响。将疏浚过程中产生的疏浚砂运输上岸,或用于吹填、或作为城市建设用砂的补充,有利于减少疏浚过程中的二次污染,减少对长江水体环境的影响,减轻对长江生态环境的破坏。

3.5.3.3　航道疏浚施工风险防控

航道维护性疏浚工程由长江航务管理局下属的长江航道局负责,工程的设计单位、施工单位、监理单位等均由长江航道局通过招标方式确定,参建单位均须具备国家要求的相应资质,疏浚工程施工过程中的安全风险由相关单位负责。

3.5.3.4　疏浚砂利用对禁采监管的影响

根据《长江河道采砂管理条例》,"国家对长江采砂实行统一规划制度""国家对长江采砂实行采砂许可制度""长江采砂管理,实行地方人民政府行政首长负责制"。不在规划区域及没经许可的长江采砂均不允许。近年来,由于建筑市场需求旺盛,砂石价格居高不下,长江沿线偷采、盗采长江砂石的情况时有发生。

航道维护性疏浚属于规划内、经许可的项目,疏浚施工、疏浚砂运输、上岸堆存管理及配送由3个单位负责,三方的管理界限清晰、责任明确,疏浚砂实现"五联单"、全程监控,水上施工船舶、运输船舶、陆上运输车辆均配置醒目标识,可避免盗采砂子混入。

推进航道疏浚砂的综合利用,满足国家及地方大型重点工程使用需求,可在一定范围、一定程度上缓解市场供求关系,对平抑砂石价格、抑制偷采盗采等非法活动有利,持续高压态势打击偷采盗采对推进疏浚砂综合利用也有促进,相互影响较为正面,所以这部分风险也可控。

3.5.3.5　疏浚砂利用对第三人权益的影响

疏浚砂综合利用主要在长江下游航道进行疏浚施工,相应疏浚砂综合利用区域主要为当地市管辖,转吹区均考虑设置在当地市级范围,不影响周边区域。

3.6　长江下游航道疏浚砂综合利用关键技术

针对长江下游航道通航密度大、水域紧张、整治建筑物及码头众多以及航道维护疏浚区域、利用疏浚砂的各地重点项目较为分散等特点,长江下游疏浚砂综合利用全周期流程为:耙吸式挖泥船→耙吸船航行至转运区→连接水上浮管→装驳平台→运输驳船→卸载→岸上堆场,采用水上转运区及分散式上岸的模式。

主要分为3个步骤,管理界限如下:

(1) 疏浚施工:挖—运—转吹(疏浚单位负责)。

（2）水上运输：接驳（装）—水上运输—卸载（运输单位负责）。

（3）上岸利用：接收—仓储—供应（实施单位负责）。

3.6.1　在疏浚区域附近设置水上转运区

长江干线南通至南京段主航道通航船舶流量非常大，船型构成多样（图 3.6-1），交通流密集、水域紧张，而且长江下游航道受外界影响因素多，整治建筑物及码头多（图 3.6-2、表 3.6-1）。

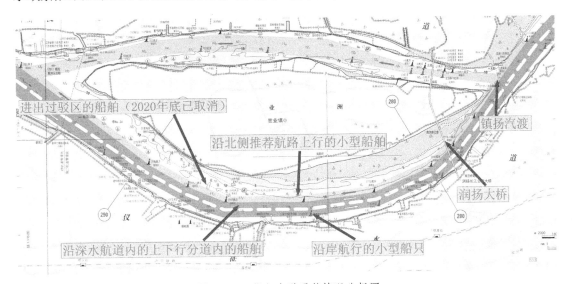

图 3.6-1　仪征水道通航情况分析图

长江下游航道疏浚施工主要采用耙吸式挖泥船，针对耙吸船膀靠装驳、耙吸船靠泊艏吹装驳、耙吸船艏吹接管装驳 3 种接驳方式进行适用性分析。

表 3.6-1　长江下游沿江码头统计一览表

地区	码头数量（生产性泊位）	设计通过能力	备注
南京市	201 个	2.15 亿 t	万吨级以上泊位 63 个
镇江市	176 个	1.6 亿 t	万吨级以上泊位 58 个
扬州市	78 个	8 410 万 t	万吨级以上泊位 35 个
泰州市	187 个	1.54 亿 t	万吨级以上泊位 64 个
常州市	32 个	3 290 万 t	万吨级以上泊位 10 个
无锡市	855 个	2.82 亿 t	无锡（江阴）港泊位 72 个，万吨级以上泊位 47 个
南通市	111 个	1.15 亿 t	万吨级以上泊位 79 个
苏州市	298 个	3.44 亿 t 546 万标准箱	万吨级以上泊位 130 个

考虑到长江下游航道维护性疏浚区域分散于航道各处、外界影响因素多、通航密度大、水域紧张、生态空间管控等特点，采用耙吸船艏吹接管装驳工艺，维护疏浚施工和艏吹接管装驳为独立环节，对航道通航影响有限（图 3.6-3）。

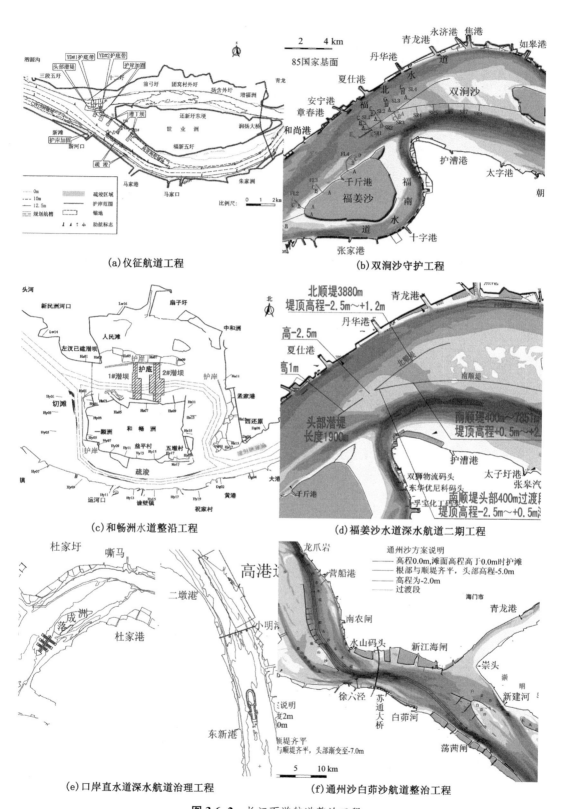

(a) 仪征航道工程

(b) 双涧沙守护工程

(c) 和畅洲水道整沿工程

(d) 福姜沙水道深水航道二期工程

(e) 口岸直水道深水航道治理工程

(f) 通州沙白茆沙航道整治工程

图 3.6-2 长江下游航道整治工程

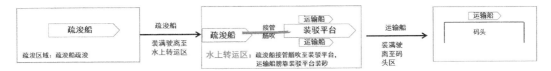

图 3.6-3 疏浚及运输流程示意图

在疏浚区域附近设置水上转运区。转运区内布置装驳平台和水上浮管,疏浚船行至转运区,通过水上浮管将疏浚砂输送至装驳平台,对运输船舶进行装载。疏浚砂由挖起至上岸均为船对船作业,全程不落地,减少了疏浚船航行时间,提高了航道疏浚效率,保障了航道通航能力,保护了长江生态环境。水上转运区设置充分考虑了生态空间管控、耙吸船吃水要求、通航及其设置对河势、行洪、岸坡安全的影响(图 3.6-4、图 3.6-5)。

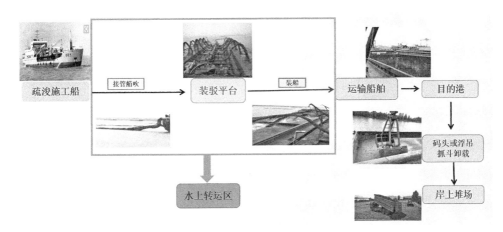

图 3.6-4 水上转运区布置图

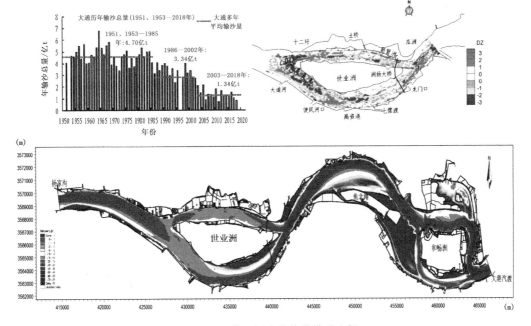

图 3.6-5 转运区选址数学模型分析

3.6.2 疏浚砂由"集中式向分散式转变"的上岸形式

长江下游航道维护性疏浚区域分散于各市的不同段航道上,且各市需利用疏浚砂的重点项目较为分散,难以做到疏浚项目与疏浚砂利用项目的直接对接(图3.6-6)。

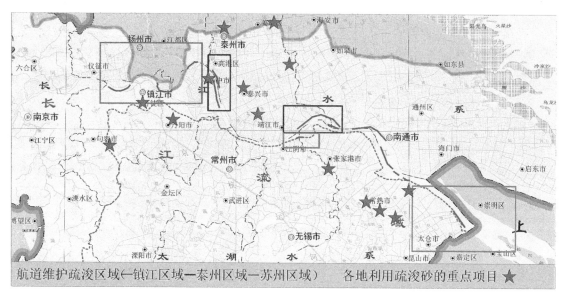

图3.6-6 长江镇江、泰州、苏州段维护性疏浚区与疏浚砂利用项目分布示意图

采用疏浚砂的上岸形式由集中式向分散式转变。在疏浚航道范围内布置多个水上转运区和上岸接收点,改变了以往在指定地点上岸的形式,解决了疏浚砂长距离运输问题、疏浚砂与工程对接的难题,提高了疏浚砂上岸利用率,实现资源可持续利用(图3.6-7)。

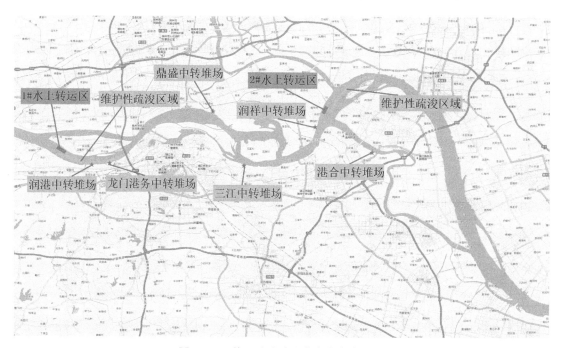

图3.6-7 镇江疏浚砂分散式上岸布局图

3.6.3 以"五联单"为核心的疏浚砂采运管理模式

为确保疏浚砂上岸后的规范利用,由沿江各市人民政府成立疏浚砂综合利用工作领导小组,指定长江航道疏浚砂综合利用责任单位,落实分管领导和牵头部门,形成全市自上而下的监管体系。监管体系明确了疏浚砂综合利用过程中沿江各市人民政府、水利局、海事局、长江沿江各市航道处、公安部门、发展和改革委员会、国有资产监督委员会、财政局、住房和城乡建设局、自然资源和规划局、交通运输局、生态环境部门等单位职责,制定了疏浚砂各辖市区、单位对接人员通讯录、各辖市区疏浚砂综合利用需求统计表、各辖市区疏浚砂综合利用供应计划表等表单。

长江下游航道疏浚砂综合利用采用以五联单为核心的疏浚砂采运管理模式,水上采运管理、陆上运输管理均采用管理五联单,实现了疏浚砂全程受控和规范监管,维护河道采砂管理秩序(图3.6-8)。

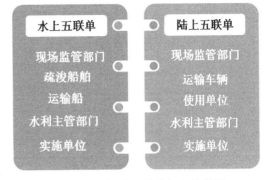

图3.6-8 水、陆五联单组织构成图

第四章　长江下游航道疏浚砂综合利用实践

4.1　镇江市长江航道疏浚砂综合利用

4.1.1　疏浚实施方案

4.1.1.1　先期疏浚实施方案

1. 疏浚工程位置及工程内容

本施工案例采用绞吸式挖泥船对仪征水道♯113-1黑浮至♯114黑浮现有航道外侧30 m、水深低于12.5 m的浅区进行疏浚。疏浚区域长约1.5 km,底宽30 m,设计浚深12.5 m(航行基准面下),设0.3 m挖深备淤,允许超深0.3 m,超宽3 m,开挖边坡坡比为1∶8(图4.1-1)。

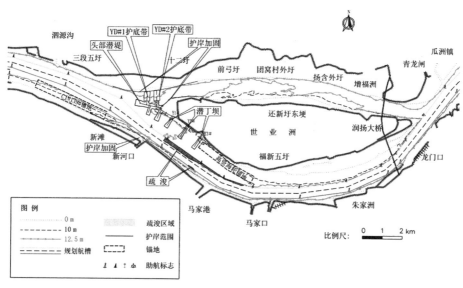

图 4.1-1　镇江疏浚施工区域周边环境示意图

根据2019年4月27日测图,本次施工区域工程量如表4.1-1所示。

表 4.1-1　2019年仪征水道♯113-1黑浮至♯114黑浮航段疏浚设计工程量表　　(单位:万 m³)

断面设计量	超深、超宽及边坡	施工引起的回淤量	总工程量
17.95	5.07	4.6(按总方量的20%计算)	27.62

2. 施工时间

首期实施项目于 2019 年 7 月底开工,工期约 40 d。

原则上采取白天 06:00—18:00 进行疏浚施工,夜间锚泊驻守。在必要时,经海事部门批准后进行 24 h 施工。

3. 船机投入计划

该方案拟投入船机设备如表 4.1-2 所示。

表 4.1-2　船机设备投入一览表

船舶及设备名称	数量	备注
绞吸式挖泥船(长狮 6)/艘	1	疏浚施工
管线/m	400	疏浚施工
锚艇/艘	1	辅助施工、警戒
警戒船(宁工拖 801)/艘	1	警戒、拖带
安全巡查船/艘	1	安全巡查、测量、交通
装驳平台/个	1	疏浚砂消能装驳
运输驳船/个	12	疏浚砂转运

4. 实施总平面布置

绞吸式挖泥船施工位置主要分布在航道边线附近及航道边线外侧 30 m 范围内,如图 4.1-2 所示。

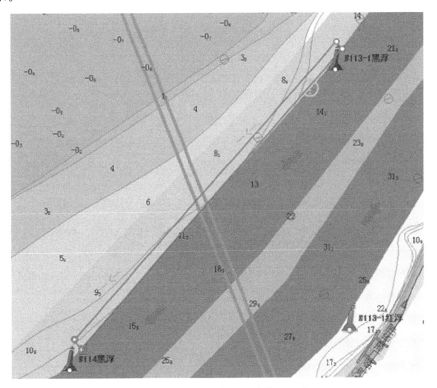

图 4.1-2　镇江主要疏浚区域位置示意图

5. 主要疏浚工艺

1）疏浚准备

绞吸式挖泥船在开工前由拖轮拖至施工现场指定位置下桩定位,定位采用船上差分全球定位系统(DGPS)定位。

船舶进点后,由施工锚艇配合船上抛锚臂杆在施工挖槽两边抛设摆动锚,摆动锚由钢缆与船首摆动绞车相连,通过两部摆动绞车的收放达到施工船船体以船尾定位钢桩摆动施工的目的。

摆动锚抛设作业完成后,与已经铺设好的管线进行对接,连接装驳平台,完成开工展布的准备工作。

2）疏浚施工

疏浚维护期间拟采用绞吸式挖泥船施工工艺,主要对浅区泥沙淤积来源为推移质的水道(边滩挤压航道)维护疏浚,采取空间超前的思路,在浅区上(有可能在航道外)进行疏浚,以阻止航道外浅滩向航道内挤压,减轻航道淤积。

疏浚实施工艺流程图如图 4.1-3 所示。

绞吸式挖泥船采用分段、分条、分层开挖。分段长度根据一次浮管布设挖泥船可移动的距离确定,一般为 400 m 左右。分层厚度 1.5～2.0 mm,最大摆宽 60 m。

绞吸式挖泥船采用船艉钢桩定位横挖法,钢桩位于挖槽中心线上。作为横移摆动中心,挖泥时分别收放桥架两侧摆动锚缆,左右摆动挖泥,利用绞刀旋转进行破土,泥泵将泥浆抽吸并通过船艉的排泥管线输送至装驳平台。

利用定位钢桩步进前移。在挖槽中心线上,使绞刀的平面轨迹也始终保持平行前移,避免出现重复挖泥或漏挖现象,其绞切平面轨迹呈月牙形,交替前进,摆动施工;该种工艺具有挖槽平直,槽底无漏挖等优点。

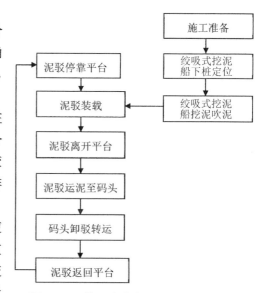

图 4.1-3 镇江疏浚施工工艺流程示意图

3）装驳平台定位

由拖轮将装船平台拖至施工现场后,根据施工布置图,利用船载全球定位系统(GPS)进行定位,由绞锚艇将装船平台的四个定位锚进行抛锚,采用风流合向八字交叉锚泊定位,抛好定位锚后,装船平台通过锚机的收放来精确调整位置。装船平台配备 2.8 t×2 双锚链抛,左右舷可同时靠泊 2 艘 5 000 吨级运输船舶。

4）连接水上浮管

船舶、装驳平台定位作业进行的同时,进行水上浮管的连接作业。由绞锚艇进行浮管定位、固定作业,每 100 m 布置一口锚,浮管上按要求每 50 m 设置一盏自亮浮灯。浮管的定位锚抛设完成后,将其两端分别与绞吸式挖泥船船艉管线连接头及装驳船台连接头对接,完成全部的水上浮管的开工展布作业。

5）绞吸装驳

疏浚弃土通过管线输送至装船平台，对两侧靠泊运输驳船同时进行装舱，装船平台安排专人查看装驳情况，当运输驳船吃水达到满载吃水线时，立刻与绞吸挖泥船联系，要求停止疏浚施工，绞吸式挖泥船在接到停止施工通知后立即脱泵，停止施工。满载驳船离泊后，新的空载驳船靠泊装船平台，靠妥后装船平台对绞吸式挖泥船发出开始装驳的通知，绞吸式挖泥船再次开始疏浚装驳施工。

4.1.1.2　二期疏浚实施方案

采用耙吸式挖泥船疏浚，接驳方式采用耙吸式挖泥船艏吹装驳工艺，耙吸式挖泥船将航道维护疏浚砂运至转运区，并通过连接管转吹至装船平台管系减压，由减压输出管对运输船舶进行装载，船舶均衡受装并完成沥水后，由运输船按指定航线航行至中转堆场。

总体流程为：疏浚→转吹装船→船舶转运→码头卸载。

1. 疏浚区域

疏浚拟在镇江航段仪征水道和落成洲水道区域施工。疏浚船舶主要采用耙吸式挖泥船，设计浚深12.5 m（航行基准面下），设0.3 m挖深备淤，允许超深0.5 m，超宽5 m，开挖边坡坡比为1∶8。

耙吸式挖泥船采用"装、运、吹"施工工艺，耙吸式挖泥船施工航行路线如图4.1-4、图4.1-5所示。

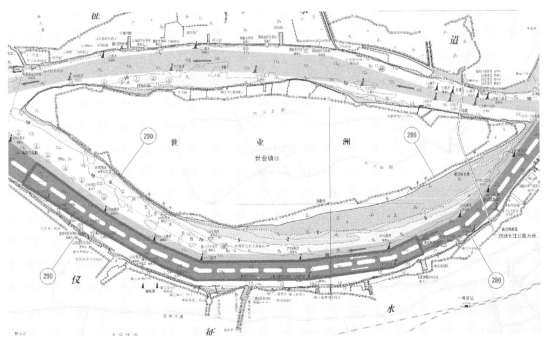

图 4.1-4　仪征水道耙吸式挖泥船施工航行路线示意图

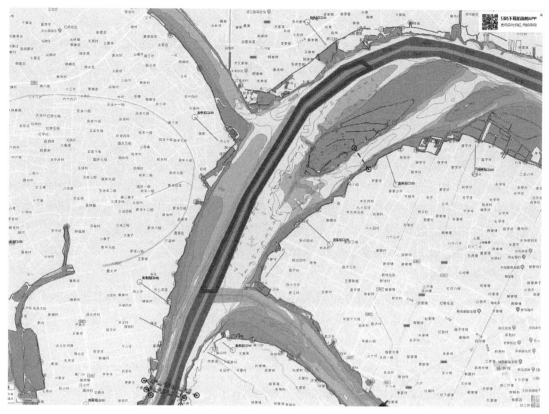

图 4.1-5　落成洲水道耙吸式挖泥船施工航行路线示意图

2. 船机投入计划

本方案拟投入船机设备如表 4.1-3 所示。

表 4.1-3　船机设备投入一览表

序号	船名	船型	施工功能	备注
1	长鲸 1	耙吸式挖泥船	疏浚挖泥并转运至指定区域抛泥	具备舱吹
2	装驳平台	装驳专用船	减压并输出至运输船舶	
3	警戒船	宁工拖 801	警戒、拖带	
4	安全巡查船	巡逻船	安全巡查、测量、交通	
5	辅助设施	管系及浮标	连接及安全辅助	
6	运输船舶	深舱货船	疏浚砂转运	

3. 工艺流程

耙吸式挖泥船采用"挖、运、吹"工艺,将航道维护疏浚砂运至转运区,疏浚砂通过排泥管线输送至装驳平台,对运输船舶进行装舱。

耙吸式挖泥船转吹装船、运输、卸载:耙吸式挖泥船→耙吸船航行至转运区→连接水上浮管→装驳平台→运输驳船→疏浚砂接收点卸载(图 4.1-6)。

　　耙吸式疏浚船　　　　水上浮管　　　　　装驳平台　　　　　运输船舶　　　　　卸载泵船

图 4.1-6　耙吸式挖泥船转吹装船、运输、卸载图

　　1）耙吸式挖泥船上线（带舱吹功能）

　　施工前，按照水深测图浅区范围布设施工计划线；耙吸式挖泥船接近施工计划线起挖点后，降低航速，利用施工定位软件按计划线施工。

　　2）挖泥装舱

　　根据航道水深测图，按照"先挖浅段，逐次加深"的原则，待水深基本相近后再逐步加深，以保证全槽均匀浚深。因长江内施工调头受限，部分水道采用"进退挖泥法"施工。

　　3）重载航行至试验转运区

　　耙吸式挖泥船装舱量达到最佳后，起耙停止挖泥施工，沿着既定航路航行至转运区抛泥。

　　4）抛泥

　　挖泥船满载后沿着既定航路航行至转运区，疏浚弃土通过管线输送至装船平台对两侧靠泊运输驳船同时进行装舱，满载驳船离泊后，新的空载驳船靠泊装船平台。

　　5）轻载航行

　　转吹结束后，耙吸式挖泥船沿着既定航路返回施工区，再次上线施工。

4.1.2　水上接驳实施方案

4.1.2.1　转运区选址

　　长江镇江段航道疏浚维护主要集中在仪征水道和口岸直水道区域。本方案对于镇江市长江航道疏浚砂转运区设置选址问题进行了研讨，结合舱吹转运装驳工艺的特点，综合考虑航道通航条件、生态红线、取水口、管理辖区等影响因素拟在仪征水道和口岸直水道各选一处作为转运区，其中仪征水道有 1 处，口岸直水道有 3 处作为备选（表 4.1-4）。

表 4.1-4　转运区选址选取一览表

水道名称	转运区选址	具体位置	备注
仪征水道	1＃转运区	＃114—＃116 黑浮北边线附近	镇江水域
口岸直水道	2＃-1 转运区	TP35 号浮南侧附近	镇江水域
	2＃-2 转运区	＃94 黑浮北附近	镇江水域 生态红线区域二级管控区
	2＃-3 转运区	＃90—＃90-1 红浮南边线附近	镇江边界水域 生态红线区域二级管控区

1. 1＃转运区

　　1＃转运区设置在仪征水道 114＃—116＃黑浮北侧，转运区顺水流方向长度 500 m，垂直水流向宽度 200 m。其中南侧 100 m 考虑布置耙吸式挖泥船（船长×宽×吃水为 126 m×22 m×7.5 m），耙吸式挖泥船可利用转运区南侧水域及转运区内 100 m 宽度进行船舶掉头，南侧 100 m 转运区须满足耙吸式挖泥船吃水 7.5 m 要求（另考虑 1.5 m 船舶富裕水深）；北侧 100 m 考虑布置装驳平台（平台长×宽×吃水为 60 m×10 m×2 m），以及运输船舶（船长×宽×吃水为 65 m×12 m×5 m），北侧转运区须满足运输船吃水 5 m 要求（另考虑 1.5 m 船舶富裕水深）（图 4.1-7）。

1# 转运区设置于以下四点连线范围内：

(1) $X = 3\,564\,063.909$，$Y = 435\,537.362$
(2) $X = 3\,563\,863.970$，$Y = 435\,538.049$
(3) $X = 3\,563\,884.016$，$Y = 436\,044.890$
(4) $X = 3\,564\,083.727$，$Y = 436\,036.970$

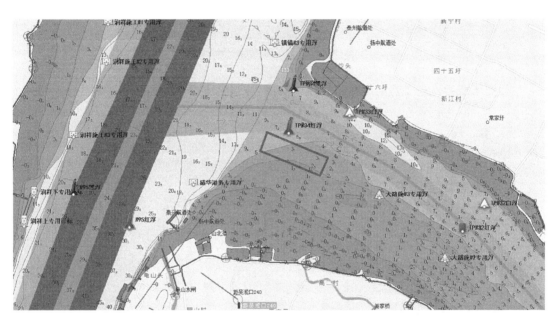

图 4.1-7　镇江疏浚砂 1# 转运区位置图

2. 2# 转运区

1）2#-1 转运区

2#-1 转运区设置在太平洲捷水道 TP35 号浮南侧，转运区顺水流方向总长度 500 m，垂直水流向宽度 200 m。2#-1 转运区尽量向左侧主江方向偏移，尽量利用天然水深满足耙吸式挖泥船的吃水要求。

结合 2#-1 转运区的水下地形实际情况将耙吸式挖泥船布置在转运区西侧 200 m 范围内，耙吸式挖泥船须利用转运区进行掉头回旋，西侧 200 m×200 m 的转运区须满足耙吸船吃水 7.5 m 要求（另考虑 1.5 m 船舶富裕水深）；东侧 300 m 范围作为装驳平台及运输船舶布置水域，须满足运输船舶进出及回旋的水深要求，即东侧转运区 300 m×200 m 须满足运输船吃水 5 m 要求（另考虑 1.5 m 船舶富裕水深）（图 4.1-8）。

2#-1 转运区设置于以下四点范围内：

$$(1)\ X = 3\ 570\ 261.261, Y = 471\ 821.839$$
$$(2)\ X = 3\ 570\ 100.132, Y = 471\ 687.505$$
$$(3)\ X = 3\ 569\ 910.782, Y = 472\ 150.264$$
$$(4)\ X = 3\ 570\ 071.910, Y = 472\ 284.598$$

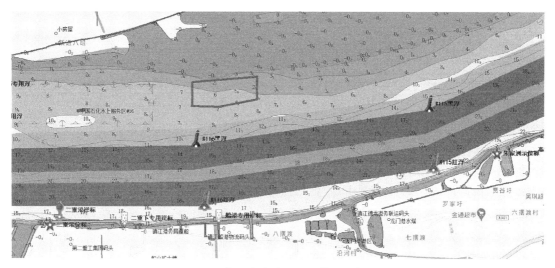

图 4.1-8　镇江疏浚砂 2#-1 转运区位置图

2）2#-2 转运区

2#-2 转运区设置在口岸直水道 94# 黑浮北侧约 300 m 处，距离小型船舶上行航路 100 m。转运区顺水流方向长度 350 m，垂直水流向宽度 200 m。其中南侧 100 m 考虑布置耙吸式挖泥船（船长×宽×吃水为 126 m×22 m×7.5 m），耙吸式挖泥船可利用转运区南侧水域及转运区内 100 m 宽度进行船舶掉头，南侧 100 m 转运区须满足耙吸式挖泥船吃水 7.5 m 要求（另考虑 1.5 m 船舶富裕水深）；北侧 100 m 考虑布置装驳平台（平台长×宽×吃水为 60 m× 10 m×2 m），以及运输船舶（船长×宽×吃水为 65 m×12 m×5 m），北侧转运区须满足运输船吃水 5 m 要求（另考虑 1.5 m 船舶富裕水深）（图 4.1-9）。

2#-2 转运区设置于以下四点连线范围内：

$$(1)\ X = 3\ 571\ 964.198, Y = 470\ 394.424$$
$$(2)\ X = 3\ 571\ 867.068, Y = 470\ 569.254$$
$$(3)\ X = 3\ 572\ 178.896, Y = 470\ 728.211$$
$$(4)\ X = 3\ 572\ 269.669, Y = 470\ 550.146$$

3）2#-3 转运区

2#-3 转运区设置在口岸直水道 #90—#90-1 红浮南边线附近，转运区顺水流方向长度 500 m，垂直水流向宽度 200 m。其中东侧 100 m 考虑布置耙吸式挖泥船（船长×宽×吃水为 126 m×22 m×7.5 m），耙吸式挖泥船可利用转运区东侧水域及转运区内 100 m 宽度进行

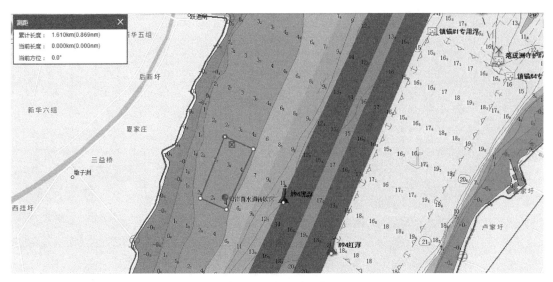

图 4.1-9　镇江疏浚砂 2#-2 转运区位置图

船舶掉头,东侧 100 m 转运区须满足耙吸式挖泥船吃水 7.5 m 要求(另考虑 1.5 m 船舶富裕水深);西侧100 m考虑布置装驳平台(平台长×宽×吃水为 60 m×10 m×2 m),以及运输船舶(船长×宽×吃水为 65 m×12 m×5 m),西侧转运区须满足运输船吃水 5 m 要求(另考虑 1.5 m 船舶富裕水深)(图 4.1-10)。

2#-3 转运区设置于以下四点连线范围内:

(1) $X=3\,577\,285.783,Y=478\,638.192$

(2) $X=3\,577\,130.904,Y=478\,764.702$

(3) $X=3\,577\,465.557,Y=479\,145.761$

(4) $X=3\,577\,615.731,Y=479\,013.871$

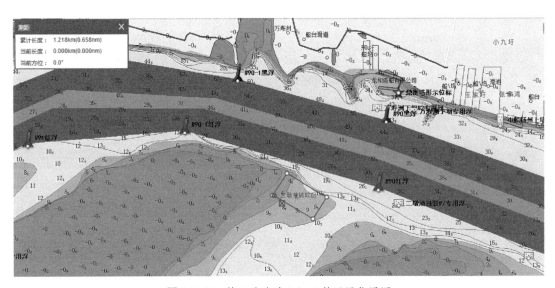

图 4.1-10　镇江疏浚砂 2#-3 转运区位置图

2#-1、2#-2、2#-3转运区与上岸港和码头的间距分别为 4.6 km、8 km 和 15 km,具体关系示意如图 4.1-11 所示。

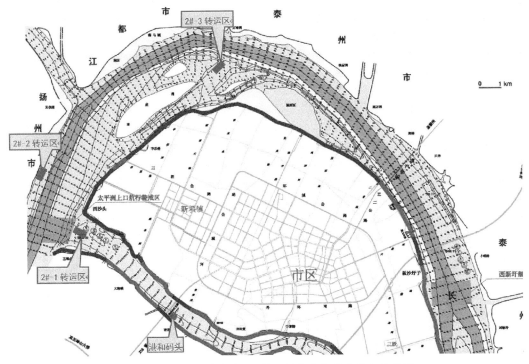

图 4.1-11 镇江疏浚砂 2# 转运区与港和码头关系示意图

4.1.2.2 转运区方案分析

针对仪征水道的 1# 转运区,以及口岸直水道的 2#-1、2#-2、2#-3 转运区设置,具体分析如表 4.1-5 所示。

表 4.1-5 转运区选址分析表

水道名称	转运区选址	优缺点分析
仪征水道	1# 转运区	(1) 在镇江市所属管理辖区内,便于沟通协调。 (2) 不在生态红线范围内。 (3) 该转运区上游是"高资过驳区",锚泊船较多;外侧船舶往来频繁。 (4) 疏浚砂运输船进出转运区须穿越航道,对通航安全造成部分影响。 (5) 转运区至南岸的龙门港码头运距短
口岸直水道	2#-1 转运区	(1) 在镇江市所属管理辖区内,便于沟通协调。 (2) 不在生态红线范围内。 (3) 太平洲捷水道属于支航道,因扬中大桥净空高度限制,船舶流量少、船型小,该转运区对通航影响较少。 (4) 疏浚砂运输船进出转运区无须穿越航道。 (5) 转运区至港和码头约 4.6 km,是 2# 转运区内最优航线

水道名称	转运区选址	优缺点分析
口岸直水道	2#-2 转运区	(1) 在镇江市所属管理辖区内,便于沟通协调。 (2) 在生态红线区域二级管控区范围内,二级管控区主要以生态保护为重点,实行差别化的管控措施,严禁有损主导生态功能的开发建设活动。 (3) 转运区设立在三益桥边滩上,由于该边滩淤积量较大、通航流量少、船型小,所以该转运区对通航影响较小。 (4) 疏浚砂运输船进出转运区须穿越航道,对通航安全造成部分影响。 (5) 转运区至港和码头约 8 km,运距较长。 (6) 转运区离润祥液化气码头约 500 m(现未投产),如该码头投产后,会对其造成部分影响。 (7) 转运区距离上游取水口 2.5 km,满足在取水口保护区范围外的条件
	2#-3 转运区	(1) 转运区位于镇江海事局管辖边界水域,可能涉及跨区管理。 (2) 在生态红线区域二级管控区范围内。 (3) 转运区位于灯笼套河口,邻近二墩港待驳区,船流密度大,通航情况复杂,安全保障难度较大。 (4) 疏浚砂运输船进出转运区如不穿越航道,须在非安全通航水域通行。 (5) 转运区至港和码头约 16 km,是 2# 转运区内最长航线

4.1.2.3 转运区数模分析

1. 计算范围、地形及网格

数学模型计算范围:西起杨家沟潘江河,东到丹徒区大港汽渡口,全长约 57 km。

模型地形主要采用 2015 年和 2016 年实测地形。图 4.1-12 为模型范围及地形概化示意图。

模型采用三角形网格,模型网格单元数为 177 496 个,网格尺度在 10~100 m(图 4.1-13)。工程区网格密,图 4.1-14 为工程区附近网格图。

2. 计算边界条件

模型上游边界附近采用流量控制,下游边界采用潮位控制。闭边界取法向流速 $V_n = 0$,n 为边界的外法线方向。

3. 模型验证

1) 验证资料

采用 2015 年 9 月 3—6 日实测潮位和 9 月 4 日(13:30)流速资料对模型进行验证,共计 7 个临时潮位站和 15 条流速垂线(图 4.1-15)。

2) 参数选取

通过验证实测潮位、流速和流向资料,糙率采用:$n = 0.012 + 0.01/H$,随水深修正。模型的时间步长取 0.1 s;紊动黏滞系数 E 随网格尺度不同取不同值。

3) 动边界处理

为了反映水边线的变化,采用富裕水深法根据水位的变化连续不断地修正水边线,在计算中判断每个单元的水深。当单元水深大于富裕水深时,将单元开放作为计算水域。反之,将单元关闭,置流速为零,模型富裕水深取 0.05 m。

4) 初值条件

模型采用冷启动计算,计算开始时取流速 $u_0 = 0$ 和 $v_0 = 0$,初始潮位 ζ_0 为一给定数。模型经过一定时间的运行,初始条件影响将会消除。

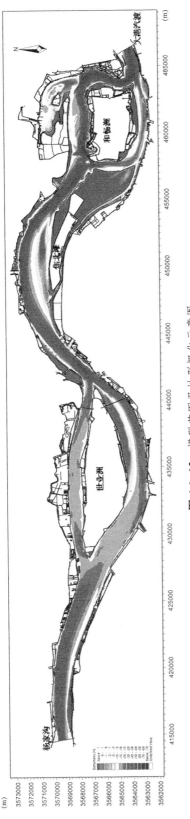

图 4.1-12　模型范围及地形概化示意图

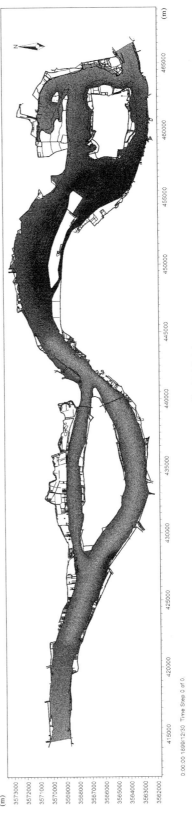

图 4.1-13　模型网格图

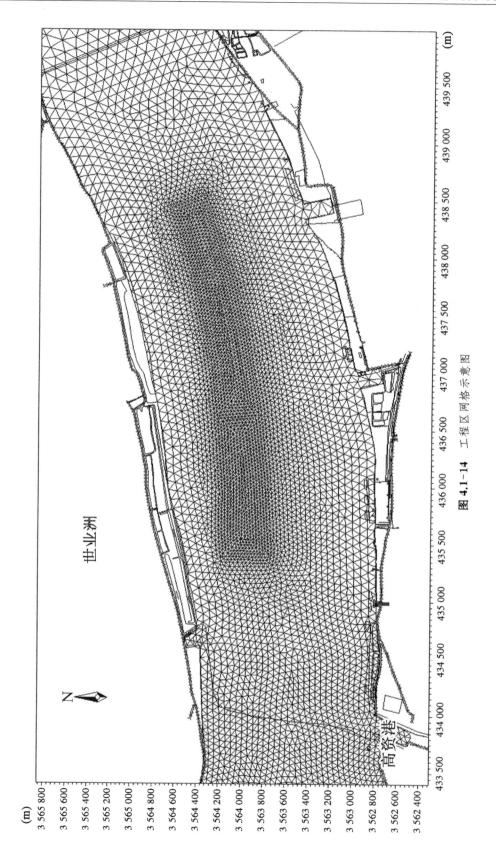

图 4.1-14　工程区网格示意图

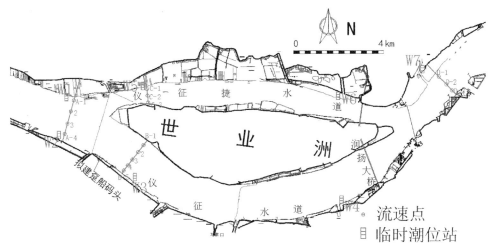

图 4.1-15 水文测点位置示意图

5）验证结果

模型潮位验证结果如图 4.1-16 所示，流速验证如图 4.1-17 所示。图 4.1-18～图 4.1-21 分别为低水位、涨水中水位、高水位、落水中水位时刻流态图。

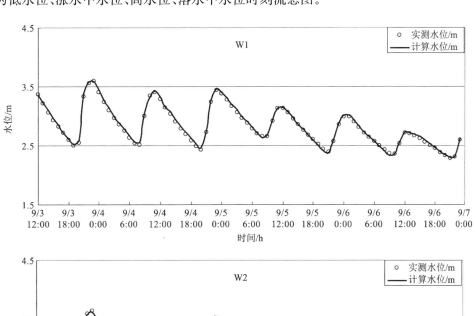

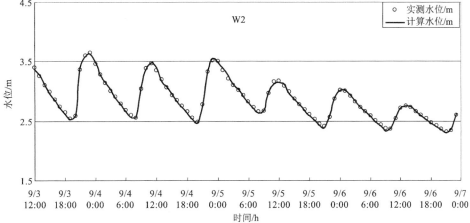

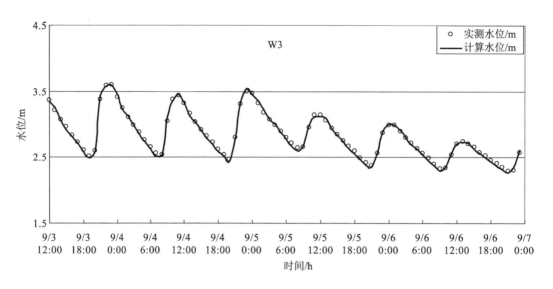

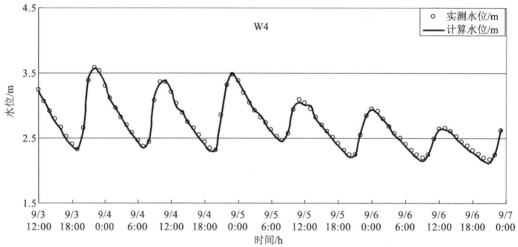

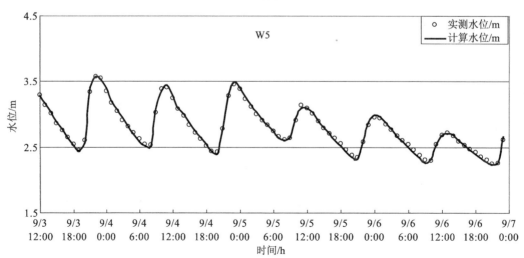

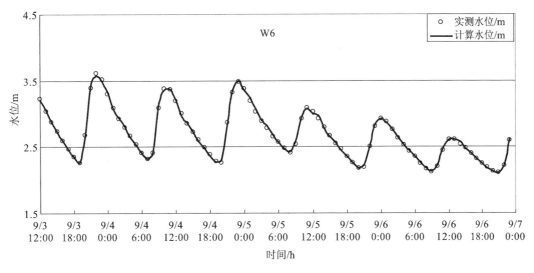

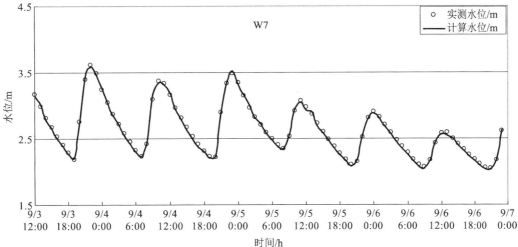

图 4.1-16 潮位过程线验证图

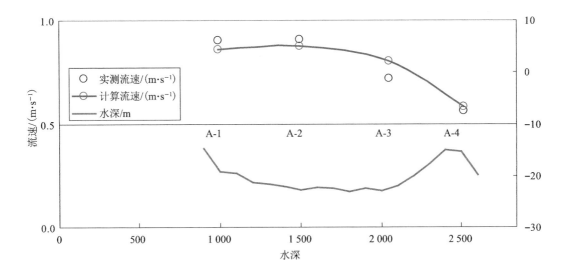

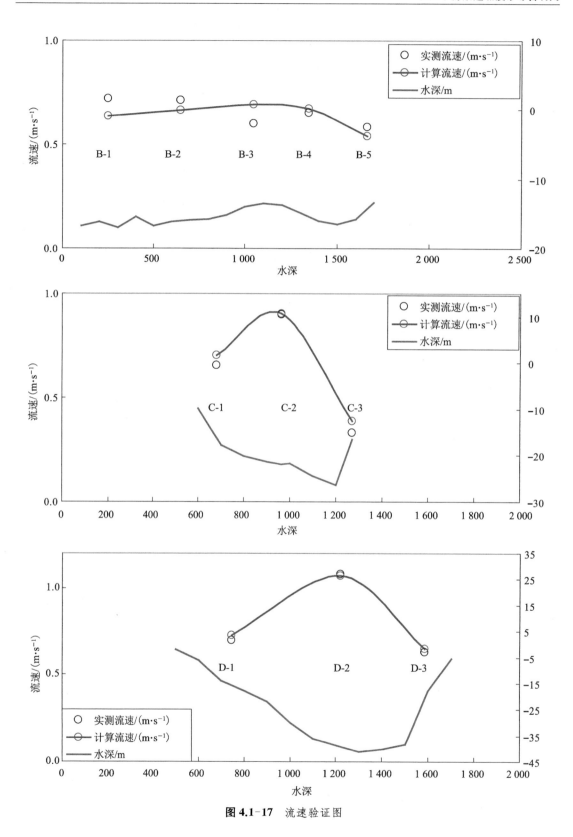

图 4.1-17 流速验证图

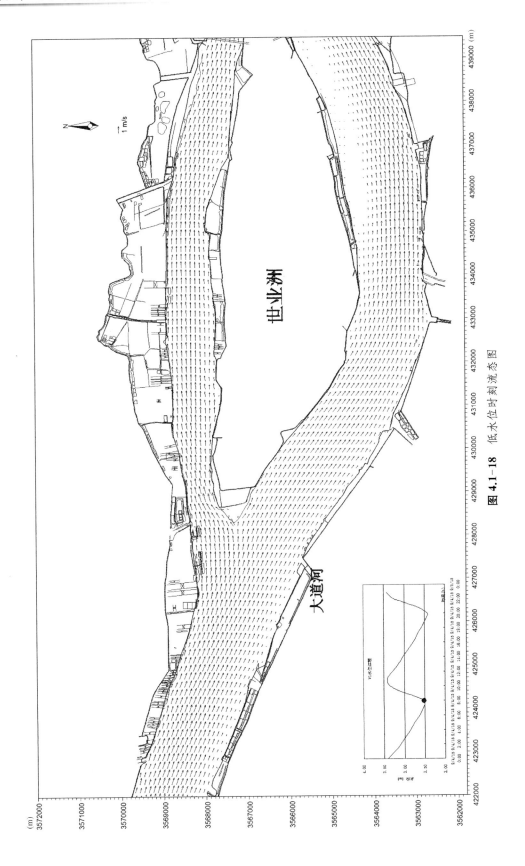

图 4.1-18 低水位时刻流态图

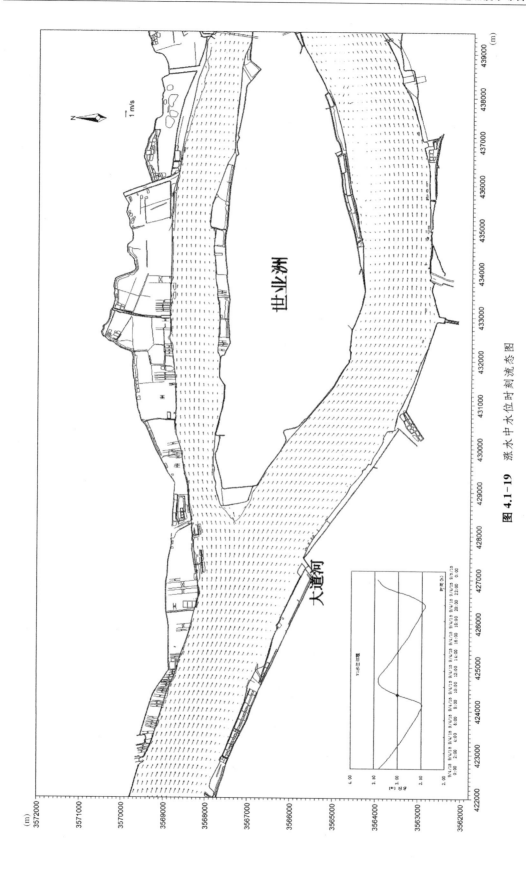

图4.1-19 涨水中水位时刻流态图

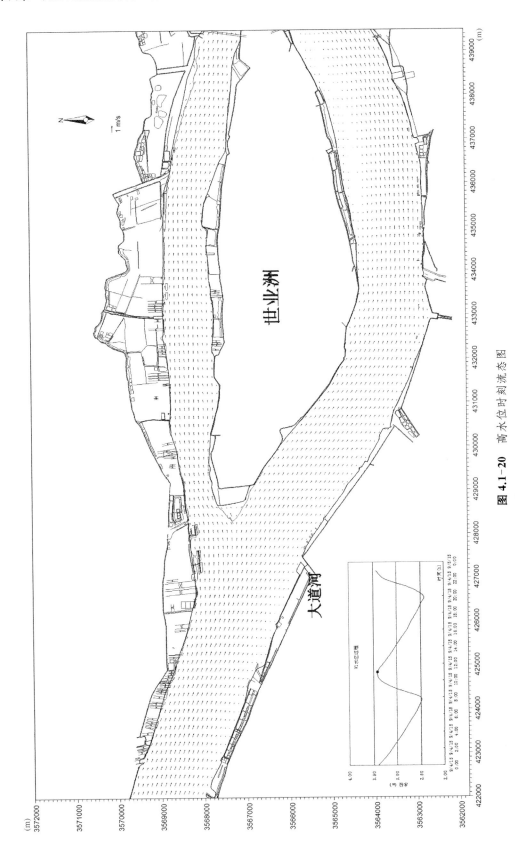

图 4.1-20 高水位时刻流态图

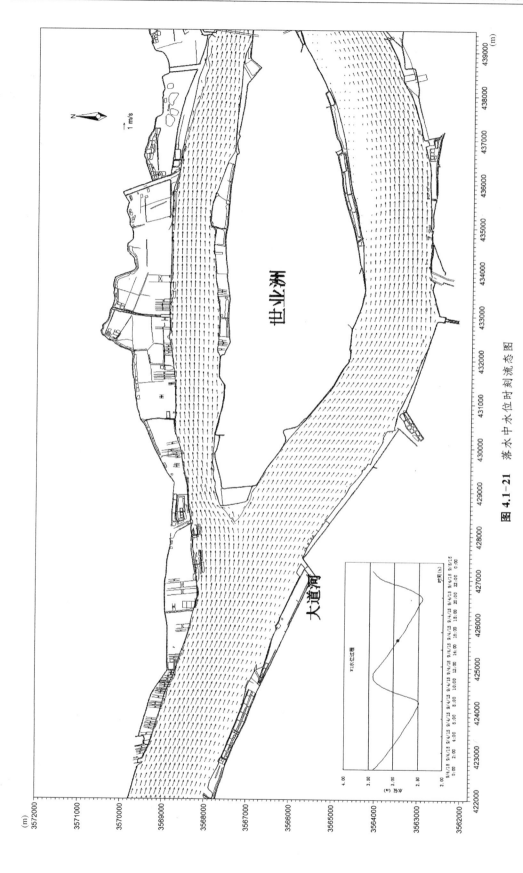

图 4.1-21 落水中水位时刻流态图

4. 工程方案计算成果及分析

分别采用大通站流量为 1.3×10^4 m^3/s 和流量 3.0×10^4 m^3/s 的水文条件,研究转运区工程前后的水动力特征。

1）工程概化

疏浚砂综合利用转运区工程主要是先进行疏浚采砂形成基坑,然后采用开底驳船航道疏浚土投放。其施工主要采用地形概化方式,开挖基坑地形底标高为 -10.5 m,方案一基坑长度约 1.05 km,面积约 0.22 km^2(图 4.1-22)。方案二基坑长度约 2.68 km,面积约 0.29 km^2(图 4.1-23)。

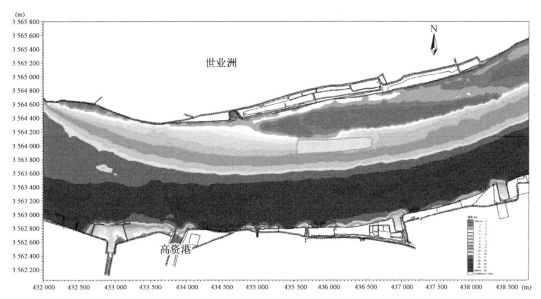

图 4.1-22　方案一地形概化图

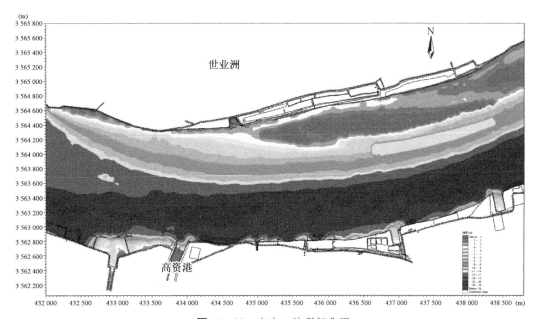

图 4.1-23　方案二地形概化图

2）工程前后流场对比分析

图 4.1-24～图 4.1-25 分别是在流量为 1.3×10^4 m³/s 和流量 3.0×10^4 m³/s 的水文条件下工程前后工程区附近的流态对比图,从图中可以看出,转运区流速较小,流场比较顺畅。基坑开挖后流场特征基本没有影响。

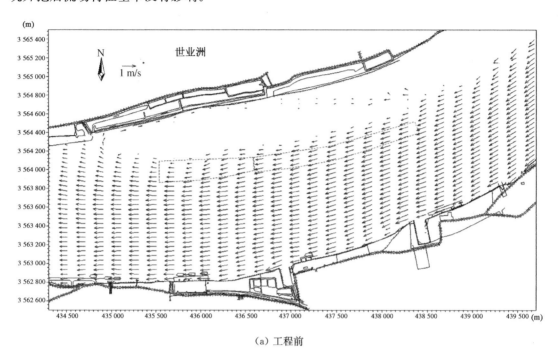

（a）工程前

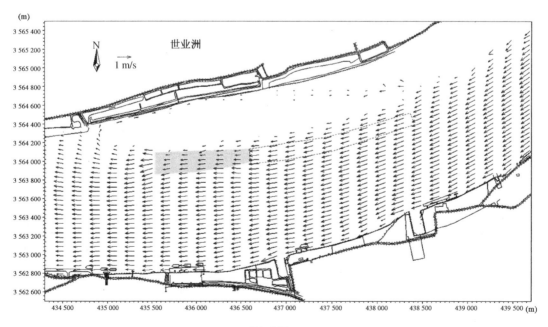

（b）方案一

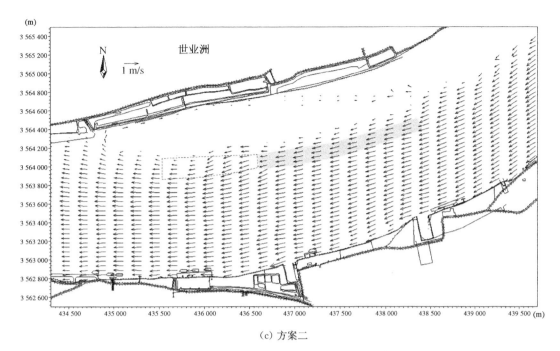

（c）方案二

图 4.1-24-1　涨急流态（流量为 1.3×10^4 m³/s）

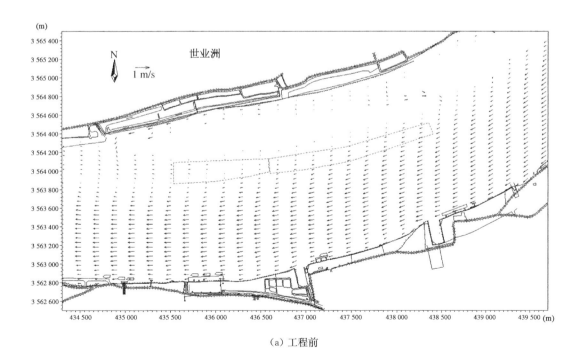

（a）工程前

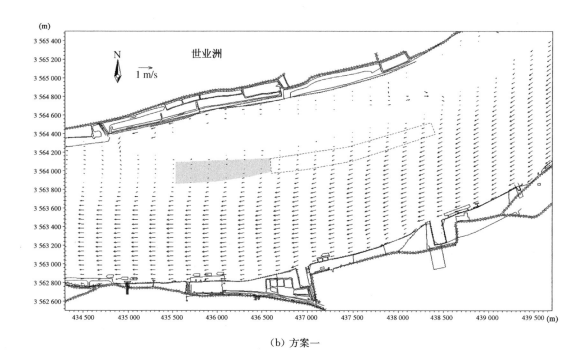

（b）方案一

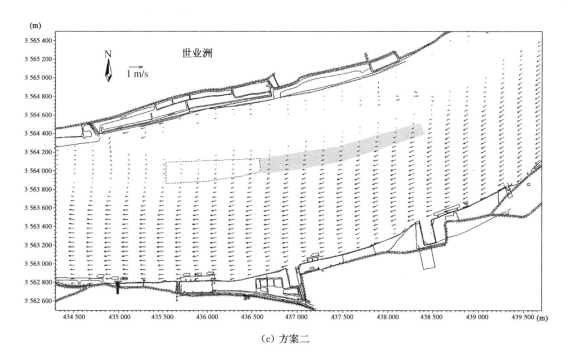

（c）方案二

图 4.1-24-2 涨憩流态（流量为 $1.3 \times 10^4 \ \mathrm{m^3/s}$）

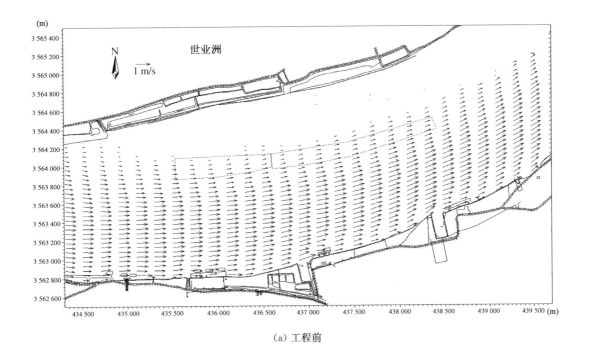

（a）工程前

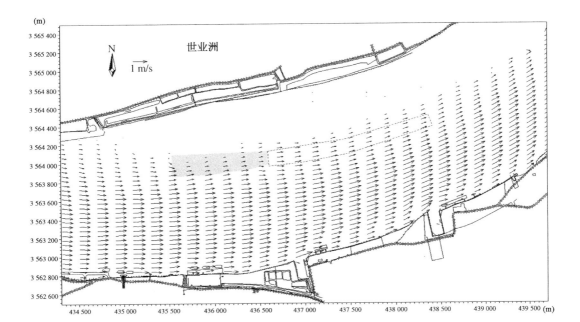

（b）方案一

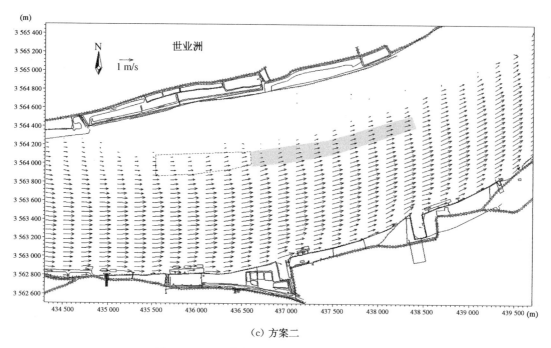

（c）方案二

图 4.1-24-3 落急流态（流量为 $1.3 \times 10^4 \ \mathrm{m}^3/\mathrm{s}$）

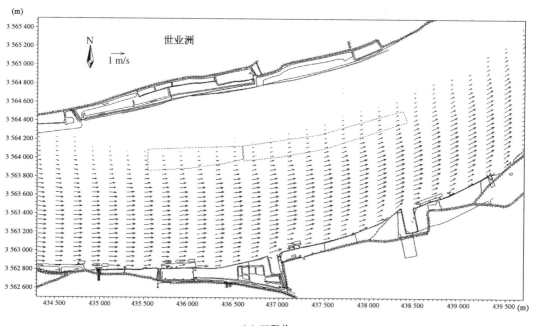

（a）工程前

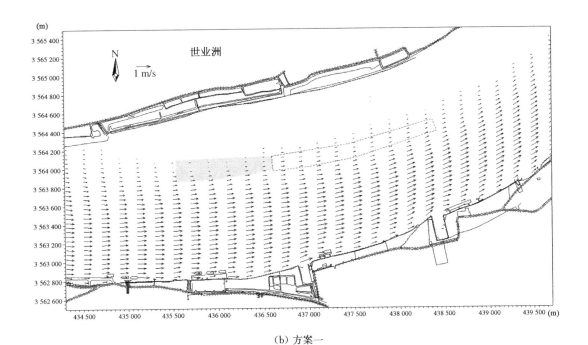

（b）方案一

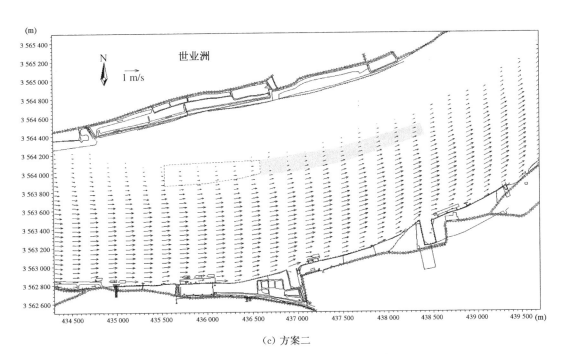

（c）方案二

图 4.1-24-4　落憩流态（流量为 1.3×10^4 m^3/s）

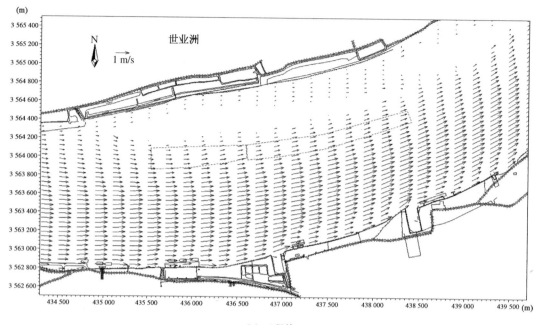

（a）工程前

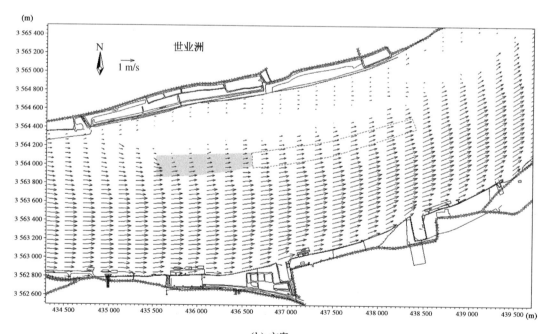

（b）方案一

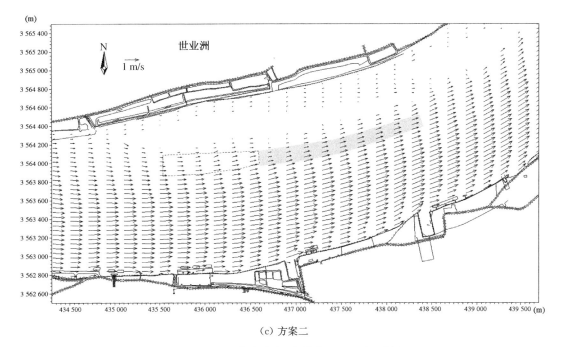

（c）方案二

图 4.1-25-1　落急流态（流量为 $3.0 \times 10^4 \ \mathrm{m}^3/\mathrm{s}$）

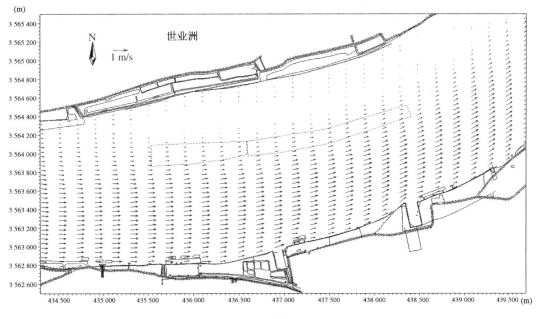

（a）工程前

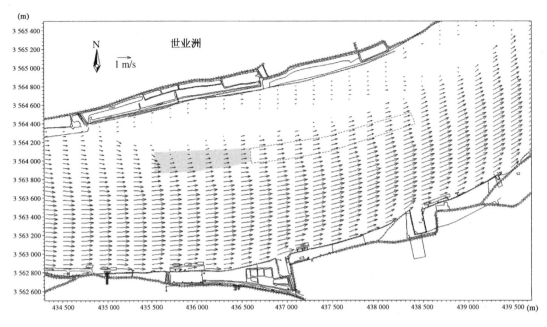

(b) 方案一

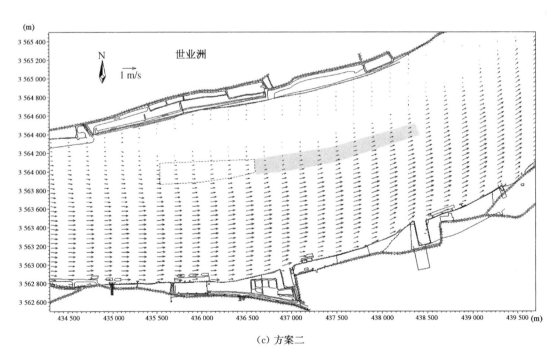

(c) 方案二

图 4.1-25-2 高水位流态(流量为 $3.0 \times 10^4 \text{ m}^3/\text{s}$)

3）转运区基坑开挖前后流速对比分析

为了分析流速的特征，在方案一和方案二转运区各布置了 3 个采样点（图 4.1-26），表 4.1-6 为方案一采样点工程前后流速统计表，从表中可以看出：在 1.3×10^4 m³/s 流量条件下，转运区工程前最大流速为 0.52 m/s，基坑开挖后最大流速为 0.48 m/s，最大流速为涨潮流速；工程前平均流速小于 0.26 m/s，基坑开挖后平均流速略有减小。在 3.0×10^4 m³/s 流量条件下，转运区工程前最大流速为 0.38 m/s，基坑开挖后最大流速为 0.35 m/s，河段内无涨潮流；工程前平均流速小于 0.29 m/s，基坑开挖后平均流速略有减小。表 4.1-7 为方案二采样点工程前后流速统计表，从表中可以看出：在 1.3×10^4 m³/s 流量条件下，转运区工程前最大流速为 0.66 m/s，基坑开挖后最大流速为 0.64 m/s，最大流速为涨潮流速；工程前平均流速小于 0.38 m/s，基坑开挖后平均流速略有减小。在 3.0×10^4 m³/s 流量条件下，转运区工程前最大流速为 0.51 m/s，基坑开挖后最大流速为 0.48 m/s，河段内无涨潮流；工程前平均流速小于 0.39 m/s，基坑开挖后平均流速略有减小。

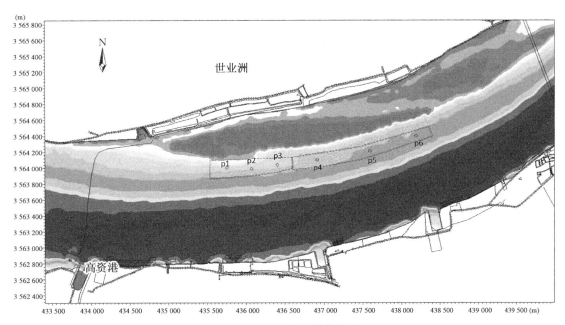

图 4.1-26　流速采样点位置

表 4.1-6-1　转运区方案一采样点流速统计表（1.3×10^4 m³/s 水文条件）

序号	水位/m	工程前流速/(m·s⁻¹)			基坑开挖后流速/(m·s⁻¹)		
		P1	P2	P3	P1	P2	P3
1	0.14	0.09	0.10	0.09	0.03	0.08	0.10
2	1.35	0.35	0.35	0.36	0.38	0.42	0.33
3	1.84	0.36	0.40	0.41	0.39	0.44	0.37

续表

序号	水位/m	工程前流速/(m·s⁻¹)			基坑开挖后流速/(m·s⁻¹)		
		P1	P2	P3	P1	P2	P3
4	1.85	0.08	0.13	0.16	0.13	0.14	0.13
5	1.70	0.11	0.15	0.19	0.15	0.17	0.15
6	1.32	0.16	0.16	0.12	0.11	0.13	0.12
7	0.96	0.30	0.33	0.30	0.26	0.36	0.36
8	0.72	0.20	0.23	0.21	0.16	0.24	0.26
9	0.53	0.22	0.25	0.23	0.16	0.25	0.28
10	0.44	0.24	0.27	0.24	0.16	0.26	0.27
11	0.43	0.20	0.23	0.20	0.12	0.21	0.23
12	0.44	0.17	0.19	0.17	0.10	0.17	0.19
13	1.43	0.32	0.32	0.32	0.31	0.34	0.28
14	2.27	0.47	0.52	0.50	0.43	0.48	0.45
15	2.53	0.27	0.32	0.34	0.27	0.31	0.29
16	2.37	0.13	0.19	0.22	0.17	0.19	0.18
17	2.09	0.07	0.02	0.05	0.01	0.01	0.02
18	1.59	0.26	0.28	0.27	0.25	0.30	0.25
19	1.22	0.29	0.32	0.34	0.24	0.34	0.30
20	0.96	0.23	0.26	0.29	0.18	0.27	0.24
21	0.79	0.27	0.31	0.31	0.19	0.30	0.28
22	0.71	0.25	0.28	0.27	0.16	0.26	0.25
23	0.55	0.24	0.27	0.27	0.15	0.25	0.24
24	0.38	0.23	0.26	0.26	0.15	0.24	0.23
25	0.28	0.20	0.23	0.23	0.13	0.21	0.20
最大值	2.53	0.47	0.52	0.50	0.43	0.48	0.45
平均值	1.16	0.23	0.25	0.25	0.19	0.25	0.24

表 4.1-6-2　转运区方案一采样点流速统计表($3.0 \times 10^4 \ m^3/s$ 水文条件)

序号	水位/m	工程前流速/(m·s⁻¹)			基坑开挖后流速/(m·s⁻¹)		
		P1	P2	P3	P1	P2	P3
1	2.34	0.33	0.35	0.32	0.24	0.32	0.32
2	2.96	0.09	0.10	0.09	0.04	0.07	0.09
3	3.40	0.07	0.08	0.09	0.11	0.09	0.07
4	3.55	0.03	0.02	0.02	0.03	0.02	0.01
5	3.44	0.15	0.15	0.13	0.09	0.09	0.09
6	3.25	0.25	0.26	0.24	0.19	0.24	0.24
7	3.09	0.32	0.34	0.31	0.25	0.32	0.32
8	2.95	0.36	0.38	0.34	0.27	0.35	0.35
9	2.85	0.36	0.37	0.34	0.27	0.34	0.34
10	2.76	0.36	0.38	0.34	0.26	0.34	0.34
11	2.63	0.36	0.38	0.35	0.27	0.35	0.35
12	2.55	0.35	0.38	0.34	0.26	0.34	0.34
13	2.49	0.34	0.36	0.32	0.24	0.33	0.33
14	2.63	0.27	0.29	0.26	0.19	0.26	0.26
15	3.00	0.16	0.17	0.15	0.10	0.14	0.14
16	3.16	0.17	0.18	0.16	0.12	0.16	0.15
17	3.09	0.26	0.27	0.24	0.19	0.25	0.24
18	2.99	0.28	0.30	0.27	0.22	0.27	0.27
19	2.85	0.30	0.32	0.29	0.23	0.30	0.30
20	2.72	0.33	0.35	0.32	0.25	0.32	0.32
21	2.62	0.33	0.35	0.32	0.25	0.32	0.32
22	2.52	0.34	0.36	0.32	0.25	0.33	0.33
23	2.43	0.34	0.37	0.33	0.25	0.33	0.33
24	2.33	0.34	0.37	0.33	0.25	0.33	0.34
25	2.26	0.34	0.36	0.33	0.24	0.33	0.33
最大值	3.55	0.36	0.38	0.35	0.27	0.35	0.35
平均值	2.83	0.27	0.29	0.26	0.20	0.26	0.26

表 4.1-7-1　转运区方案二采样点流速统计表(1.3×10⁴ m³/s 水文条件)

序号	水位/m	工程前流速/(m·s⁻¹)			基坑开挖后流速/(m·s⁻¹)		
		P1	P2	P3	P1	P2	P3
1	0.14	0.13	0.17	0.21	0.06	0.14	0.16
2	1.35	0.45	0.46	0.45	0.43	0.44	0.42
3	1.84	0.52	0.55	0.53	0.48	0.51	0.52
4	1.85	0.27	0.29	0.30	0.22	0.27	0.29
5	1.70	0.29	0.33	0.35	0.24	0.30	0.34
6	1.32	0.10	0.01	0.03	0.03	0.01	0.02
7	0.96	0.37	0.37	0.38	0.32	0.37	0.37
8	0.72	0.28	0.35	0.38	0.24	0.30	0.33
9	0.53	0.30	0.39	0.44	0.24	0.33	0.37
10	0.44	0.32	0.39	0.44	0.24	0.34	0.38
11	0.43	0.27	0.34	0.38	0.19	0.29	0.32
12	0.44	0.23	0.28	0.32	0.16	0.25	0.27
13	1.43	0.35	0.33	0.36	0.35	0.33	0.31
14	2.27	0.64	0.66	0.65	0.58	0.62	0.64
15	2.53	0.45	0.50	0.51	0.41	0.47	0.51
16	2.37	0.35	0.40	0.42	0.30	0.37	0.41
17	2.09	0.15	0.18	0.19	0.10	0.16	0.18
18	1.59	0.26	0.22	0.23	0.21	0.22	0.22
19	1.22	0.35	0.40	0.41	0.31	0.37	0.39
20	0.96	0.32	0.41	0.45	0.26	0.35	0.39
21	0.79	0.36	0.44	0.49	0.28	0.39	0.43
22	0.71	0.32	0.39	0.44	0.25	0.35	0.38
23	0.55	0.32	0.39	0.44	0.24	0.34	0.38
24	0.38	0.31	0.37	0.42	0.23	0.33	0.36
25	0.28	0.27	0.33	0.38	0.19	0.29	0.32
最大值	2.53	0.64	0.66	0.65	0.58	0.62	0.64
平均值	1.16	0.32	0.36	0.38	0.26	0.33	0.35

表 4.1-7-2　转运区方案二采样点流速统计表(3.0×10⁴ m³/s 水文条件)

序号	水位/m	工程前流速/(m·s⁻¹)			基坑开挖后流速/(m·s⁻¹)		
		P1	P2	P3	P1	P2	P3
1	2.34	0.38	0.43	0.48	0.31	0.41	0.45
2	2.96	0.12	0.15	0.19	0.06	0.13	0.15
3	3.40	0.11	0.05	0.03	0.07	0.03	0.03
4	3.55	0.01	0.08	0.12	0.03	0.05	0.09
5	3.44	0.12	0.15	0.22	0.09	0.15	0.20
6	3.25	0.28	0.28	0.28	0.23	0.27	0.29
7	3.09	0.37	0.41	0.44	0.31	0.39	0.42
8	2.95	0.40	0.45	0.50	0.34	0.43	0.46
9	2.85	0.40	0.45	0.50	0.33	0.43	0.47
10	2.76	0.40	0.45	0.50	0.33	0.43	0.47
11	2.63	0.41	0.46	0.51	0.34	0.44	0.48
12	2.55	0.41	0.46	0.51	0.33	0.43	0.47
13	2.49	0.39	0.44	0.49	0.31	0.42	0.45
14	2.63	0.31	0.35	0.40	0.25	0.34	0.37
15	3.00	0.18	0.21	0.24	0.13	0.20	0.22
16	3.16	0.19	0.20	0.23	0.14	0.20	0.22
17	3.09	0.28	0.30	0.32	0.24	0.30	0.32
18	2.99	0.32	0.35	0.38	0.27	0.34	0.36
19	2.85	0.35	0.39	0.43	0.29	0.37	0.40
20	2.72	0.38	0.43	0.47	0.31	0.40	0.44
21	2.62	0.38	0.43	0.47	0.31	0.40	0.44
22	2.52	0.39	0.44	0.49	0.32	0.41	0.45
23	2.43	0.40	0.45	0.50	0.32	0.42	0.46
24	2.33	0.40	0.45	0.50	0.32	0.43	0.47
25	2.26	0.39	0.44	0.50	0.32	0.42	0.46
最大值	3.55	0.41	0.46	0.51	0.34	0.44	0.48
平均值	2.83	0.31	0.35	0.39	0.25	0.33	0.36

4）投放泥沙水下运动分析

采用底开式驳船投放疏浚泥沙水下运动过程可以分为3个主要的运动阶段，即：对流沉降、触底崩塌、水平扩散。在对流沉降阶段，投放土砂云团在重力及其初始动量的作用下在水中自由沉降，并诱发周围水体流动形成向两侧扩展的双螺旋涡旋运动；在触底崩塌阶段，投放土砂的泥沙云团下落至床面，垂直撞击床面产生很大的能量耗散，泥沙云团的对流沉降受到抑制，并获得一定水平的动量；在水平扩散阶段，投放土砂撞击床面后获得了一定的水平动能，并沿床面向落地点两侧作水平扩展运动。当泥沙容重较大时投放土砂在水中的对流沉降时间较短，发生触底崩塌的时间较快。当泥沙中值粒径较小时，伴随投放土砂水下运动的扩散幅度会较大。

根据长江口航道疏浚淤泥投放试验结果可知，当流速较小时，投放泥沙淤积量大且泥沙落淤点距离投放点较近；随着流速的逐渐增大，投放土砂的落淤量减小且淤积的位置距离投放点越来越远。当泥沙含水量较大时，投放土砂的水下运动呈现出较快的水平扩散现象，容易流失。

5）转运区方案分析和减小投放泥沙流失率

根据投放泥沙水下运动已有研究成果可知，投放泥沙含水量越小，流失率越小；投放时水流流速越小，投放泥沙淤积量越大。因此在投放泥沙时尽量减小泥沙含水量，增加泥沙容重，并选择低流速时期投放泥沙。

4.1.2.4 转运区疏浚工程措施

耙吸式挖泥船采用"挖、运、吹、装"工艺，将航道维护疏浚砂运至转运区，疏浚砂通过排泥管线输送至装船平台，对运输船舶进行装舱。

由于长江镇江段航道维护主要依靠小型耙吸船施工，小型耙吸式挖泥船通常不具备舱吹功能，无法进行直接装驳，需要另行调遣长鲸1耙吸式挖泥船（带舱吹功能）进场。根据耙吸式挖泥船和装驳平台、运输船的吃水需要，转运区需要进行浚深以满足船舶进出以及回旋需要。具体的船舶尺度及需要水深如表4.1-8所示。

表4.1-8 转运区浚深要求

转运区域	船型	船舶富裕水深	浚深至水深
耙吸式挖泥船区域	长鲸1 （船长×宽×吃水：126 m×22 m×7.5 m）	1.5 m	9 m
装驳区域	装驳平台 （平台长×宽×吃水：60 m×10 m×2 m），运输船舶 （船长×宽×吃水：65 m×12 m×5 m）	1.5 m	6.5 m

根据表4.1-8可知，转运区按照船舶吃水要求不同，分两个区域进行维护性疏浚，其中耙吸船区域浚深至水深9 m，装驳区域浚深至水深6.5 m，以满足船舶吃水要求。

4.1.2.5 转运区实施方案

施工时分时段扫测转运区域泥面高程，水深低于9 m（装驳区域6.5 m）时，绞吸式挖泥船须对该区域开始挖砂，运输船舶同时进行装驳，装驳完成后离开装驳平台航行至卸载点。

4.1.3 水上运输实施方案

4.1.3.1 水上运输工艺流程

镇江疏浚砂水上运输流程为：船舶上线→平台装驳→重载航行→码头卸载→空载返航。

4.1.3.2 运输船舶配置方案

船型选择：根据作业水域航道条件，按效率最大化原则，运输船舶拟配备 $2\,000\sim4\,500\ m^3$ 深舱货船。

装载工艺采用深舱驳溢流装驳方式，为确保船舶装载安全，采用深舱型船舶载运，并加装抽排水系统，留足船舶干舷 $\geqslant0.3\ m$；船舶装载完毕后，经过抽排水将舱内含水量控制在 30% 以下，确保航行前不存在自由液面。

1. 运力投入分析

根据运输距离，统筹考虑疏浚维护施工时间、装载时间、航行时间、卸载作业时间等，装载时间按 $2\ h$/艘计，航行时间按 $1\ h$ 计，卸载时间按 $7\ h$/艘计，运输船舶实际装载量按 $2\,000\ t$/艘计，运力分析如表4.1-9所示。

表 4.1-9 运输船舶运力投入分析表

疏浚效率	工作时间 6 h	工作时间 16 h	工作时间 24 h
2 500 t/h	8 艘	12 艘	18 艘

本方案配备运输船舶16艘，如表4.1-10所示，具体参与施工船舶以实际报备为准。

表 4.1-10 运输船舶配备表

序号	船名	载重吨位/t	长/m	吃水/m
1	腾飞 0958	2 681	63.5	4.97
2	腾飞 0968	2 681	63.5	4.97
3	皖湾汕货 3586	3 000	65	4.78
4	保轮 66	3 500	68	5.08
5	保轮 08	2 400	63	4.6
6	顾江 199	2 500	69.5	4.2
7	先锋 186	2 500	71.5	4.1
8	宝江货 18	2 300	63.9	4.4
9	江洋 8866	2 300	64	4.4
10	江洋 8899	2 300	64	4.4
11	新正 668	2 200	61.1	4.25
12	东顺 288	2 000	55.8	4.05
13	苏宝鑫货 19588	2 100	59.9	4

序号	船名	载重吨位/t	长/m	吃水/m
14	皖怀运货 3228	2 000	58.8	3.6
15	赣丰城货 2977	1 765	65	3.5
16	赣丰城货 2953	1 622	63.8	3.4

2. 运输船舶排水系统

装驳时装驳平台通过输出管对运输船舶进行装载,输送至船舱,船舱底面设有排水孔及抽水系统,使比重小或低浓度的砂或其他疏浚物排出舷外,每艘运输船设置有两套排水系统(图4.1-27)。

图 4.1-27　镇江疏浚砂运输船排水系统图

仪征水道含沙量为 0.011～0.051 kg/m³,平均含沙量为 0.028 kg/m³,平均悬沙中值粒径为 0.008 mm;河床组成大多为细沙或粉沙,深槽部位也有中粗沙和砾石,床沙平均中值粒径约为 0.18 mm。根据港发绿色资源 4 月份现场取样试验结果可知,疏浚砂的含水量约 60% 左右,含泥量 6% 左右,疏浚砂通过装驳平台装驳至运输船上,经运输船排水系统处理后,上岸时含水量可降至 10% 以下。试运营期间随时监测关注排水效果,若效果不佳将进一步优化排水设施。

3. 运输时间安排

对于切滩工程,原则上采取白天 6:00—18:00 进行装驳运输施工,夜间锚泊驻守。在必要时,经海事部门批准后进行 24 h 装驳运输。

对于耙绞结合转吹装驳,原则上根据所列疏浚施工计划安排施工。绞吸式挖泥船根据转运区施工方案实施,运输船舶配套进行装驳运输。

根据运输船舶配备及运力分析,每艘运输船每天穿越航道 1～2 次。

4. 运输路线

绞吸船切滩施工区接驳运输船舶的路线：根据水上接驳区域和上岸码头设置位置，水上接驳点与卸载码头南北岸相对，处于作业水域，水上转运距离约为 2 km。空载和重载航路如图 4.1-28 所示，施工期运输船前往龙门港时沿推荐航路上驶，在♯115 浮下游穿越航道靠泊龙门港。返回时沿主航道外的近岸水域下行，在 113♯-1 号浮下游掉头至施工区域。

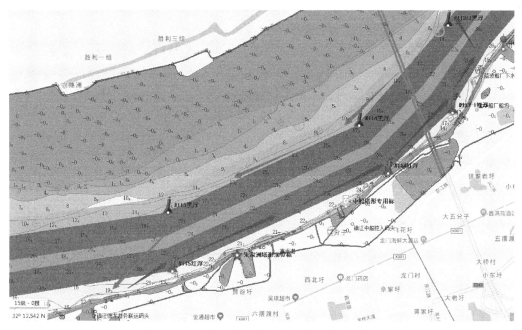

图 4.1-28　镇江疏浚砂水上运输线路示意图一

耙绞结合（或耙吸船舶吹装驳）转运区接驳运输船舶路线：运输船舶沿小型船舶推荐航路行驶，在瞭望警戒下主航道无船舶时穿越主航道下行至卸载码头（图 4.1-29）。

图 4.1-29　镇江疏浚砂水上运输线路示意图二

运输船舶的运输路线须经海事部门同意方可执行。同时,根据辖区海事通航监管要求,装船平台作业水域须配置通航安全维护警戒船舶(锚艇)及通导设备。

5. 水上运输实施组织

1) 船舶上线

根据船舶调度指令,腾飞、宝轮等空载运输船舶航行至仪征水道1号转运区装驳平台,江洋号、赣丰等空载运输船舶航行至口岸直水道2号转运区装驳平台。严格执行《开航前检查制度》《系/离泊操作规定》。船舶空载航行时,在下水航道外侧通过9频道报告镇江海事交管中心,报告完毕并收到海事局交管中心许可后方可进入施工水域。加强瞭望,等待时机穿过航道。如上游方向最近的一艘下行船离运输船距离大于500 m,通过6频道与对方船取得联系,相互明会穿越意图后方可穿越。

2) 船舶装舱

运输船舶靠泊装驳平台后,通知装驳平台实施装载作业。

3) 沥水作业

在装驳平台转运后至转运区指定区域进行沥水作业,沥水作业完成后进行重载航行。其中仪征水道1号转运区、口岸直水道2号转运区沥水区域均位于转运区上游,便于运输船舶沥水完成后离开(图4.1-30)。

图4.1-30　镇江疏浚砂沥水作业示意图

4) 重载航行

装舱作业完毕后离泊,其中1号转运区运输船舶沿仪征水道北汊上行、择机掉头穿越航道至仪征水道南汊下行,2号转运区运输船舶沿口岸直水道北汊上行,＃94黑浮附近择机转至太平洲捷水道、太平洲捷水道南汊下行。做好货物交接及开航前检查,对船舶AIS轨迹实施监控。严格执行《船舶(队)防碰操作规定》。装载完毕后运输船满载,机动性差。开航前报告镇江市海事局船舶交通管理中心,报告完毕并收到海事局船舶交通管理中心许可后方可离开装驳平台。离装驳平台后,船舶须横越上水推荐航道、上水主航道、下水主航道才能进入南岸下水推荐航道一侧,须加强瞭望,等待时机。如下游方向最近的一艘上行船离运输船距离大于500 m,并通过6频道与对方船取得联系,相互明会穿越意图后方可穿越。间距小于500 m或者对方船没有同意穿越需在原地等待,不得强行穿越。航行中,择机汇入主航道、推荐航道,航行过程中保持通讯畅通,加强瞭望,不抢行。当航行至码头外侧时,发布掉头船舶动态,降低航速用小角度缓缓向南岸掉头,并采用小角度靠泊法靠泊卸载。

5)码头靠泊

满载运输船报港完毕后,由码头调度指定泊位后靠泊,1 号转运区运输船靠泊润港码头或龙门港务码头,2 号转运区运输船舶靠泊港合码头。

4.1.4 陆域实施方案

4.1.4.1 中转堆场选址

长江航道工程在流域上分布不均,疏浚施工时间短、产生疏浚砂方量大,与具体工程相对固定的需求存在矛盾。中转堆场的规划和选取非常关键。疏浚砂中转堆场需要面积大、临近江边、后方疏运通道交通便利且近期能够利用的场地。

为了加快推进镇江市疏浚砂综合利用工作,镇江市港发绿色资源有限公司对镇江市辖区内各临江闲置地块展开调研,确定了 8 个备选地块作为疏浚砂堆场的初步方案(表 4.1-11、图 4.1-31)。

表 4.1-11　中转堆场选址分析表

中转厂址	地理位置	土地归属	综合评价
高桥镇孟家港	位于高桥汽渡西侧,可利用面积266.67 hm²,规划利用 133.33 hm²	该地块已完成拆迁,土地使用权已被高桥镇政府收回,目前为灌木及芦苇空置荒地	优势:面积大,土地临时租用手续便利,码头设施基本能够配套。不足:陆路交通不便,陆路输运现不具备条件,后续道路建设审批及投资大;临近渡口,后续的政策性变动影响大
润祥港务地块	位于高桥镇镇扬村,土地面积53.33 hm² 左右,周边已有部分地块进行了吹填复垦	目前该地块已完成全部拆迁工作,远期规划是继续进行吹填复垦,目前该地块上有零星耕种	高桥镇政府对该堆场项目的合作意愿强烈,周边居民拆迁安置已经全部到位,矛盾不突出,但出行道路须重新规划。现有堤顶道路狭窄,不适合重型车辆通行
三江码头地块	位于谏壁老河口(京杭大运河入口处)西侧,面积约 2 hm²	金河纸业破产后,该地块由国务院国有资产监督管理委员会托管,目前地块已移交金港产业园	该地块距离江边岸线约 100 m,北临长江主航道约 500 m,地理条件优越,目前拆迁安置正在实施之中。作为堆场利用,周边矛盾不突出,但堆场偏小。另外该场地有没有被金港产业园规划利用尚不得知
润港港务码头地块	隶属于高资镇,处于中国第二重型机械集团公司与长江路交会点的西北角,总场地面积8.4 hm²	目前处于荒置状态,原为联合水泥用地,因该单位目前处于清算阶段,该地块的具体使用权归属不明	优点:该地块水路条件便利,集散运优势明显。不足:前期须进行码头配套改造;场地进行工程施工和环保改造;场地的有效利用面积偏小,规模效益不高;现该场地被中交第二航务工程局有限公司占用,短时间内不能投入利用
港和码头	位于镇江新区大路镇扬中大桥下游,本方案规划利用地块合计近 9.33 hm²	两处码头及后沿土地以被认定为违规利用,部分地块被江苏中技桩业有限公司利用,其他土地已被新区国土资源局收回	该地块区位优势明显,水路运输条件优越,并可借助现有码头进行集疏运

中转厂址	地理位置	土地归属	综合评价
龙门港务地块	位于镇江市高新技术开发区,龙门港区西侧,属龙门村委会管辖,该地块总面积约 10 hm²	在 10.53 hm² 地中,集团子公司龙门港务公司占地 5.13 hm²(包括港池),已领取土地证,其余超过 4.67 hm² 地被原镇江韦岗铁矿有限公司征用,镇江韦岗铁矿有限公司破产后,该地块被国务院国有资产监督管理委员会资产清算小组打包处置,龙门港地块即将移交城市建设投资公司	龙门地块的利用涉及岸线审批,另外出行道路困难,向西进入沿江公路主干道,出行距离约 3 km,沿途经过龙门村与船港物流园区内部道路,须与龙门村委会和船港物流园区进行沟通。 在龙门池西堆场未完工的情况下,可提前考虑将龙门现有简易堆场 B 块地及 002 场作为前期堆场周转场地,可满足堆存需要
华港码头地块	隶属于镇江下蜀镇临港工业园,位于长江与大道河交汇点右岸,可利用土地 26.67 hm² 以上	华港码头目前已被关闭,其东侧有大量土地空置,其中有 26.67 hm² 使用权为下蜀镇临港工业园。北侧临近长江大堤的大量土地属于军队用地	优势:区位优势明显,可以辐射句容、镇江西部城区、南京东郊(栖霞区);水路联运条件好,周边水运、陆运条件优越。不足:土地使用权的审批难度大;码头到场地的道路不配套
新民洲鼎盛重工地块	位于镇江市新民洲港口产业园,在新民洲码头和扬州广进船业有限公司之间,江苏鼎盛重工有限公司码头后方。目前场地内已全部拆迁完毕	该地块目前的土地所有权归地方政府。由于江苏鼎盛重工有限公司二期码头还未建设,该地块也未被江苏鼎盛重工有限公司征用,目前处于闲置状态	该地块交通便利,周边基础道路建设完善,连接新民洲大道的青春路,穿过该块场地与江苏鼎盛重工有限公司厂区之间,车辆运输方便,无须新修道路。据了解江苏鼎盛重工有限公司已和镇江市港口发展集团达成合作意向,并计划合作建设江苏鼎盛重工有限公司二期码头。若确定二期码头工程合作建设,后期可就中转堆场场地使用方式与圣灏码头进一步商讨

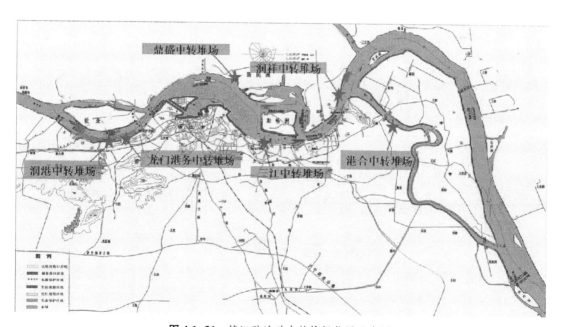

图 4.1-31　镇江疏浚砂中转堆场位置示意图

经多方考察研究比选,拟选址在马步桥河口上游陆域(以下简称润港中转堆场)和龙门港务作为仪征水道的航道疏浚砂中转堆场,根据江苏省交通运输厅、江苏省发展和改革委员会、江苏省水利厅印发的《江苏省沿江砂石码头布局方案》,两处选址均位于镇江港规划布局的高资龙门港区砂石集散中心内。镇江市港发绿色资源有限公司拟选镇江新区大路镇扬中大桥下游的港和码头作为口岸直水道的航道疏浚砂中转堆场。下一步根据各辖市区终端使用单位的具体位置和经济性原则,镇江市港发绿色资源有限公司将合理布局镇江市疏浚砂综合利用的中转堆场。

4.1.4.2　润港中转堆场

1. 概况

该地块北邻长江主江堤,东邻马步桥河,南距沿江高等公路 350 m。地块东西长 268 m,南北纵深东侧 293 m,西侧 347 m,总面积约 8.41 万 m²,作为拟建镇江港龙门港区润港港务有限公司码头的堆场,具备临时使用的条件(图 4.3-32～图 4.3-34)。

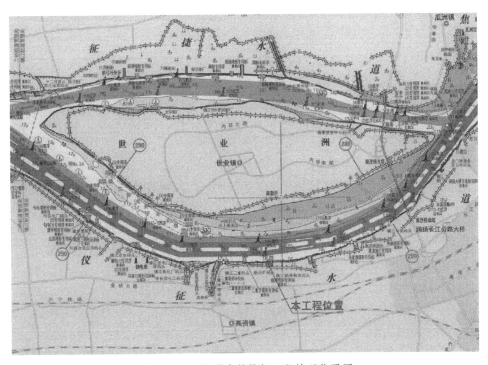

图 4.1-32　润港中转堆场工程地理位置图

2. 装卸工艺方案

润港中转堆场的装卸工艺采用浮吊上岸、移动皮带机水平运输至中转堆场或通过转接漏斗直接装车出运的方式。疏浚砂在堆场转场采用移动皮带机或推土机,堆垛采用堆高机或推土机。

在已建下游引桥前沿水域布置 1 台浮吊(装卸能力 800 t/h,吃水约 2.0 m),在驳岸墩台上设置固定料斗,沿引桥长度布置移动皮带机(带宽 1 000 mm、带速 2.0 m/s,通过能力为 800 t/h),疏浚砂在运输过程中,经必要的排水(真空排水,含水量满足皮带机运输)后上岸。堆场布置移动皮带机、推土机和堆高机,疏浚砂外运采用装载机、载重汽车。

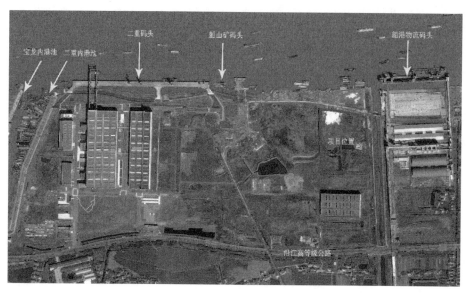

图 4.1-33　润港中转堆场场地现状图（一）

图 4.1-34　润港中转堆场场地现状图（二）

装卸工艺流程如下：

砂料进场：运砂船→浮吊＋抓斗→固定漏斗→引桥移动皮带机→堆场移动皮带机或推土机→移动堆高皮带机→堆垛。

砂料出场：堆场→装载机→载重汽车→出运。

按规划布置 2 条装卸作业线进行装卸能力计算，每条作业线浮吊的装卸能力为 500 t/h，经计算年装卸能力约 300 万 t。

3. 平面布置

润港中转堆场堆场周边布置环状道路,东西两侧设纵向主干道2条,南侧设横向设主干道1条,宽度均为12 m,其余道路宽度均为9 m。在堆场东南侧布置进出口大门,通过连接道路(长350 m、宽20 m)与沿江高等级公路连接。

布置3块中转堆场和辅助管理区,堆场分干砂、湿砂和装卸区,面积约60 000 m²。各分块堆场四周设置挡块与道路隔离。辅助管理区占地约6 000 m²,主要布置有管理用房、停车场等设施。

在堆场的东西南三面设置12 m高防风抑尘网和必要的喷淋、监控设施,沿堆场周边布置了排水明沟,堆场南侧设置了沉淀池,雨水经沉淀,部分用于堆场喷淋,其余进市政雨水管网。在堆场进出口布置了车辆洗车槽、地磅等设施。

4. 配套工程

1)供电照明

该工程用电设备主要为移动皮带机和堆场照明灯具,用电负荷不大,考虑从周边企业引入电源或设置箱式变电站。

引桥装卸区照明采用中杆灯,堆场四周照明布设在防尘网支架上,堆场中部照明采用高杆灯,光源采用LED灯。

2)生产及辅助建筑物

该工程生产及辅助建筑物有管理用房、地磅房等,其中管理用房为临时建筑,可采用活动板房。地磅房为砖混砌体结构,以后可转交润港港务有限公司码头堆场使用。

3)监控

在全场包括前方引桥及浮吊装卸区布设监控设施,做到对疏浚砂从装卸—进场—出场的全过程监控。采用枪式摄像头和球式摄像头相结合的监控方式。

4.1.4.3　龙门港务中转堆场

1. 概况

润港中转堆场已完成设计工作,目前正积极建设中,镇江航段疏浚砂拟先通过镇江市龙门港务有限公司码头上岸(图4.1-35)。

2. 上岸工艺流程

龙门港务中转堆场疏浚砂通过运输船运输至码头后,采用岸吊上岸、通过转接漏斗直接装车出运或运至堆场(图4.1-36)。

装卸工艺流程如下:

疏浚砂进场:运砂船→岸吊→转接漏斗→自卸车→装载机→堆垛。

疏浚砂出场:堆场→装载机→自卸车→出运。

3. 装卸工艺及堆场设置

镇江市龙门港务有限公司目前在龙门港区拥有长江码头和内河港池码头各1座,码头总长度340 m;配有门机、固定吊等码头装卸设备4台以及各类辅助生产设施,后方现有堆场面积6万 m²,年通过能力可达700万 t,可以满足疏浚砂综合利用的卸载、储存需求。

运输船舶运输来的疏浚砂利用码头上的装卸设备抓取疏浚砂至转接漏斗后装车外运。疏浚砂在水平运输过程前已采取必要的排水措施。

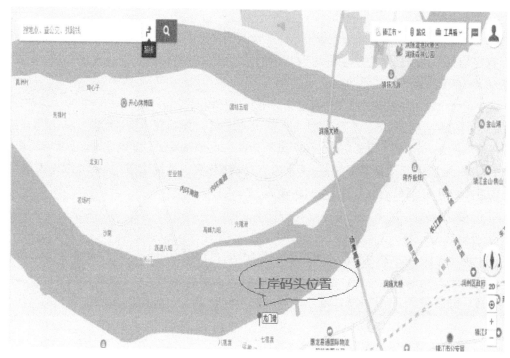

图 4.1-35 龙门港区卸载码头地理位置

图 4.1-36 龙门港区码头装卸工艺

疏浚砂通过厂内车辆短驳运输至堆场,堆场设置在位于龙门港区内的龙门现有堆场,采用水泥板打围隔离。堆场布置装载机和挖机,堆场堆垛高度按平均 5 m 控制,疏浚砂外运采用装载机、自卸车。龙门港区现有堆场监控设备可 24 h 无死角监控(图 4.1-37、图 4.1-38)。

4. 上岸配套设施

(1)排水设施。龙门港区雨污水沉淀池有效体积为 180 m³,雨污水日处理能力为 100 t/d,位于港区前沿堆场,现有堆场四周布置有排水沟。疏浚砂经运输船排水上岸后,含水量达 10% 以下,沉淀污水经排水沟汇至前方沉淀池,达标后排放。后续根据实际试运营期间疏浚砂堆存情况进一步优化设计沉淀池及相关排水设施(图 4.1-39、图 4.1-40)。

图 4.1-37　龙门港区现有堆场

图 4.1-38　龙门港区码头及堆场现状平面图

图 4.1-39　龙门港区沉淀池

图 4.1-40　龙门港区排水沟

（2）防尘覆盖。疏浚砂堆垛后采用毡布覆盖，在堆场四周设雾炮系统，对堆场采取雾炮降尘措施（图 4.1-41）。

（3）洗车设施。堆场进出口设洗车槽,车辆经洗车槽清洗后出场,禁止车轮带沙上路（图4.1-42）。

图4.1-41　龙门港区毡布覆盖及雾炮系统　　　　　　**图4.1-42**　龙门港区洗车设施

（4）监控设施。在全场包括前方码头及浮吊装卸区、堆场区布设监控设施,做到对疏浚砂从装卸→进场→出场的全过程监控。采用枪式摄像头和球式摄像头相结合的监控方式（图4.1-43）。

图4.1-43　龙门港区监控设备

4.1.5　监管方案

由镇江市人民政府成立疏浚砂综合利用工作领导小组,指定相关企业为镇江市长江航道疏浚砂综合利用责任单位。镇江各辖市区须落实分管领导和牵头部门,全市形成自上而下的监管体系。由分管副市长牵头,市政府制定并颁布航道疏浚砂综合利用管理办法,进一步明确各单位和部门职责。

水上采运管理、陆上运输管理均采用管理五联单,保证疏浚砂利用的全过程规范监管。

水上五联单涉及现场监管部门、疏浚船舶、运输船、水利主管部门、实施单位。

陆上五联单涉及现场监管部门、运输车辆、使用单位、水利主管部门、实施单位。

4.1.6　通航分析

4.1.6.1　通航环境分析

1. 水文地理环境

工程河段位于长江镇扬河段,属感潮河段,潮型为非正规半日浅海潮,潮水位每日两涨两落,涨、落潮时明显不等,落潮历时大于涨潮历时。

2. 气象环境

工程所在河段地处亚热带季风区,临江近海、气候温和、四季分明、雨水充沛,"梅雨""台风"等地区性气候明显。

3. 航道条件

工程位于长江下游仪征水道南岸,属长江南京以下深水航道范围内。

拟建码头位于世业洲右汊、仪征水道右岸,属镇江港龙门港区。仪征水道上起张子港,下迄世业洲尾,全长约 31 km。世业洲将水道分为两汊,左汊为仪征捷水道,右汊为仪征,左右汊在龙门口汇合后进入焦山水道。仪征水道设有上行推荐航路和上下行通航分道,深水航道维护水深为 12.5 m,航道通航宽度为 500 m。其中,上下行航宽各 200 m,分隔带宽 100 m。

4. 沿岸设施

工程所在仪征水道右岸侧码头较多,上游有镇江电厂煤码头、中盐码头、镇江海事高资码头、二重镇江基地码头、镇江润港港务有限公司码头(拟建)等、船港物流码头等,下游有惠龙港码头、中船设备码头、蓝波公司码头、镇江船厂舾装码头、镇江港务集团码头等(图 4.1-44)。

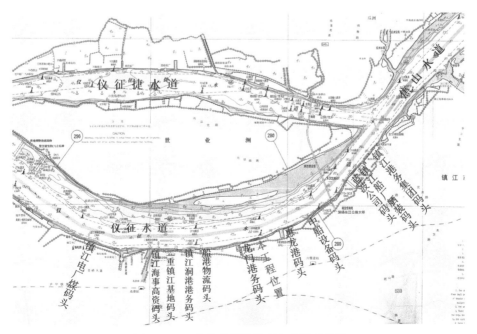

图 4.1-44　中转堆场附近码头位置示意图

5. 锚地

该工程附近有镇江定易洲锚地、镇江海轮锚地等,具体位置及尺度如表 4.1-12 所示。

表 4.1-12 工程附近锚地、停泊区一览表

名称	位置	平面尺度/m	用途
镇江港高资海轮锚地	仪征水道,长江#117黑浮至#118黑浮北侧	长 2 560,宽 170~480	供海轮锚泊
镇江定易洲锚地	焦山水道,长江#108红浮至#111红浮南侧	长 7 730,宽 200~400	供江轮锚泊
镇江海轮锚地	口岸直水道,长江#93-1红浮至#94红浮东侧	长 2 040,宽 686~768	供海轮锚泊

6. 交通环境分析

1) 工程附近航路特点

(1) 沿深水航道通航分道行驶的上、下行大型船舶。

(2) 沿北岸推荐航路上驶的小型船舶。

(3) 进出锚地、服务区的船舶。

(4) 习惯沿岸航行的小型船舶。

(5) 进出拟建工程附近码头的船舶。

2) 交通流统计分析

根据镇江市海事局 2015—2020 年 1—12 月在润扬大桥南汊桥的船舶流量观测记录,其中 2015 年日均流量为 1 123 艘次,2016 年日均流量为 1 310 艘次,2017 年日均流量为 1 468 艘次,2018 年日均流量为 1 501 艘次,2019 年日均流量为 1 560 艘次,2020 年日均流量为 1 326 艘次。

润扬大桥船舶交通流特点:

(1) 从船舶种类来看,营运船舶占主导地位,95% 以上的船舶均为营运船舶。

(2) 从船舶的尺度(船舶大小)看,长江深水航道内通航船型呈多样化特征,既有 30 m 以下的小船,也有 180 m 以上的大型船只。船舶构成中占比最大的是 30~50 m、50~90 m 之间的船舶,船长 180 m 以上的大型船只总体占比相对较小。

(3) 每年船舶流量高峰期为丰水期时段,枯水期船舶流量较丰水期船舶流量略少 10%~20%。

(4) 每日船舶流量与潮水涨落时间密切相关,船舶流量日流量高峰时间为转潮前后各 1 h 左右,且一般情况下白天的密度大于夜间。若遇大风、大雾等恶劣天气影响则在天气转好后的一段时间内,船舶将会出现最大高峰流量。

4.1.6.2 通航安全保障措施

1. 疏浚工程施工期交通组织

疏浚作业过程中应注意工程船舶的安全及相关工序的合理衔接。该疏浚工程地点以水上施工为重点,对通航安全和通航环境的影响也主要集中在水域作业施工期间。施工期间交通组织可按以下要求进行：

（1）疏浚工程船舶在工作之前注意气象、水文条件，避免在大风、急流、重霾、大雾等影响通航安全的情况下强行操作。

（2）在水上疏浚期间，对疏浚工程船舶航行水域进行规定。

（3）疏浚工程船舶之间通过高频和电话进行联系和协调，工程管理人员通过高频和电话对疏浚工程船舶进行合理调度和监管。

（4）加强与疏浚工程水域周围上、下行船舶的联系，特别是加强对沿习惯航路上行的小型船舶的联系，防止其误驶入施工作业水域。

（5）加强值班，注意与上游、下游方向的航行船舶船联系，提醒上、下行船舶应保持足够的安全距离。

（6）抛泥船航行时应按定线制规定航行。做到加强瞭望，谨慎操作，注意避让，划江穿越通航分道。掉头前，要向南京 VTS 报告并及时发布船舶动态，积极与上、下水船只联系，注意避让，选择合适的时机穿越航道。

（7）作业期间要注意显示相关的号灯、号型，并做好夜间值班工作的规定。

（8）配合海事管理部门的管理和交通组织，积极收听监管部门发布的航行通知、警告，配合海巡船艇的现场监督。

2. 疏浚施工期通航安全保障措施

1）施工期现场警戒维护需求

（1）疏浚施工对附近水域通航环境有一定的影响，为使施工顺利进行，加强与梅山钢铁码头的调度管理，防止船舶靠离泊与疏浚之间不协调。

（2）在水上、水下作业前应申请发布航行通告、播发航行安全动态信息，公布施工水域范围。

2）安全设备设施配备

（1）所有参与施工的船舶、运泥船、挖泥船舶须装有 AIS，且处于适航状态。

（2）为了满足工程施工作业人员及警戒船舶间流动通信的需要，采用 VHF 无线电话进行联系沟通，船上甚高频电台须设置 2 个通信信道，一个遇险和安全通信信道，一个专用工作频道。

3）安全施工作业区的划定

作业前应做好通报、宣传工作，疏浚作业与船舶靠离泊作业错时进行，防止相互影响。

4）施工船舶及施工人员的监管

（1）建立船舶动态报告制度，实时掌握施工船的动态，制定好航行路线。

（2）特别注意在进行定位、挖泥、抛泥等施工项目时，要做好组织安排，协调好船（艇）及施工人员。

（3）疏浚工程船舶在工作之前应注意气象、水文条件，避免在大风、急流、重霾、大雾等影响通航安全的情况下强行操作。当施工水域遇雾，能见度低于 1 500 m 时应停止施工作业。

（4）做好防污染相关工作，生活垃圾及污水不得排入江中，按规定送到指定地点处理。

（5）加强与疏浚工程水域周围上、下行船舶的联系，特别是沿习惯航路上行的小型船舶，防止其误驶入施工作业水域。

（6）加强值班，注意与上游、下游方向航行船舶的联系，提醒上下行船舶应保持足够的安全距离，需要过往船舶减速通过时，施工船应按规定显示信号并随时与过往船舶联系，要求减速通过施工水域。

（7）抛泥船航行时应按定线制规定航行。做到加强瞭望，谨慎操作，注意避让，及时发布船舶动态，积极与上下水船只联系，注意避让，选择合适的时机穿越航道。

（8）加强对施工人员及船员的安全教育，认真落实相关安全保障措施。组织施工人员及船员定期开展有关应急预案的演练。

（9）配合海事管理部门的管理和交通组织，积极收听监管部门发布的航行通知、警告，配合海巡船艇的现场监督。

5）施工船舶停泊点

施工船夜间不施工时，施工船舶停靠在码头上或在♯31停泊区内停泊。

4.2 泰州市长江航道疏浚砂综合利用

4.2.1 疏浚实施方案

4.2.2.1 疏浚工艺比选

泰州市长江航道疏浚砂转驳工艺主要有绞吸式挖泥船舷靠装驳、耙吸式挖泥船舷靠装驳和耙吸式挖泥船艏吹装驳3种工艺，各方式的工艺流程及优缺点如下。

1. 绞吸式挖泥船舷靠装驳施工工艺

在挖泥过程中，绞吸式挖泥船和驳船采用舷靠方式，边施工边装驳，将施工区水下的疏浚砂通过旁吹装置排入舷靠驳船。

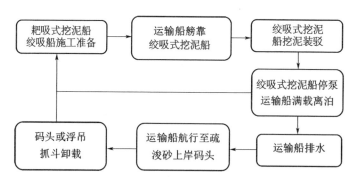

图 4.2-1 绞吸式挖泥船舷靠装驳施工工艺流程图

优点：

挖泥船和驳船采用舷靠方式不装舱，边施工边装驳，减少了抛泥环节，增加了有效维护疏浚时间。

缺点：

（1）深舱驳船舷靠装驳时，挖泥船操纵性能变差。

图 4.2-2　绞吸式挖泥船榜靠装驳施工图

（2）挖泥船施工中不规范操作势必会产生危险；而榜靠的驳船因装舱载重量的变化，容易制约挖泥船的操作性能，间接影响施工效率。

（3）深舱驳船靠离挖泥船，对航道通航产生影响。

（4）须运输船与吸盘船同时施工，占用较多水域面积，对航道通航影响较大，对施工区域水文条件、通航条件要求较高。

2. 耙吸式挖泥船榜靠装驳施工工艺

耙吸式挖泥船每一船次满载疏浚砂后，选择转运区锚泊将疏浚砂通过旁吹装置抽舱排入榜靠运输驳船。

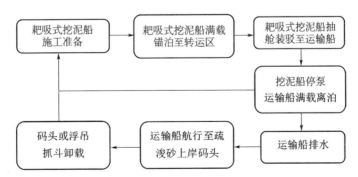

图 4.2-3　耙吸式挖泥船榜靠装驳施工工艺流程图

优点：

耙吸式挖泥船独立进行疏浚施工，对航道通航影响小，作业效率高。

缺点：

（1）该工艺需要在航道维护疏浚区附近设置专用转运区，可能会占用锚地、推荐航路等。

图 4.2-4 耙吸式挖泥船榜靠装驳施工图

转运区的选择空间较小。随着生态空间管控制度越来越严格,转运区的设置要避开生态红线、国家级水产种质资源和饮用水水源等保护区域,且尽量减小对航道通航的影响。

（2）要求耙吸船自身具有艏吹功能。

3. 耙吸式挖泥船艏吹装驳施工工艺

耙吸式挖泥船每一船次满载疏浚砂后,在转运区以抛锚接管艏吹的方式将每一船次的疏浚砂由泥舱抽、吹经装舱平台至深舱运输船。

图 4.2-5 耙吸式挖泥船艏吹接管装驳施工工艺流程图

优点:

（1）从安全角度看,耙吸式挖泥船航道维护施工和艏吹装驳为独立环节,对航道通航影响有限。

（2）与传统的"挖、运、抛"工艺相比,该工艺在福北水道和鳗鱼沙水道维护疏浚施工中对船舶运转周期影响较小。

缺点:

（1）该工艺需要在航道维护疏浚区附近设置专用转运区,可能会占用锚地、推荐航路等。

（2）随着生态空间管控制度越来越严格,转运区的选择空间较小,转运区的设置要避开生态红线、国家级水产种质资源和饮用水水源等保护区域,且要尽量减小对航道通航的影响。

4. 推荐方案

1）不设转运区

当月计划疏浚量低于 10 万 m^3 时,采用绞吸式挖泥船艕靠装驳工艺,无须设置转运区。

2）设置转运区

当月计划疏浚量超过 10 万 m^3 时,采用耙吸式挖泥船艕靠装驳工艺或耙吸式挖泥船艉吹装驳工艺。两种方案均在专设转运区内装驳,但采用耙吸式挖泥船艕靠装驳工艺无须设置装驳平台,采用耙吸式挖泥船艉吹装驳工艺须设置装驳平台。根据每月疏浚量选用不同的工艺,选择标准如表 4.2-1 所示。

表 4.2-1　根据疏浚量选择装驳工艺标准

月疏浚量	采用工艺	备注
<15 万 m^3	耙吸式挖泥船艕靠装驳工艺	无须设装驳平台
>15 万 m^3	耙吸式挖泥船艉吹装驳工艺	须设置装驳平台

长江泰州航段维护性疏浚区域主要集中在福北水道和鳗鱼沙水道,疏浚量较大,外界影响因素多,通航密度大,水域紧张,整治建筑物及码头多,生态空间管控等环保要求高。结合长江泰州段维护疏浚和航道特点,当月计划疏浚量低于 10 万 m^3 时,推荐采用绞吸式挖泥船艕靠装驳工艺;当月计划疏浚量超过 10 万 m^3 时,推荐采用转运区内装驳疏浚砂的方案,其中月疏浚量高于 15 万 m^3 时,须在转运区设装驳平台。

4.2.2.2　疏浚实施方案

耙吸式挖泥船艉吹装驳工艺施工过程包含"挖、运、吹",由长江南京航道工程局负责,接受长江航道局的管理。

耙吸式挖泥船采用"挖、运、吹"施工工艺。

1. 施工上线

施工前,按照水深测图浅区范围布设施工计划线;耙吸式挖泥船接近施工计划线起挖点后,降低航速,利用施工定位软件,按计划线上线施工。

2. 挖泥装舱

根据航道水深测图,按照"先挖浅段,逐次加深"的原则,待水深基本相近后再逐步加深,以保证全槽均匀浚深。因长江内施工调头受限,部分水道采用"进退挖泥法"施工。

为提高施工效率,根据装载计量系统尽可能使泥舱的装载量达到最佳,并考虑施工安全与环保的要求,施工过程中如业主方有特别要求。将服从业主方的安排。

考虑到涨、落潮流速影响,为便于上线操作和施工安全,原则上采用逆流施工法。

3. 重载航行至转运区

耙吸式挖泥船装舱量达到最佳后,起耙停止挖泥施工,沿着既定航路航行至转运区。

4. 艉吹装驳

挖泥船满载沿着既定航路航行至转运区,抛锚定位后连接艉吹管线,通过泥泵将泥舱内的疏浚土艉吹至装驳平台。装驳平台通过两侧的消能管道向靠泊于装驳平台的运输驳船装驳。

5. 轻载航行

舶吹结束后,耙吸船沿着既定航路航行至施工区,再次上线施工(图 4.2-6)。

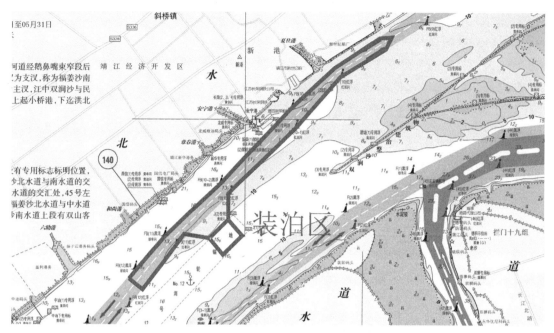

图 4.2-6 耙吸式挖泥船施工路线示意图(福北水道)

4.2.2 水上接驳实施方案

4.2.2.1 转运区设置

1. 转运区选取因素

1) 充分考虑生态空间管控区域规划

生态空间管控区域实行分级管理。国家级生态保护红线原则按禁止开发区域的要求进行管理,严禁不符合主体功能定位的各类开发和活动,严禁任意改变区域用途。生态空间管控区域以生态保护为重点,原则上不得开展有损主导生态功能的开发建设活动,不得随意占用和调整。

2) 充分考虑耙吸船吃水

拟投入该项目疏浚施工的耙吸式挖泥船中,挖泥船满载吃水 5.2～11.0 m,富余水深 1.0 m。

3) 充分考虑转运区设置对河势、行洪、岸坡安全的影响。

4) 水域开阔,装驳施工中不得影响通航。

2. 转运区选址

保留前次选定的、位于福北水道的转运区,拟在鳗鱼沙水道附近增设一处 800 m 长、300 m 宽的转运区,以满足疏浚要求。结合泰州段通航条件,经走访调研并结合海事、航道和水利部门意见,选定 2 处水域作为转运区选址。转运区选址具体位置如表 4.2-2 所示。

表 4.2-2　转运区选址位置一览表

水道名称	转运区选址	具体位置	备注
福姜沙北水道	福北转运区	FB♯17—♯18 红浮连线南侧	靖江水域,前次选定,本次仍保留
鳗鱼沙水道 (本次新增)	1♯转运区	鳗鱼沙整治建筑物内第 4、5 条护滩带间水域,T4♯红浮与 T4♯红浮南侧	泰州水域
	2♯转运区	鳗鱼沙整治建筑物下端部 T2♯红浮与 T3♯红浮南侧	泰州水域

根据鳗鱼沙水道往年疏浚情况,拟设转运区位置底质均为泥或沙,对船舶抛锚无不利影响。

1)福北转运区

福北转运区设置在福北水道 FB♯17—♯18 红浮连线南侧,位于福北主航道与整治建筑物之间,东侧与整治建筑物距离>500 m,通航密度小,图注水深 10 m 以上。转运区顺水流方向长度 500 m,垂直水流向宽度 250 m,其中下游侧布置耙吸式挖泥船,耙吸式挖泥船可从转运区东北侧进出;上游考虑布置装驳平台(平台长×宽×吃水为 70 m×10 m×2 m),以及运输船舶(船长×宽×吃水为 75 m×12 m×5 m),整个转运区水深条件良好,可满足整体船机设备对水深的要求(另考虑 1.0 m 船舶富裕水深)。距福北水道约 110 m,对福北水道的下行船舶存在一定影响,对福中上行船舶影响有限。转运区设置于以下四点连线范围内(图 4.2-7、图 4.2-8)。

(1) 32°1.446′N, 120°23.862′E

(2) 32°1.357′N, 120°23.987′E

(3) 32°1.162′N, 120°23.759′E

(4) 32°1.254′N, 120°23.642′E

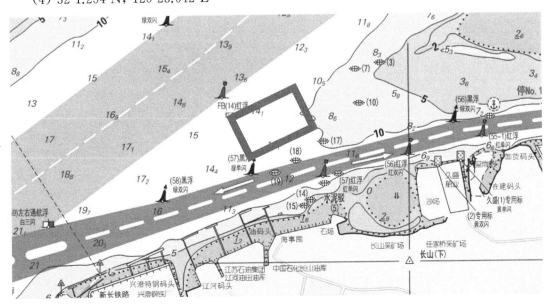

图 4.2-7　福北转运区位置图

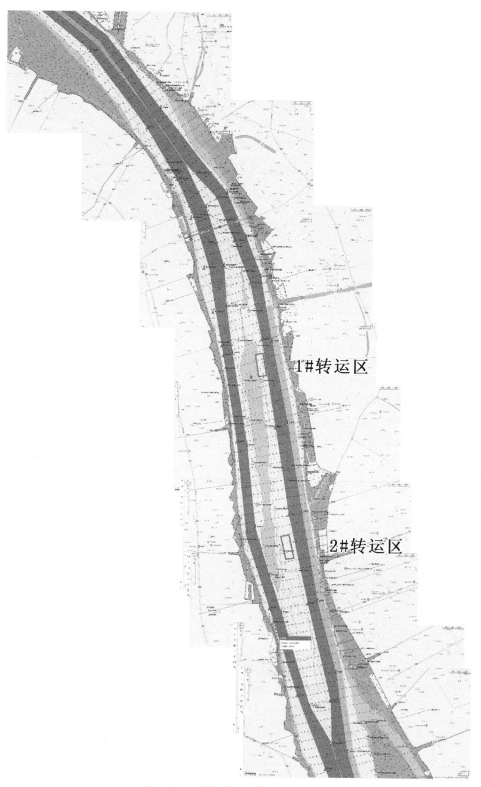

图 4.2-8 新增鳗鱼沙转运区选址图

2）1#转运区

1#转运区设置在鳗鱼沙整治建筑物内，第 4、5 条护滩带之间水域，T4#红浮与 T5#红浮南侧，位于泰州水域范围。北端部与整治建筑物第 4 道护滩带距离约为 220 m，南端部与第 5 到护滩带距离约为 870 m，东侧与航道距离约为 106 m，西侧与潜堤距离约 110 m。1#转运区设置于以下四点连线范围内（图 4.2-9）。

1#转运区设置于以下四点连线范围内。

(1) 32°12.56′N, 119°53.32′E

(2) 32°12.13′N, 119°53.40′E

(3) 32°12.16′N, 120°53.59′E

(4) 32°12.58′N, 120°53.51′E

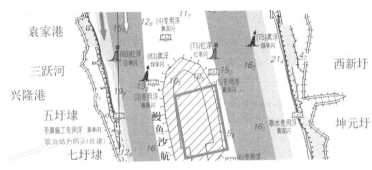

图 4.2-9　1#转运区位置图

1#转运区左右侧分别为口岸直水道南北汊航道，均为通航主航道，船舶通航密度大，图注水深 9 m 以上。1#转运区顺水流方向长度 800 m，垂直水流向宽度 300 m，其中下游端部布置耙吸式挖泥船。由于该水域附近有水下整治建筑物，耙吸式挖泥船进场抛锚存在一定困难，可能会刮碰水下整治建筑物；上游端考虑布置装驳平台（平台长×宽×吃水为 70 m×10 m× 2 m），以及运输船舶（船长×宽×吃水为 75 m×12 m×5 m）。整个转运区水深条件较好，局部不满足耙吸式挖泥船满载水深的要求（另考虑 1.0 m 船舶富裕水深）。

耙吸式挖泥船从口岸直水道北汊上行进入 1#转运区或从口岸直水道南汊下行进入 1#转运区。受 1#转运区下游锚禁 6#浮影响，耙吸式挖泥船从口岸直水道北汊上行进入时有一定影响；疏浚砂转驳结束后，沿口岸直水道北汊上行进行疏浚作业或沿口岸直水道南汊下行进行疏浚作业；运输船从口岸直水道北汊上行进入 1#转运区，装载完毕后利用 1#转运区水域掉头沿口岸直水道南汊下行靠泊卸载。

3）2#转运区

2#转运区设置在鳗鱼沙整治建筑物下端部 T2#红浮与 T3#红浮南侧，位于泰州水域范围。北端部与整治建筑物第 10 道护滩带距离约为 200 m，西侧与第 11 道护滩带距离约 70 m，东侧与航道距离约为 110 m，北端部与泰州锚地上端距离约为 204 m。2#转运区设置于以下四点连线范围内（图 4.2-10）。

(1) 32°9.26′N, 119°53.98′E

(2) 32°9.29′N, 119°54.17′E

(3) 32°8.86′N, 119°54.28′E

(4) 32°8.83′N, 119°54.09′E

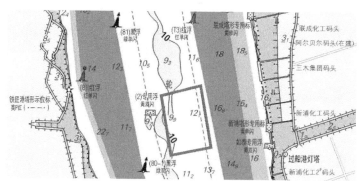

图 4.2-10 2#转运区位置图

2#转运区左右侧分别为口岸直水道南北汊航道,均为通航主航道,船舶通航密度大,图注水深 16 m 以上。2#转运区顺水流方向长度 800 m,垂直水流向宽度 300 m,其中下游端部布置耙吸式挖泥船。由于该水域临近整治建筑物,耙吸式挖泥船进场抛锚可能会刮碰水下整治建筑物;上游端考虑布置装驳平台(平台长×宽×吃水为 70 m×10 m×2 m),以及运输船舶(船长×宽×吃水为 75 m×12 m×5 m),整个转运区水深条件良好,可满足耙吸式挖泥船和运输船对水深的要求(另考虑 1.0 m 船舶富裕水深)。

耙吸式挖泥船从口岸直水道北汊上行进入 2#转运区或从口岸直水道南汊下行进入 2#转运区;疏浚砂转驳结束后,沿口岸直水道北汊上行进行疏浚作业或沿口岸直水道南汊下行进行疏浚作业;运输船从口岸直水道北汊上行进入 2#转运区,装载完毕后利用 2#转运区水域掉头,沿口岸直水道南汊下行靠泊卸载。

4) 转运区方案比选(表 4.2-3)

表 4.2-3 1#~2#转运区选址分析表

序号	优点	缺点
1#转运区	(1) 在泰州市所属管理辖区内,便于沟通协调。 (2) 1#转运区图注水深>9 m,水深情况良好,满足装驳需求。 (3) 船舶进出 1#转运区不横越航道,对通航影响较小。 (4) 1#转运区离疏浚区和上岸码头运距较近	(1) 1#转运区位于鳗鱼沙整治建筑物内,两条护滩带间水域,耙吸式抛锚存在困难。 (2) 1#转运区两侧水道均通航,船舶通航密度大。受 1#转运区下游锚禁 6#浮影响,耙吸式挖泥船从口岸直水道北汊上行进入时有一定影响。 (3) 转运区枯水期局部水深不能满足耙吸式挖泥船满载吃水要求,且水底为整治建筑物
2#转运区	(1) 在泰州市所属管理辖区内,便于沟通协调。 (2) 2#转运区图注水深>16 m,水深情况良好,满足装驳需求。 (3) 2#转运区临近鳗鱼沙整治建筑物下端部水域,耙吸式挖泥船抛锚操作空间较大。船舶进出 2#转运区不横越航道,对通航影响较小。 (4) 2#转运区离疏浚区和上岸码头运距较近	(1) 2#转运区西侧与第 11 道护滩带距离约 70 m,东侧与航道距离约为 110 m,距离相对较近。 (2) 2#转运区两侧水道均通航,船舶通航密度大

经综合比选,结合通航条件、通航影响、管理辖区、运行成本等因素,将2♯转运区作为推荐方案,将1♯转运区作为备选方案。

4.2.2.2　船机投入计划

长江航道工程局2021年度泰州段疏浚施工配备耙吸式挖泥船7艘和绞吸式挖泥船1艘,切滩区域配备绞吸式挖泥船,根据工程需要安排进场。同时考虑锚艇等施工辅助船舶。

该方案拟投入船机设备见表4.2-4:

表 4.2-4　船机设备投入一览表

船舶及设备名称	尺度 (船长×船宽×型深)	备注
长鲸1	126.19 m×22.0 m×8.0 m	疏浚施工,舱容8 000 m³
长鲸2	131.4 m×24.6 m×10.0 m	疏浚施工,舱容10 000 m³
长鲸7	120.3 m×24.8 m×9.6 m	疏浚施工,舱容9 000 m³
长鲸9	150.0 m×29.2 m×11.0 m	疏浚施工,舱容13 800 m³
长鲸12	117.6 m×24.6 m×8.9 m	疏浚施工,舱容7 000 m³
长鲸8	95.0 m×17.8 m×6.4 m	疏浚施工
航浚22	80.3 m×14 m×5.2 m	疏浚施工
绞吸4	88.6 m×15 m×4.8 m	疏浚施工
浮管	400 m	转驳,直径850 mm
绞锚艇	1艘	辅助施工,功率700 kW
警戒艇	待定	现场警戒
装驳平台	70 m×10 m×2 m	疏浚砂消能装驳
深舱运输船	10(4)艘	疏浚砂转运,括号内为备用数量

4.2.2.3　耙吸式挖泥船艏吹装驳工艺流程

耙吸式挖泥船采用"挖、运、吹"工艺,将航道维护疏浚土运至转运区进行艏吹装驳,具体作业程序如下。

1) 装驳平台定位

综合考虑周边水域情况、水域通航的影响以及管线的配备,选择合适水域布置装驳平台。由拖轮将装驳平台拖至施工现场后,根据施工布置图,利用船载全球定位系统(GPS)进行定位,由绞锚艇将装驳平台的四个定位锚进行抛锚,抛好

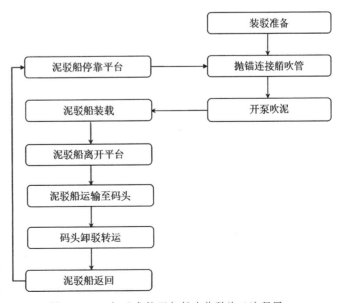

图 4.2-11　耙吸式挖泥船艏吹装驳施工流程图

定位锚后,装驳平台通过锚机的收放来精确调整位置(图 4.2-12)。

图 4.2-12 装驳平台定位示意图

2) 连接水上浮管

船舶、装驳平台定位作业进行的同时,进行水上浮管的连接作业。由绞锚艇进行浮管定位、固定作业,每 100 m 布置 1 口锚,浮管上按要求每 50 m 设置 1 个灯标。浮管的定位锚抛设完成后,将其一端与装驳平台连接头对接,一端自由漂浮于水中。完成全部的水上浮管连接后开工展布作业。

3) 泥驳靠泊装驳平台

装驳施工采用对装驳平台两侧靠泊泥驳同时装驳的施工方式。在完成所有开工展布后,运输泥驳开始靠泊装驳平台,装驳平台两侧各靠一驳。

4) 耙吸式挖泥船抛锚连接艉吹管

耙吸式挖泥船完成单次施工后,满载航行至转运区。根据风、流影响选择合适的地点抛锚。在锚艇协助下,将艉吹浮管与船舶艉吹口进行对接(图 4.2-13)。

图 4.2-13 泰州疏浚船舶抛锚连接艉吹管现状图

5）艉吹作业

管线连接好后,开启闸阀,启动泥泵开始吹泥。根据艉吹距离的不同,艉吹方式可以分为单泵低速挡、单泵高速挡、双泵低速挡和双泵高速挡。双泵高速挡吹距最远,可达 1 km 以上。

疏浚土通过管线输送至装驳平台对两侧靠泊运输驳船同时进行装舱,装驳平台安排专人查看装驳情况。当运输驳船吃水达到满载吃水线时,立刻与耙吸式挖泥船联系,要求停止艉吹作业,耙吸式挖泥船在接到停止施工通知后立即脱泵,停止施工。满载泥驳离泊后,新的空载泥驳靠泊装驳平台,靠妥后装驳平台对耙吸式挖泥船发出开始施工的通知,耙吸式挖泥船再次开始艉吹装驳作业(图 4.2-14)。

图 4.2-14　泰州疏浚船舶艉吹作业图

6）运输驳船装载完成后,缓慢驶离装驳平台(图 4.2-15)

图 4.2-15　泰州运输船舶驶离装驳平台图

7) 运输驳船满载航行、卸载及空载返航

满载驳船离开装驳平台后航行至卸载码头,靠泊卸载上岸。运输驳船装载泥沙卸空后离开,返航至装驳平台后重新开始装驳。

4.2.3　水上运输实施方案

4.2.3.1　水上运输工艺

水上运输实施过程包含"接驳(装)—水上运输—卸载",由长江南京航道工程局下属水上运输部门负责,接受泰州市政府管理。

4.2.3.2　运输需求

1. 运输量

表 4.2-5　2021 年泰州市长江航道疏浚砂综合利用实施计划表　　　(单位:万 m³)

位置	第一季度	第二季度	第三季度	第四季度	合计
福北水道	0	21.6	56.8	21.6	100.0
鳗鱼沙	0	13.0	13.0	9.0	35.0
合计	0	34.6	69.8	30.6	135.0

2. 疏浚、运输、接收各方职责

1) 疏浚施工方负责按照施工计划进行航道维护性疏浚,单航次疏浚完成后行驶到指定地点与装驳平台进行对接。

2) 运输方负责提供运输船舶、上岸泵船的配置及装、运、卸(不包括抓斗卸载方式)环节的管理。

3) 接收方负责提供疏浚砂上岸码头、堆场的配置和管理,指定运输船舶应到达的目的港以及疏浚砂上岸后的监管。

4.2.3.3　船舶转运

1. 工艺流程

泰州疏浚砂水上转运流程主要为:船舶上线→平台装驳→重载航行→码头卸载→空载返航。

2. 运输船舶配置方案

船型选择:根据作业水域航道条件,按效率最大化原则,运输船舶拟配备 2 500 m³ 深舱运输船舶。装载工艺采用深舱驳溢流装驳方式,为确保船舶装载安全,采用深舱型船舶载运,并加装抽排水系统,留足船舶干舷≥0.3 m;船舶装载完毕后,经过抽排水将舱内含水量控制在30%以下,确保航行前不存在自由液面。

1) 运力投入分析

根据运输距离,统筹考虑疏浚维护施工时间、装载时间、航行时间、卸载作业时间等,装载时间按 2 h/艘计,航行时间按 1 h 计,卸载时间按 5 h/艘计,运输船舶实际装载量按 2 000 t/艘计,运力分析如表 4.2-6 所示。

表 4.2-6　运输船舶运力投入分析表

疏浚效率	工作时间 6 h	工作时间 14 h
2 500 t/h	6 艘	10 艘

此次水上运输拟配备运输船舶 10 艘(其中 4 艘备用)。

2)运输船舶排水系统

装驳时装驳平台通过输出管对运输船舶进行装载,输送至船舱。船舱底面设有排水孔及抽水系统使比重小或低浓度的砂或其他疏浚物排出舷外,每艘运输船设置有 2 套排水系统。

口岸直水道枯水期含沙量在 0.005~0.20 kg/m³ 之间,中水期含沙量在 0.01~0.60 kg/m³ 之间,洪水期含沙量在 0.05~1.0 kg/m³ 之间,悬移质颗粒中值粒径为 0.008 mm 左右,最大为 0.013 mm,最小为 0.006 mm,粒径为 0.007~0.009 mm 的悬移质颗粒占 95% 以上。河床质多为中细沙,组成相对较为均匀,主槽粒径较粗,滩面粒径较细,最大粒径为 6.7 mm,最小粒径为 0.004 mm,中值粒径为 0.017~0.241 mm。

福姜沙水道枯季大潮涨潮平均含沙量在 0.043~0.226 kg/m³ 之间,落潮平均含沙量在 0.045~0.117 kg/m³ 之间;洪季大潮涨潮平均含沙量在 0.039~0.233 kg/m³ 之间,落潮平均含沙量在 0.061~0.207 kg/m³ 之间,悬移质中值粒径在 0.006~0.017 mm 之间。河段底质类型主要以细砂为主,主槽底质中值粒径在 0.15~0.25 mm 之间,边滩底质中值粒径在 0.01~0.15 mm 之间。

根据 2019 年 8 月的砂样检测分析可知,疏浚区砂样的含泥量为 3.0%,疏浚砂通过装驳平台装驳至运输船上,经运输船排水系统处理后,上岸时含水量可降至 10% 以下。期间随时监测关注排水效果,若效果不佳将进一步优化排水设施。

3)运输时间安排

原则上采取 06:00—20:00 进行装驳运输施工,其余时间为外抛施工。在必要时,经海事部门批准后进行 24 h 装驳运输。

根据运输船舶配备及运力分析,每艘运输船每天穿越航道 2~3 次。

3. 水上运输实施组织

1)船舶上线

根据船舶调度指令,空载船舶航行至装驳平台系泊,严格执行《开航前检查制度》《系/离泊操作规定》,其中福北水道转运区的运输船舶沿福北水道北汊上行进入转运区,鳗鱼沙水道运输船舶沿口岸直水道北汊上行进入转运区。船舶空载航行时,在下水航道外侧通过 9 频道报告泰州市海事局船舶交通管理中心,报告完毕并收到海事局船舶交通管理中心许可后方可进入施工水域。加强瞭望,如上游方向最近的一艘下行船离运输船距离大于 500 m 时,通过 6 频道与对方船取得联系,相互会明穿越意图后方可穿越。保持 6 频道通讯畅通,及时避让上、下行船舶,不抢行,确保安全进入施工水域。接近装船平台后,听从装船平台现场指挥,取适当横距靠泊,做到轻靠轻离。

2)船舶装舱

运输船舶靠泊装驳平台后,通知耙吸式挖泥船实施装载作业。

3）重载航行

装舱作业完毕后离泊，做好货物交接及开航前检查，向上岸码头行驶，对船舶 AIS 轨迹实施监控。其中福北水道转运区运输船舶装载完毕后利用转运区水域掉头沿福北水道南汊下行，鳗鱼沙水道运输船舶装载完毕后利用转运区水域掉头沿口岸直水道南汊下行。

严格执行《船舶（队）防碰操作规定》。装载完毕后运输船满载，机动性差。开航前报告泰州市海事局船舶交通管理中心，报告完毕并收到海事局船舶交通管理中心许可后方可离开装船平台。如当下游方向最近的一艘上行船离运输船距离大于 500 m，并通过 6 频道与对方船取得联系时，相互明会穿越意图后方可穿越。间距小于 500 m 或者对方船没有同意穿越则须在原地等待，不得强行穿越。航行中，船舶主要位于南汊航道航行，无须穿越主航道，航行过程中保持通讯畅通，加强瞭望，不抢行。当航行至码头外侧时，发布掉头船舶动态，降低航速用小角度缓缓向北岸掉头，并采用小角度靠泊法靠泊卸载。

4）码头靠泊

满载运输船报港完毕后，由码头调度指定泊位后靠泊。福北水道运输船舶靠泊中泰建发集团新港码头，鳗鱼沙水道运输船舶靠泊泰兴市虹桥仓储有限公司码头或中泰建发海陵码头。

4.2.4　陆域实施方案

疏浚砂上岸包含疏浚砂接收、仓储、供应管理，由中泰建发集团负责实施，接受泰州市政府管理。

4.2.4.1　疏浚砂上岸方式

疏浚砂主要用于吹填造地、地基填筑、建筑原材料、农业培植、湿地恢复等方面。根据利用的方向，疏浚砂上岸方式主要有靠泊卸船、吹填上岸两种。

由于目前泰州航段暂没有适合吹填的场地，因此实施方案考虑疏浚砂采用卸驳上岸的方式。满载运输船报港完毕后，由码头调度指定泊位后靠泊。深舱运输驳船采用码头抓斗式起重机卸船作业（图 4.2-16）。

图 4.2-16　深舱运输驳船卸船过程示意图

4.2.4.2　中转码头选址

长江航道工程在流域上分布不均,疏浚施工时间短,产生疏浚砂方量大,上岸码头的选取非常关键。上岸码头距疏浚施工区域及主城区距离不宜过远,以减少运输费用。疏浚砂上岸后所需堆场面积大且堆场硬件条件和防尘、环保配套设施须完善,后方疏运通道交通便利。

吸取 2020 年疏浚利用的经验教训,针对福北水道和鳗鱼沙水道两处疏浚区域,共考虑 3 处码头作为上岸码头。

1. 中泰建发集团有限公司新港码头

中泰建发集团有限公司新港码头位于靖江市新民拆船有限公司码头东侧,三峰港务码头西侧的夹江东岸,距离长江河口仅 1.2 km。码头距离福北水道施工现场水上运输 9 km,距靖江市区约 23 km,东距南通市区约 30 km,西距泰州 80 km,距省道 356 新港大道 2 km,距离沪陕高速约 6 km,集疏运方便快捷。码头装卸散货采用快速吊配翻斗车,堆场在码头后方仅 200 m,作业效率高。

码头平面呈南北一字形布置,泊位长度共 160 m,最大水深 7 m,码头建设有 2 个 5 000 吨级泊位,现场配备 3 台快速吊,码头后方设有全封闭式堆场,堆场长 150 m,宽 69 m,总堆场面积约为 10 350 m²。堆场采用全封闭彩钢板结构,总面积约为 10 350 m²。场地均采用混凝土硬化,场区内布置地磅、磅房、监控,现场设有洒水车(图 4.2-17～图 4.2-19)。

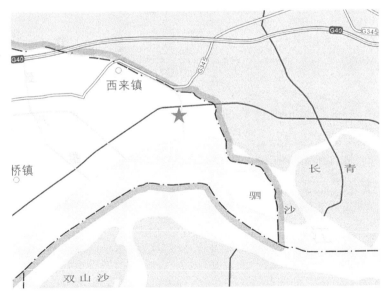

图 4.2-17　新港码头位置图

2. 泰兴市虹桥仓储有限公司虹桥仓储码头

泰兴市虹桥仓储有限公司虹桥仓储码头位于七圩作业区、长江下游泰兴水道出口段左岸、天星洲洲尾下游六圩港内。虹桥仓储码头地理优势明显,其位于泰州市长江岸线的中心地段,距泰州市区约 50 km,距泰兴市区约 20 km,处于长江下游黄金水道、长江三角洲的中心位置,

图 4.2-18　新港码头现状图

图 4.2-19　新港码头堆场现状图

距离鳗鱼沙水道约 16 km。周边水路运输发达,集疏运条件快捷、便利,京杭大运河、引江河、如泰运河与码头毗邻。港口陆路交通发达,腹背宁通高速、沪陕高速及京沪高速,为苏中及苏北地区货物进出口的重要门户,是江海中转港口的理想之地。

虹桥仓储码头和宏锦码头均属泰兴市虹桥仓储有限公司同一法人单位,均在砂石码头许可范围内,两座码头平面呈一字形,上、下游连片布置,泊位长度共 707 m。

虹桥仓储码头建设有 1 个 5 000 吨级和 2 个 10 000 吨级杂货,泊位长度 444 m,设计年通过能力 191 万 t;宏锦物流码头建设有 1 个 5 000 t 级杂货泊位和 1 个 5 000 t 级通用泊位(水工结构按 1 万吨级设计），长度为 263 m，设计年通过能力为 137 万 t。泰兴市虹桥仓储有限公司还拥有 1 座岸线长 560 m、宽 120 m 的内港池，建有 4 个 1 000 吨级散货泊位和 8 个出货通道，设计年通过能力为 137 万 t，可作为疏浚砂装卸专用。

　　码头后方堆场总面积为 80 hm²，其中规划堆场面积 60 万 m²，备用堆场面积 20 万 m²。虹桥仓储码头为泰州市最大的砂石交易中心和集散地，堆场面积大，区域内场地硬化，防尘、环保配套设施齐全，硬件条件完善。码头后方配置了洗砂设备和石英砂加工设备，建有制砖厂 1 座，全封闭钢结构厂房约 8 万 m²，另有大量预留土地可满足砂石后续加工生产需要（图 4.2-20～图 4.2-24）。

图 4.2-20　虹桥仓储码头位置图

图 4.2-21　虹桥仓储码头卫星图

3. 中泰建发集团有限公司海陵码头

　　中泰建发集团有限公司海陵码头位于泰州市海陵区城北物流园区，新通扬运河北侧，紧邻引江河与新通扬云运河交汇处，距离高港区引江河河口仅 28 km，距离鳗鱼沙疏浚点约 40 km，距离中泰建发自有的混凝土拌和站约 1 km。该码头作为内河码头在海陵区地理优势明显，处

图 4.2-22　虹桥仓储码头现状图(一)

图 4.2-23　虹桥仓储码头现状图(二)

图 4.2-24　虹桥仓储码头现状图(三)

于长江下游内河黄金水道,周边水路运输发达,陆路紧靠站前快速路,集疏运条件快捷、便利,引江河与码头毗邻,距离市中心较近。该码头是泰州海陵区重要的沿江码头,港口陆路交通发达,是泰州市疏浚砂在海陵区综合利用内河地理位置最优的码头。

码头共有 3 000 吨级泊位 2 个,泊位总长度 95 m;配有门机 3 台,以及各类辅助生产设施,后方现有堆场面积 2 500 m²;另外混凝土拌和站拥有全封闭仓 12 500 m²,一次堆存量为 2 万 t。场地内均采用混凝土硬化,通过自卸汽车和装载机进行材料的转运,并设有防尘网等环保设施,可以满足疏浚砂综合利用的卸载、储存需求(图 4.2-25～图 4.2-29)。

图 4.2-25　海陵码头位置图（一）

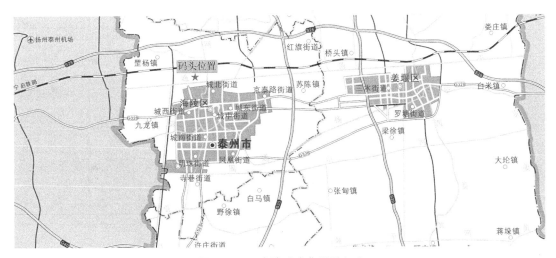

图 4.2-26　海陵码头位置图（二）

图 4.2-27 海陵码头现状图(一)

图 4.2-28 海陵码头现状图(二)

图 4.2-29 海陵码头现状图(三)

4.2.4.3 上岸码头优缺点分析(表 4.2-7)

表 4.2-7 上岸码头选址分析表

上岸码头选址	优点	缺点
中泰建发集团有限公司新港码头	(1) 为自用码头,装卸作业无须等待,作业效率高; (2) 距离福北水道疏浚区域较近,水上运输成本低; (3) 堆场采用全封闭结构,环保设施较完善	码头堆场面积有限
泰兴市虹桥仓储有限公司虹桥仓储码头	(1) 距离泰州市区距离较近,陆上运输成本低; (2) 距离鳗鱼沙水道疏浚区域较近,水上运输成本低; (3) 具备足够的通货及仓储能力,满足疏浚砂堆存需求; (4) 防尘、环保及配套设施完善; (5) 可开展砂石后续加工生产利用	常泰过江通道正在施工,水上通航情况较复杂
中泰建发集团有限公司码头	(1) 距离泰州市区距离较近; (2) 为自用码头,装卸作业无须等待	堆场面积较小

4.2.4.4 堆场布置

1. 概述

上岸堆场码头现有可利用堆场堆存疏浚砂,虹桥仓储码头硬件条件完善,泊位等级、码头总平面布置、装卸工艺设备配置及防尘、环保配套设施齐全,可以满足疏浚砂卸载及堆存要求。其他2处码头暂未达到上述装卸工艺、总平面布置及配套工程设置标准的,在工程开工前改造完成。

2. 装卸工艺方案

采用"固定吊＋抓斗"上岸、移动皮带机水平运输至堆场,采用皮带机过堤。疏浚砂在堆场转场采用移动皮带机或推土机,堆垛采用堆高机或推土机。疏浚砂在运输过程中,经必要的排水(真空排水,含水量满足皮带机运输)后上岸。堆场布置移动皮带机、推土机和堆高机,疏浚砂外运采用装载机、载重汽车。

装卸工艺流程如下:

砂料进场:运砂船→固定吊→固定漏斗→引桥移动皮带机→堆场移动皮带机或推土机→移动堆高皮带机→堆垛。

砂料出场:堆场→装载机→载重汽车→出运。

3. 总平面布置

堆场周边布置道路与外部公路连接。

布置堆场和辅助管理区,堆场分干砂、湿砂和装卸区。各分块堆场四周设置挡块与道路隔离。辅助管理区主要布置管理用房、停车场等设施。

堆场外侧设置12 m高防风抑尘网和喷淋、监控设施,沿堆场周边布置排水明沟,堆场设置沉淀池。雨水经沉淀部分用于堆场喷淋,其余进市政雨水管网。在堆场进出口布置车辆洗车槽、地磅等设施。

4. 配套工程

1) 供电照明

用电设备主要为移动皮带机和堆场照明灯具,用电负荷不大,考虑利用现有设备或设置箱式变电站。

装卸区照明采用中杆灯,堆场四周照明布设在防尘网支架上,堆场中部照明采用高杆灯,光源采用 LED 灯。

2)生产及辅助建筑物

生产及辅助建筑物有管理用房、地磅房等,其中管理用房可采用活动板房。地磅房采用砖混砌体结构。

3)监控

在全场包括前方引桥及固定吊装卸区布设监控设施,采用枪式摄像头和球式摄像头相结合的监控方式,做到对疏浚砂从装卸—进场—出场的全过程监控。在堆场进出口布置车辆洗车槽、地磅等设施。

4.2.5　监管方案

由泰州市人民政府成立疏浚砂综合利用工作领导小组,指定相关企业为泰州市长江航道疏浚砂综合利用责任单位。各辖市区须落实分管领导和牵头部门,全市形成自上而下的监管体系。由分管副市长牵头,市政府制定并颁布航道疏浚砂的综合利用管理办法,进一步明确各单位和部门职责。

水上采运管理、陆上运输管理均采用管理五联单,保证疏浚砂利用的全过程规范监管。

水上五联单涉及现场监管部门、疏浚船舶、运输船、水利主管部门、实施单位。

陆上五联单涉及现场监管部门、运输车辆、使用单位、水利主管部门、实施单位。

泰州市涉及疏浚砂监管的过程信息统一纳入"智守长江——泰州市水行政执法信息化平台"系统(图 4.2-30)。

图 4.2-30　泰州市水行政执法信息化平台界面

4.2.6　通航分析

4.2.6.1　通航环境分析

1. 水文地理环境

河段处于长江潮区界与潮流界之间,河床演变主要受径流控制,但也受潮流的影响。

2. 气象环境

泰州市长江航通疏浚砂综合利用工程所处地理位置夏季受台风、强对流天气影响,冬季受寒潮影响,四季分明,雨水充沛。

3. 航道条件

1) 福姜沙中水道

(1) 长江南京以下 12.5 m 深水航道二期工程(南通天生港至南京新生圩)2018 年 5 月投入试运行,江苏海事局于 2018 年 5 月 4 日发布了《关于发布福姜沙水道航路规定的通告》。为保障福北水道维护疏浚作业和船舶通航安全,又于 2018 年 6 月 13 日发布了《关于福姜沙水道航路规定的补充通告》,对福姜沙水道航路进行了补充规定。

航路调整后,航行主要事项如下:一是福中水道为下行主航道,供下行船舶通过使用,设有下行通航分道和下行推荐航路,未设上行推荐航路。二是船长 110 m 以上的上行过境船舶报告 VTS 中心后,可以选择福中水道通过,靠右航行。在长江♯51 浮与长江♯53 浮之间,船长 150 m 以上的大型船舶要避免相互会船。三是福北水道为上行主航道,供上行船舶通过使用,设有上行通航分道,未设推荐航路,上行拟进入福北水道作业的船舶应沿福北水道航行。四是下行拟进入福北水道焦港河口以下码头作业的大型船舶应从福中水道下行后,至福北水道下口掉头进入福北水道,下行进入福北水道作业的其他船舶选择从福北水道下行。五是福北水道焦港河口以上码头离泊下行的大型船舶应从福北水道上行后,再掉头进入福中水道下行,福北水道离泊下行的其他船舶选择从福北水道下行。

(2) 选择福中水道上行的船长 110 m 以上的过境船舶,作为让路义务船,应切实做到谨慎驾驶,加强瞭望;使用安全航速通过,与下行船舶会遇保持安全横距,避免在长江♯51 浮与长江♯53 浮之间追越他船;下行小型船舶应按规定的推荐航路行驶,不得驶入通航分道,避免航路拥堵。

(3) 进江海轮应加强瞭望,充分利用视觉、听觉和雷达观测等手段,时刻了解周围环境和附近船舶航行动态。在能见度不良、船舶盲区较大等情况下,应采取安排人员船首轮班瞭望等措施。

(4) 航经福中水道上口交汇水域时,应加强瞭望和联系,注意在长江♯56 左右通航浮附近水域进出福北水道船舶的转向、掉头动态,提前统一会让意图,防止碰撞事故发生。

(5) 进出福中水道的船舶应沿规定航路航行,正确识别整治建筑物航标标志信息,与航道两侧整治建筑物及警示浮标保持足够的安全横距,避免发生触碰潜堤、丁坝事故。

(6) 航经船舶应使用最新的航行资料,及时收集航行安全信息,避免因使用老版电子海图导致航路选择错误。

2) 福南下口

(1) 过往船舶航经福南下口水域时,应加强瞭望,主动沟通联系,统一会让意图,注意横越船动态,谨慎驾驶,服从 VTS 中心交通组织。船舶进出福南水道时,应清晰认识福中水道是主航道,主动避让顺航道行驶的船舶,提前发布船舶动态,选择合适时机横越;驶入福南水道时,应提前熟悉掌握福姜沙下洲头特点,防止驶入航道外水域导致船舶搁浅。

(2)交汇水域交通流密度大,船舶交叉会遇概率高,船舶应遵章航行,不得强行横越、"抢头"、停车淌航。

(3)船舶驾引人员应加强对航经港口、航道、码头前沿水域等水文、气象信息的掌握,积极应对冬季水位下降及寒潮大风、能见度不良等恶劣天气影响,不满足安全航行条件时应提前选择安全水域锚泊。

(4)过往船舶在进出福南下口前应采取备锚瞭望等必要安全措施,加强主辅机、舵机、锚机、应急设备、航行设备等安全技术状况的检查,避免发生失控险情。

3)福姜沙北水道

福姜沙北水道上界线为福北♯56 左右通航浮与福北♯15 黑浮(小桥港)的连线,下界线为长江♯44-1 左右通航浮与福北♯1 黑浮连线之间的通航水域。该航段维护水深为理论最低潮面下 12.5 m,航宽 260 m(图 4.2-31)。

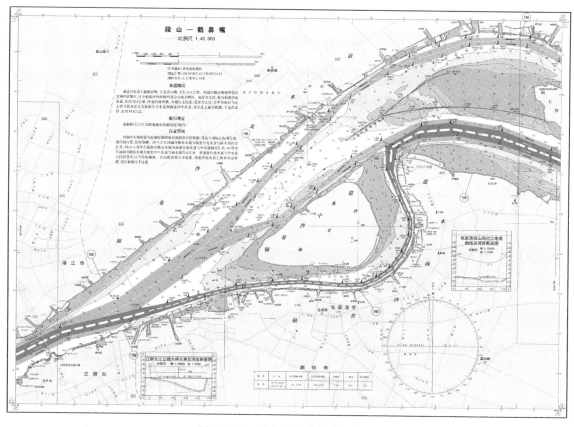

图 4.2-31 福姜沙水道航道示意图

4. 锚地

工程各河段沿线附近锚地主要如下。

（1）福姜沙水域附近主要锚地及停泊区有 12 号海轮锚、福中锚地、张家港海轮锚地、停10～停 12 停泊区等。

（2）口岸直水道附近主要锚地及停泊区有镇江海轮锚地、泰州海轮锚地。

（3）和畅洲区域有定易洲锚地。

（4）世业洲仪征河段附近的锚地主要有停 24 号停泊区。

图 4.2-32　泰州水上转运区、上岸点与航道关系图

5. 交通环境分析

1）工程船舶航路分析

（1）沿福中水道上下行船舶。

（2）沿福北水道上行的船舶及左岸习惯航路上行的小型船舶。

（3）从福中水道绕行至福北水道的船舶。

（4）从福北水道绕行至福中水道的船舶。

（5）上游进福北水道、福中水道的船舶。

2）船舶流量分析

（1）根据近年来江阴海事主管机关在江阴长江大桥船舶流量观测线的连续观测数据可知，江阴大桥日均流量为 1 705 艘次，随着福北水道的建设及其航路调整，原走福中的上行小船均须从福北水道上行。船舶构成中占比最大的是 30～50 m、50～90 m 的船舶，三年的日均在 700 艘次，其中大部分须选择从福北水道上行通过江阴大桥。

（2）船舶高峰流特征明显。工程附近长江主航道水域除了船舶流量大之外还具有典型的船舶交通流高峰特征，每日船舶流量随潮水时间的变化而发生变化，船舶流量日流量高峰时间为转潮前后各 1 h 左右；且一般情况下白天的密度大于夜间。若遇大风、大雾等恶劣天气，则在天气转好后的一段时间内，船舶将会出现最大高峰流量。

4.2.6.2　通航安全保障措施

为确保施工船舶和附近通航船舶安全，转运作业区设置相应的警示浮标。这将有助于对转运平台及疏浚船吹泥作业进行合理地布置，确保施工船舶及附近航行船舶的安全。

1. 转运施工作业区的划定

1）申报与审批

根据《中华人民共和国水上水下活动通航安全管理规定》进行转运区设置，报经主管机关审核同意并发布航行通告。

2）转运作业区

转运区设置在福北水道 FB17♯～FB18♯红浮连线南侧约 110 m 处，顺水流方向 500 m，垂直水流 250 m。施工前应根据施工情况，根据《中华人民共和国水上水下活动通航安全管理规定》，划定与施工作业相关的施工作业区必须报经海事局核准、公告，与施工无关的船舶、设施不得进入施工作业区，施工作业者不得擅自扩大施工作业安全区的范围。

2. 运砂船航行路线

（1）运砂船离开转运区，进入转运区系泊或锚泊进行沥水，沥水完成后，根据潮流走向，挂高船位，必要时滞航等待，运砂船出转运区皆选择从福北水道侧进入航道。沿福北水道上行过 FB20♯黑浮后，沿近岸航路到苏通码头，选择泰兴虹桥仓储码头的船舶沿上行航路上行。

（2）离泊苏通码头，选择从 57♯黑浮下游侧划江，进入下行航道，下沿下行航路至福中水道至♯55 红浮后，择机划江进入转运区。

（3）运砂船选择在转运区水域掉头旋回。

（4）进出转运区及转运区安排警戒艇的警戒维护，上下游水域 1.5 km 内若有大型船舶航行应停止穿越。布置一条警戒艇在转运区下端，负责对疏浚船接管、拆管及进出转运区进行警戒，同时须警戒其他船舶从下游侧水域穿越转运区或近距离接近转运区。

另一条布置在转运区的上端，负责警戒运砂船进出、锚泊沥水等。防范其他船舶从转运区及上端附近水域穿越。对拟进入转运区的划江运砂船进行警戒（图 4.2-33、图 4.2-34）。

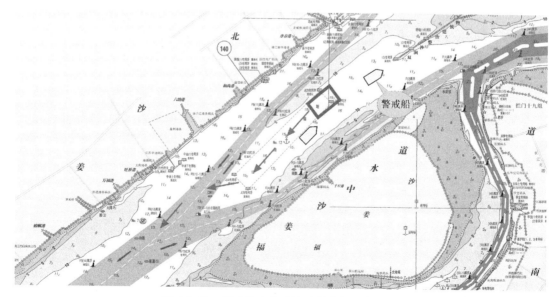

图 4.2-33　运砂船出转运区及警戒艇的布置图

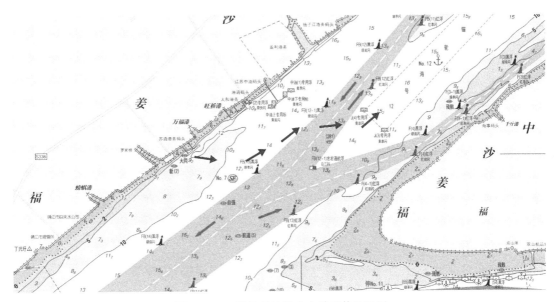

图 4.2-34　下行通过福北水道至转运区图

4.3　苏州市长江航道疏浚砂综合利用

4.3.1　疏浚实施方案

4.3.1.1　疏浚船舶

1. 工艺流程

耙吸式挖泥船的施工工艺为：空载航行到接近起挖点前→对标→定船位→降低航速→放耙入水→启动泥泵吸水→耙头着底→增加对地航速→吸上泥浆→驶入航槽，耙吸挖泥。整个过程连贯进行，当舱内泥的装载达到挖泥船的满载吃水后，停止挖泥，起耙、运输。

2. 疏浚实施船舶安排

疏浚施工配备耙吸式挖泥船（具备舱吹功能），根据工程需要安排进场。

同时还应考虑将锚艇、警戒船、拖轮和测量船作为施工辅助。

4.3.1.2　施工方案

1. 疏浚工程位置及工程内容

疏浚拟在苏州航段福姜沙水道和浏河水道区域施工。疏浚船舶主要采用耙吸式挖泥船，耙吸式挖泥船采用装运吹施工工艺。

1）福姜沙水道（福南水道）

2020 年度福姜沙水道主要对福北水道、浏海沙水道浅区段航道内水深不足 12.5 m 的区域及福南水道进口段航道内水深不足 10.5 m 的区域进行疏浚。

其中苏州市辖区内主要为福南水道，设计挖槽深度为理论最低潮面下 10.5 m，开挖边坡取 1∶8，采用耙吸式挖泥船施工，开挖超宽 5 m，超深 0.5 m（图 4.3-1）。

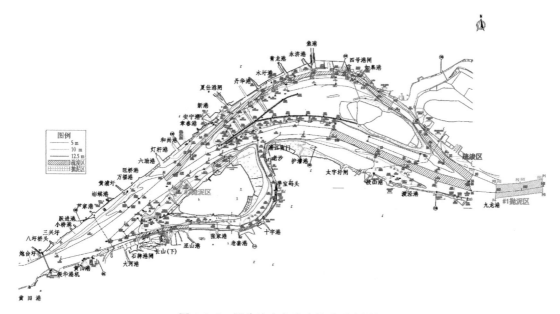

图 4.3-1　福姜沙水道疏浚区平面布置图

2）浏河水道

浏河水道主要对深水南界♯14 至♯2 航标段航道内理论最低潮面下水深不足 12.5 m 的浅包进行疏浚，设计挖槽深度为理论最低潮面下 12.5 m，开挖边坡取 1∶8，采用耙吸式挖泥船施工，开挖超宽 5 m，超深 0.5 m（图 4.3-2）。

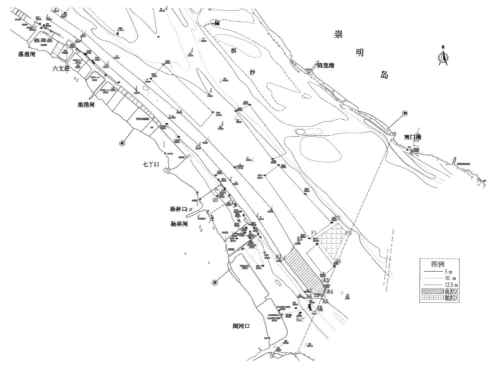

图 4.3-2　浏河水道疏浚区平面布置图

2. 施工时间

原则上采取白天 06:00—18:00 进行疏浚施工,夜间锚泊驻守。在必要时,经海事部门批准后进行 24 h 施工。

3. 主要施工工艺

采用耙吸式挖泥船疏浚,接驳方式采用耙吸式挖泥船舱吹装驳工艺,耙吸式挖泥船将航道维护疏浚砂运至转运区并通过连接管转吹至装船平台管系减压,由减压输出管对运输船舶进行装载,船舶均衡受装并完成沥水后,运输船按指定航线航行至中转堆场。

4.3.2　水上接驳实施方案

4.3.2.1　水上接驳方式

长江苏州航段维护性疏浚区域分散于航道各处,外界影响因素多,通航密度大,水域紧张,整治建筑物及码头多,取排水口等环保要求高。结合长江苏州航段维护性疏浚和航道特点,采用耙吸式挖泥船舱吹装驳工艺。

疏浚砂运输上岸总体流程为施工船舶—装驳平台—运输船舶—卸载—岸上堆场。

4.3.2.2　水上接驳工艺流程

1. 装驳平台定位

由拖轮将装船平台拖至施工现场后,根据施工布置图,利用船载全球定位系统(GPS)进行定位,装船平台的四个定位锚由绞锚艇进行抛锚,采用风流合向八字交叉锚泊定位。抛好定位锚后,装船平台通过锚机的收放来精确调整位置(图 4.3-3)。

图 4.3-3　苏州疏浚砂装驳平台示意图

2. 连接水上浮管

船舶、装驳平台定位作业进行的同时,进行水上浮管的连接作业。由绞锚艇进行浮管定位、固定作业,每100 m布置1口锚,浮管上按要求每50 m设置1盏自亮浮灯。浮管的定位锚抛设完成后,将其两端分别与绞吸式挖泥船船艉管线连接头及装驳船台连接头对接,完成全部水上浮管的开工展布作业。

图 4.3-4 转吹管系连接现状图

3. 装驳

疏浚砂通过管线输送至装驳平台对两侧靠泊运输驳船同时进行装舱,装驳平台安排专人查看装驳情况。当运输驳船吃水达到满载吃水线时,立刻与挖泥船联系,要求停止装驳施工,挖泥船在接到停止施工通知后立即脱泵,停止施工。满载驳船离泊后,新的空载驳船靠泊装驳平台,靠妥后装驳平台对挖泥船发出开始装驳的通知,装驳平台再次开始装驳施工(图 4.3-5)。

图 4.3-5 装驳平台工作示意图

4.3.2.3 转运区设置

转运区选取应考虑以下主要因素：

(1) 充分考虑政府划定的生态红线和通航评估。

(2) 充分考虑装驳平台施工能力及耙吸式挖泥船吃水。

(3) 充分考虑转运区设置对河势、行洪、岸坡安全的影响。

(4) 水域开阔，装驳平台装驳施工中不得影响通航。

苏州市苏水实业发展有限公司对苏州市长江航道疏浚砂转运区设置选址问题进行研究，结合舱吹转运装驳工艺的特点，综合考虑航道通航条件、生态红线、取水口、管理辖区等影响因素选择转运区，并委托专业单位对拟选定的转运区布置方案进行河势演变和工程分析。

4.3.3 水上运输实施方案

水上运输实施过程包含"接驳(装)—水上运输—卸载"，由地方政府授权的企业具体实施，可以委托具有水上运输资质的企业具体负责疏浚土的运输和装卸，接受苏州市政府管理。

4.3.3.1 运输需求

1. 运输量

由专业公司和队伍负责疏浚砂的接驳、水上运输、上岸(不包括码头抓斗卸载方式)3个水上物流环节服务，维护疏浚砂预计运输量为 209 万 m^3。

2. 疏浚、运输、接收各方职责

(1) 疏浚施工方负责按照施工计划进行航道维护性疏浚，单航次疏浚完成后行驶到指定地点与装驳平台进行对接。

(2) 运输方负责提供运输船舶、上岸泵船的配置及装、运、卸(不包括抓斗卸载方式)环节管理。

(3) 接收方负责提供疏浚砂上岸码头、堆场的配置和管理，指定运输船舶应到达的目的港以及疏浚砂上岸后的监管。

4.3.3.2 船舶转运

1. 工艺流程

疏浚砂水上转运流程为：船舶上线(运输船舶空载靠泊装驳平台)→平台装驳(挖泥船通过连接管将疏浚砂转吹至装驳平台输出管系，输出管对运输船舶进行装载)→重载航行(沥水完成后，按指定航线航行至上岸码头)→码头卸载(通过抓斗起重机将泥舱疏浚砂卸载到码头)→空载返航(空船航行至装驳平台)。

2. 运输船舶配置方案

运输船舶：根据作业水域航道条件，按效率最大化原则，运输船舶宜配备 2 000～4 500 m^3 深舱货船。装载工艺采用深舱驳溢流的装驳方式，为确保船舶装载安全，采用深舱型船舶载运，并加装抽排水系统，留足船舶干舷≥0.3 m；船舶装载完毕后，经过抽排水将舱内含水量控制在30%以下，确保航行前不存在自由液面。

运输安排：根据南京航道工程局疏浚施工计划安排施工，运输船舶配套进行装驳运输，每艘运输船每天穿越航道1～2次。运输船舶的运输路线须经海事部门同意方可执行。同时根据辖区海事通航监管要求，装船平台作业水域配置通航安全维护警戒船舶（锚艇）及通导设备。

3. 施工组织

1）船舶上线

根据船舶调度指令，空载船舶应航行至装驳平台系泊。

严格执行《开航前检查制度》《系/离泊操作规定》。船舶空载航行时，在下水航道外侧通过相关频道报告苏州市海事局船舶交通管理中心，报告完毕并收到海事局船舶交通管理中心许可后方可进入施工水域。加强瞭望，等待时机由南向北穿过航道。如上游方向最近的一艘下行船距离运输船大于500 m，可通过相关频道与对方船取得联系，相互会明穿越意图后方可穿越。保持频道通讯畅通，及时避让上、下行船舶，不抢行，确保安全进入施工水域。接近装船平台后，听从装船平台现场指挥，取适当横距靠泊，做到轻靠轻离。

2）船舶装舱

运输船舶靠泊装驳平台后，通知装驳平台实施装载作业。

3）重载航行

装舱作业完毕后离泊，做好货物交接及开航前检查，向上岸码头行驶，对船舶AIS轨迹实施监控。

严格执行《船舶（队）防碰操作规定》。装载完毕后运输船满载，机动性差。开航前报告苏州市海事局船舶交通管理中心，报告完毕并收到海事局船舶交通管理中心许可后方可离开装船平台。离装驳平台后，船舶须横越上水推荐航道、上水主航道、下水主航道才能进入南岸下水推荐航道一侧，须加强瞭望，等待时机。如下游方向最近的一艘上行船离运输船距离大于500 m，并通过6频道与对方船取得联系，应在相互明会穿越意图后方可穿越；间距小于500 m或者对方船没有同意穿越须在原地等待，不得强行穿越。航行中，择机汇入主航道、推荐航道，航行过程中保持通讯畅通，加强瞭望，不抢行。当航行至码头外侧时，发布掉头船舶动态，降低航速，用小角度缓缓掉头，并采用小角度靠泊法靠泊卸载。

4）码头靠泊

满载运输船报港完毕后，由码头调度指定泊位后靠泊。

4.3.4 陆域实施方案

疏浚砂上岸包含疏浚砂接收、仓储、供应管理，由地方政府授权的企业具体实施，接受市政府监督管理。

4.3.4.1 疏浚砂上岸方式

疏浚砂主要用于吹填造地、地基填筑、建筑掺配、农业培植、湿地恢复等方面。根据利用的方向，疏浚砂上岸方式主要有靠泊卸船、吹填上岸两种。由于目前苏州航段暂没有适合吹填的场地，因此考虑疏浚砂采用卸驳上岸的方式。

满载运输船报港完毕后，由码头调度指定泊位后靠泊。深舱运输驳采用码头抓斗式起重机卸船作业(图 4.3-6)。

图 4.3-6　苏州疏浚砂卸船示意图

4.3.4.2　中转堆场选址

　　长江航道工程在流域上分布不均,疏浚施工时间短、产生疏浚砂方量大,与具体工程相对固定的需求存在矛盾。中转堆场的规划和选取非常关键。疏浚砂中转堆场需要面积大、临近江边、后方疏运通道交通便利,且短时间内能够利用。

　　根据江苏省交通运输厅、江苏省发展和改革委员会、江苏省水利厅印发的《江苏省沿江砂石码头布局方案》,苏州港共规划砂石码头 1 处,即太仓港区砂石集散中心 1 处,共可形成通过能力 3 000 万 t。本次拟利用太仓港砂石集散中心码头上岸。

　　为了加快推进疏浚砂综合利用工作,苏州水务集团对苏州市辖区内各临江闲置地块展开调研,优选了新泰通用件杂货码头作为疏浚砂综合利用堆场的备选地块。

1. 太仓港新泾作业区码头

　　苏州港太仓港区砂石集散中心位于苏州港太仓港区新泾作业区杂货泊位区内,荡茜口上游。规划改造万方(太仓)开发有限公司杂货码头,布局砂石集散中心,主要承担南通海门水上临时过驳作业区和南通海门水上临时过驳作业区海轮过驳点取缔后部分砂石的运输功能,可形成通过能力 3 000 万 t(表 4.3-1、图 4.3-7、图 4.3-8)。

表 4.3-1　太仓港新泾作业区码头情况

所在港口	所在港区	所在作业区	位置	形成通过能力/万 t	规划功能	可依托企业码头
苏州港	太仓港区	新泾作业区	荡茜口上游	3 000	集散中心	万方(太仓)开发建设有限公司

图 4.3-7　太仓港新泾作业区码头现状图

图 4.3-8　万方(太仓)开发建设有限公司码头场地

2. 新泰通用件杂货码头

常熟新泰港务有限公司位于常熟港东港区的常熟经济开发区内,水路距离下游吴淞口约 63 km,距离上游徐六泾河口约 6 km。该港口位于太仓港新泾作业区上游 11 km 处,东距上海 90 km,南距苏州 40 km,与连接苏南苏北的苏通大桥相距 3 km。

该公司旗下常熟港区金泾塘作业区新泰通用件杂货码头现有 4 个 5 000 吨级件杂货泊位和 1 个 3 000 吨级重件泊位(兼顾汽车滚装,结构按靠泊 2 万吨级件杂货船设计),设计年通过能力为杂货件 284 万 t、重件 25.4 万 t、汽车滚装 7.7 万辆,并于 2017 年 7 月—8 月对码头进行了改造,改造至 2 万吨级。

目前该公司有意承接常熟港区"弃水上岸"后部分砂石料的装卸业务,于 2019 年 11 月委托中交第二航务工程勘察设计院有限公司编制码头增加砂石料装卸业务方案的初步设计,拟将原有码头 1#、2#、3#泊位改造为 2 个 2 万吨级散货泊位,并拟将后方原 2.92 万 m² 杂件堆场改造为散货堆场。码头改造后散货进口能力约 458 万 t,散货出口能力约 358 万 t,配合带式输送机、货车公路运输、船舶直接过驳,预计年砂石料卸船能力可达到 1 200 万 t/a(表 4.3-2、图 4.3-9～图 4.3-11)。

表 4.3-2　常熟港金泾塘作业区码头情况

所在港口	所在港区	所在作业区	位置	形成通过能力/万 t	规划功能	可依托企业码头
苏州港	常熟港区	金泾塘作业区	荡茜口上游	1 200(预估)	集散中心	常熟新泰港务有限公司

图 4.3-9　常熟新泰港务有限公司码头工程地理位置图

图 4.3-10　常熟新泰港务有限公司码头场地

图 4.3-11 常熟新泰港务有限公司码头场地现状图

下一步根据各辖市区终端使用单位的具体位置和经济性原则,苏州市水务实业发展有限公司将合理布局苏州市疏浚砂综合利用的中转堆场。

4.3.5　监管方案

由泰州市人民政府成立疏浚砂综合利用工作领导小组,指定相关企业为苏州市长江航道疏浚砂综合利用责任单位。苏州各辖市区须落实分管领导和牵头部门,全市形成自上而下的监管体系。由分管副市长牵头,苏州市政府制定并颁布航道疏浚砂综合利用管理办法,进一步明确各单位和部门职责。

水上采运管理、陆上运输管理均采用管理五联单,保证疏浚砂利用的全过程规范监管。

水上五联单涉及现场监管部门、疏浚船舶、运输船、水利主管部门、实施单位。

陆上五联单涉及现场监管部门、运输车辆、使用单位、水利主管部门、实施单位

4.3.6　通航分析

4.3.6.1　通航环境分析

1. 水文地理环境

工程所处区域受长江径流、三峡库区调度以及涨落潮流的多种影响,水流条件复杂。

2. 气象环境

该工程所处地理位置受强热带气旋和台风影响频繁。

3. 航道条件

该工程河段位于长江下游南通水道,长江下游江阴以下至南通天生港河段属于长江河口

段,潮汐现象显著。潮汐为半日浅海潮,潮位每日两涨两落,日潮不等现象比较强。

4. 通航条件

该工程水域附近的航道易变,江面宽阔,通航环境较复杂,上下游有众多分汊水道和锚地,船舶航行避让局面比较复杂。

5. 沿岸设施

工程河段内港口众多,码头泊位类型复杂,包括散货、通用、液体化工、集装箱等各类码头泊位。

6. 锚地

工程各河段沿线附近锚地主要如下:

(1) 福姜沙水道(福南水道)施工水域附近主要锚地及停泊区有 12 号海轮锚、福中锚地、张家港海轮锚地、停 10—停 12 停泊区等。

(2) 白茆沙水道(浏河水道)施工水域附近主要锚地及停泊区有太仓港海轮锚地、宝山北锚地、宝山南锚地等。

4.3.6.2　通航安全保障措施

1. 施工期现场警戒维护需求

(1) 建设、施工单位应加强对施工水域的警戒。

(2) 发布航行通告、播发航行安全动态信息,公布施工水域范围。

2. 安全设备设施配备

(1) 工程所在水域通航保障安全设施主要有导助航标志、VTS、VHF、AIS、海巡艇等,导助航设施齐全,VTS、AIS 运行正常,24 h 不间断接受船舶动态报告。

(2) 所有参与施工的船舶、运砂船、吸砂船应装有 AIS 设备且处于适航状态。

(3) 采用 VHF 无线电话进行联系沟通,船上甚高频电台须设置 2 个通信信道,一个遇险和安全通信信道,一个专用工作频道。

3. 施工船舶及施工人员的监管

(1) 建立船舶动态报告制度,实时掌握施工船的动态,制定好运砂船航行路线。

(2) 船舶施工时应根据相关要求显示号灯、号型。

(3) 施工船应在本船抗风能力情况下进行施工,以确保自身安全。

(4) 过往船舶减速通过时,施工船应按规定显示信号并随时与过往船舶联系,要求减速通过施工水域。

(5) 抛泥船航行时应按定线制规定航行。做到加强瞭望、谨慎操作、注意避让、及时发布船舶动态,积极与上下水船只联系,注意避让,选择合适的时机穿越航道。

(6) 加强对施工人员及船员的安全教育,认真落实相关安全保障措施。

(7) 组织施工人员及船员定期开展有关应急预案的演练。

4. 施工船舶停泊点

施工船不施工时,可就近在停泊区锚泊。

参 考 文 献

［1］FRIEND P L, VELEGRAKIS A F, WEATHERSTON P D, et al. Sediment transport pathways in a dredged ria system, southwest England［J］. Estuarine, Coastal and Shelf Science, 2006, 67(3): 491-502.

［2］GAILANI J Z, SMITH S J. Numerical modeling studies supporting nearshore placement of dredged material from the savannah river entrance channel［J］. Western Dredging Association Twenty-Sixth Technical Conference, San Diego, 2006.

［3］GAILANI J Z, SMITH S J. Nearshore placement of dredged material to support shoreline stabilisation［J］. Proceedings of the Institution of Civil Engineers — Maritime Engineering, 2014, 167(2): 97-108.

［4］BILGILI A, SWIFT M R, LYNCH D R, et al. Modeling bed-load transport of coarse sediments in the Great Bay Estuary, New Hampshire［J］. Estuarine, Coastal and Shelf Science, 2003, 58(4): 937-950.

［5］MARMIN S, DAUVIN J C, LESUEUR P. Collaborative approach for the management of harbour-dredged sediment in the Bay of Seine (France)［J］. Ocean & Coastal Management, 2014, 102: 328-339.

［6］KOTULAK P W, SHAFER JR T J JR. Masonville marine terminal: Port development, dredged material management, environmental restoration, and mitigation［C］//12th Triannual International Conference on Ports, Jacksonville, 2010.

［7］赵德招,刘杰,程海峰,等.长江口深水航道疏浚土处理现状及未来展望［J］.水利水运工程学报,2013(2): 26-32.

［8］季岚,唐臣,张建锋,等.长江口疏浚土在横沙东滩吹填工程中的应用［J］.水运工程,2011(7): 163-167.

［9］周玉保.关于长江下游深水航道疏浚量的预测研究［J］.低碳世界,2017(3): 117-118.

［10］翁炳昶.长江如皋航道疏浚维护船舶基地需求预测研究［J］.中国水运航道科技,2021(2): 20-22.

［11］陈振武,严军,蔡显赫,等.长江干线生态航道建设探析［J］.河南科学,2021,39(5): 789-794.

［12］李干杰.坚持走生态优先、绿色发展之路扎实推进长江经济带生态环境保护工作［J］.环境保护,2016,44(11): 7-13.

［13］程继,刘斌.大型绞吸船开挖深水航道岩石方案优化［J］.水运工程,2014(5): 152-155.

［14］曹民雄,应翰海,申霞.长江南京以下深水航道二期工程碍航水道演变特性及航道治理思路［J］.水运工程,2018(2): 1-12.

［15］王爱春.长江下游仪征水道12.5 m深水航道整治工程方案优化［J］.水运工程,2016(6): 1-6.

[16] 张宏千,张明进,郑金海.长江下游口岸直水道河床演变和碍航成因分析[J].水道港口,2015,36(6):542-549.

[17] 长江科学院河流研究所.长江科学院河流研究所组织长江下游九江至南京河段调研查勘[J].长江科学院院报,2017,34(1):155.

[18] 李有为.长江下游浏河水道12.5 m深水航道维护观测分析[J].中国水运航道科技,2017(3):9-14.

[19] 曹玮.长江下游航道突发事件处置方法研究[D].南京:东南大学,2017.

[20] 周伦环.新形势下长江引航模式探索研究[J].中国水运,2017(2):54-55.

[21] 刘勇.长江下游江苏段航道通航风险研究[J].中国水运(下半月),2017,17(9):39-40.

[22] 陈海培,翟华,阎成浩.长江南京以下深水航道维护疏浚现状及对策研究[J].中国水运航道科技,2018(2):32-36.

[23] 陈怡君,江凌.长江中下游航道工程建设及整治效果评价[J].水运工程,2019(1):6-11.

[24] 曹民雄,汪路瑶,申霞,等.长江南京以下12.5 m深水航道工程的技术难点与建设特点分析[J].水运工程,2019(10):1-8.

[25] 李新,邹波,倪嘉伟.生态保护背景下长江航道管理体制探析[J].四川环境,2020,39(3):165-170.

[26] 谢孝如.新常态下长江航道绿色疏浚发展状况研究[J].中国水运,2019(6):15-17.

[27] 蒋惠园,张亮,陈琼蓉,等.长江航道在长江经济带中的作用机理及发展路径[J].水运管理,2021,43(5):26-30.

[28] 陈复奎.长江口02轮耙吸船海进江艏吹施工对比分析及安全管理经验探索[J].中国水运(下半月),2017,17(9):154-156.

[29] 余洪强.大型耙吸船受限区域施工工艺研究[J].珠江水运,2020(1):95-96.

[30] 胡红兵,吴中乔,高辰龙,等.长江航道疏浚土潜在的健康风险[J].水运工程,2018(1):45-49.

[31] 赵德招,杨奕健.长江上海段疏浚土有益利用的框架性建议[J].水利水运工程学报,2015(1):82-88.

[32] 杨陆阳,刘静宁.环保理念下的港口航道疏浚工程[J].中国水运(下半月),2014,14(5):165-166.

[33] 赵德招,刘杰,吴华林,等.长江口疏浚物处置问题探讨[J].水运工程,2013(11):12-17.

[34] 臧英平,李涛章,周玲霞,等.长江中下游航道整治废弃特细砂工程特性研究[J].中国水运,2020(4):86-87.

[35] 吴华林,赵德招,程海峰.我国疏浚土综合利用存在问题及对策研究[J].水利水运工程学报,2013(1):8-14.

[36] 朱伟,张春雷,刘汉龙,等.疏浚泥处理再生资源技术的现状[J].环境科学与技术,2002,25(4):39-41.

[37] 王丹,范期锦.日本港口疏浚土综合利用现状及典型案例[J].水运工程,2009(12):6-9.

[38] 徐元,朱治.长江口深水航道治理工程疏浚土综合利用[J].水运工程,2009(4):127-133.

[39] 王小峰,苏磊,陈聪亮,等.基于层次分析法航道疏浚工程绿色评价体系初探[J].中国水运(下半月),2018,18(12):125-127.

[40] 丁继勇,王卓甫,安晓伟,等.基于多案例的长江河道砂石资源优化利用策略研究[J].水力发电,2018,44(12):90-94.

[41] 许文盛,张平仓,童晓霞,等.新形势下关于长江采砂管理的思考[J].中国水利,2016(13):19-22.

[42] 马水山,徐勤勤.长江采砂管理中的若干关键技术问题[J].中国水利,2013(10):15-18.

[43] 丁继勇,王卓甫,安晓伟,等.长江河道疏浚砂石权属、交易与利用管理模式[J].水利经济,2018,36(5):64-69.

[44] 吴继红,龚士良.长江口航道疏浚与水域砂矿资源综合利用[J].水运工程,2009(6):103-106.

[45] 陈雯扬,张广雷.航道疏浚施工工艺优化组合路径[J].水运管理,2016,38(10):33-34.

[46] 罗卫星,赖汉清.运输管理中心对河砂开采和运输管理的作用[J].大连海事大学学报,2010,36(S1):68-69.

[47] 张俊锋.川江航道治理疏浚土有益利用实践与探索[J].水运工程,2020(4):74-78.

[48] 姚仕明,王军,郭超.新形势下长江流域泥沙资源的利用与管理[J].长江技术经济,2020,4(1):21-28.

[49] 刘怀汉,刘奇,雷国平,等.长江生态航道技术研究进展与展望[J].人民长江,2020,51(1):11-15.

[50] 程南宁,左倬,梅生成,等.利用疏浚土塑造长江口新横沙生态成陆示范区研究[J].人民长江,2021,52(6):25-29.

[51] 李升涛,陈徐东,张伟,等.基于长江下游超细疏浚砂的碱激发矿渣混凝土力学性能[J].复合材料学报,2022,39(1):377-385.

[52] 况宏伟,雷国平,谷祖鹏,等.HAS固化剂固化太平口水道疏浚土试验研究[J].中国水运航道科技,2021(2):27-32.

[53] 镇江市长江航道疏浚砂综合利用(试点)实施方案[R].南京:南京瑞迪建设科技有限公司,2019.

[54] 泰州市长江航道疏浚砂综合利用(试点)实施方案[R].南京:南京瑞迪建设科技有限公司,2020.

[55] 苏州市长江航道疏浚砂综合利用(试点)工程可行性研究报告[R].南京:南京瑞迪建设科技有限公司,2020.